バイオマスリファイナリー触媒技術の新展開
New Development of Biomass-refinery Catalytic Technology
《普及版／Popular Edition》

監修 市川 勝

シーエムシー出版

刊行にあたって

　現在，我々の身の回りにある多くのエネルギー燃料やプラスティック樹脂などの化学製品は，石油などの化石資源を用いた石油改質（Petroleum refinery）で作り出されている。ところが，近年石油化学製品の原材料であるナフサと原油は，国際的な消費の増大に伴う価格の高騰により，その供給がタイトである。加えて，地球温暖化物質であるCO_2削減に向けて，省石油と低炭素化への取り組みが産業界にとって重要な課題になっている。こうした状況の中，石油に代わって，カーボンニュートラルのバイオマス資源を原料に用いて，石油化学製品やエネルギー燃料を製造し供給する新しい生産体系として"バイオマスリファイナリー"（Biomass refinery）が登場してその触媒技術の研究開発に関心が高まっている。

　米国では，燃料や化学製品用の石油消費を抑制して，需要増加分をバイオマス由来のもので補い，2020年までに化学品生産量の30％を，さらに2050年には，その50％をバイオマス由来のものにする計画が進められている。わが国では，2002年に策定された"バイオマス日本21戦略"においてバイオマスの利活用の開発方針が示された。とりわけ，2006年以降，セルロース系木質バイオマスや産業廃棄物を含めた農業バイオマスの利用促進のため，これまでの醗酵技術に加えてガス化・触媒変換技術による新たな戦略的ロードマップが提言されて，実用化にむけた検討がなされている。特に，バイオマスのエネルギー燃料および石油化学原料（ケミカルズ）への利用は，石油および天然ガスなどのエネルギー資源の大部分を海外からの輸入に頼っている我が国において，燃料や化学原料の地産地消の観点から重要であると考えられ，その連携的な開発と実用化にむけた産業界の積極的な取り組みが求められている。

　本書においては，1) バイオマスリファイナリーの技術分野，2) バイオマスの原料問題，醗酵技術とガス化技術，3) "ニューC1化学"などの触媒変換技術による燃料油やケミカルズ合成，4) グリーン化学とバイオマテリアルズ合成など，バイオマスリファイナリー触媒技術に関わる最新の研究開発と技術課題に加えて，実用化に向けた将来展望を集大成した。バイオマスリファイナリーの経済性やインフラシステムなど，石油産業，ガス事業，化学産業，タイヤ・建築材産業，自動車メーカー，醗酵産業といった業界を広く取り込める内容にした。従来技術はできるだけ限定して，バイオマスリファイナリー触媒技術の最新データやトピックス技術の解説など，実用化開発に役立つ森林農業工学，醗酵化学，ガス改質工学，触媒化学，有機金属錯体化学，機能性材料化学などの大学・研究機関の研究者，とりわけ産業界でご活躍のエキスパートに執筆を担当していただいた。

　今年3月11日の東日本大震災に引き続く福島原子力発電所の原子炉事故の影響から，安心なエネルギー源の安全確保に向けた技術開発が，日本のみならず世界の重要な政策課題となっている。そのため，バイオマスや太陽光・風力発電などの再生可能エネルギーの普及と革新的な利用技術の開発が求められる。今回，「バイオマスリファイナリー触媒技術」に関する専門書を出版

することが出来たことは，この分野の今後の展開を考えると，大きな意味を持っていると自負している。バイオマスリファイナリー触媒技術のさらなる展開により，バイオマス由来のエネルギー燃料やケミカルズの生産が促進されて，石油消費を減らし，CO_2排出削減など低炭素社会に向けた"豊かで安心な暮らし"の実現が期待される。

平成23年8月

東京農業大学　客員教授
北海道大学名誉教授　　市川　勝

普及版の刊行にあたって

　本書は2011年に『バイオマスリファイナリー触媒技術の新展開』として刊行されました。普及版の刊行にあたり，内容は当時のままであり加筆・訂正などの手は加えておりませんので，ご了承ください。

　2017年5月

シーエムシー出版　編集部

―――― 執筆者一覧（執筆順）――――

市川　　　勝	東京農業大学総合研究所　客員教授
瀬戸山　　亨	㈱三菱化学科学技術研究センター　合成技術研究所　所長
鈴木　保志	高知大学　教育研究部　自然科学系農学部門　准教授
横山　伸也	東京大学名誉教授／産業技術総合研究所　顧問
薬師堂　謙一	農研機構中央農業総合研究センター　作業技術研究領域　上席研究員
牧　　恒雄	東京農業大学　地域環境科学部　教授
坂　志朗	京都大学　大学院エネルギー科学研究科　教授
真野　　弘	㈶地球環境産業技術研究機構　化学研究グループ　主任研究員
坂井　正康	長崎総合科学大学　客員教授
川本　克也	㈵国立環境研究所　資源循環・廃棄物研究センター　研究副センター長
冨重　圭一	東北大学　大学院工学研究科　応用化学専攻　教授／㈵科学技術振興機構
笹内　謙一	中外炉工業㈱　開発センター　バイオマスグループ長
大西　章博	東京農業大学　応用生物科学部　醸造科学科　助教
中島田　　豊	広島大学　大学院先端物質科学研究科　分子生命機能科学専攻　准教授
西尾　尚道	広島大学　大学院先端物質科学研究科　分子生命機能科学専攻　教授
朝見　賢二	北九州市立大学　国際環境工学部　エネルギー循環化学科　教授
大野　陽太郎	日本DMEフォーラム　理事
松本　啓吾	三菱重工業㈱　技術本部　長崎研究所　燃焼・伝熱研究室　主任
椿　　範立	富山大学　大学院理工学研究部工学系　教授
藤谷　忠博	㈵産業技術総合研究所　環境化学技術研究部門　主幹研究員

中村　潤児	筑波大学　大学院数理物質科学研究科　物質創成先端科学専攻　教授	
多田　旭男	北見工業大学　地域共同研究センター　特任教授	
白川　龍生	北見工業大学　社会環境工学科　助教	
黎　　暁紅	北九州市立大学　国際環境工学部　教授	
白井　誠之	㈱産業技術総合研究所　コンパクト化学システム研究センター　研究チーム長	
山口　有朋	㈱産業技術総合研究所　コンパクト化学システム研究センター　研究員	
日吉　範人	㈱産業技術総合研究所　コンパクト化学システム研究センター　主任研究員	
小林　広和	北海道大学　触媒化学研究センター　助教	
福岡　　淳	北海道大学　触媒化学研究センター　教授	
稲葉　　仁	㈱産業技術総合研究所　エネルギー技術研究部門　研究員	
室井　髙城	アイシーラボ　代表／早稲田大学　客員研究員／神奈川大学　非常勤講師	
髙橋　　典	㈱日本触媒　GSC触媒技術研究所　室長	
中川　善直	東北大学　大学院工学研究科　応用化学専攻　助教	
京谷　智裕	三菱化学㈱　イオン交換樹脂事業部　分離膜プロジェクト　TL	
倉田　恒彦	三菱化学㈱　イオン交換樹脂事業部　分離膜プロジェクト　PL	
中根　　堯	三菱化学㈱　イオン交換樹脂事業部　分離膜プロジェクト　AD	
喜多　英敏	山口大学　大学院環境共生系専攻　教授	

執筆者の所属表記は，2011年当時のものを使用しております。

目　　次

第1章　バイオマスリファイナリー技術の現状と将来展望

1　バイオマスリファイナリー技術と触媒開発……………市川　勝… 1
　1.1　はじめに ………………………… 1
　1.2　バイオマスリファイナリーの技術分野 ……………………………… 3
　1.3　バイオマスの原料問題 …………… 5
　1.4　バイオマスのガス化と工業原料化技術 …………………………… 8
　1.5　バイオマスリファイナリー触媒技術の開発状況 ………………… 10
　1.6　まとめ …………………………… 16
2　化学工業から見たバイオマス資源化技術と課題……………瀬戸山亨… 20
　2.1　グリーンサステイナブルケミストリーとバイオマス資源 ………… 20
　2.2　バイオマスの工業的利用の現状と今後の動向 …………………… 21
　2.3　バイオマスの化学資源化の課題と技術動向 ……………………… 23
　2.4　おわりに ………………………… 27
3　森林・林業の再生と林地残材バイオマスの利活用……………鈴木保志… 29
　3.1　はじめに ………………………… 29
　3.2　日本の森林と林業の再生 ………… 29
　3.3　木質バイオマスとしての林地残材 ……………………………… 30
　3.4　林地残材の経済的収支 …………… 31
　3.5　林地残材のエネルギー収支 ……… 32
　3.6　おわりに ………………………… 33

第2章　バイオマスの原料化技術と動向

1　バイオ燃料を巡る原料問題と最近の動向……………横山伸也… 35
　1.1　はじめに ………………………… 35
　1.2　第二世代バイオ燃料 ……………… 35
　1.3　バイオマス資源 …………………… 37
　1.4　土地利用変化 …………………… 38
　1.5　おわりに ………………………… 39
2　バイオマス原料の供給と資源化技術……………薬師堂謙一… 41
　2.1　バイオマスのカスケード利用 …… 41
　2.2　バイオマスの種類と購入価格 …… 42
　2.3　農産系バイオマスの収集方法 …… 43
　2.4　農産系バイオマス利用の場合の留意点 ……………………………… 46
　2.5　バイオマス原料の前処理 ………… 47

第3章 バイオマスの前処理技術と工業原料化技術

1 木質バイオマスの前処理技術（水熱処理）……………牧 恒雄… 49
  1.1 はじめに ……………………… 49
  1.2 水熱処理 ……………………… 50
  1.3 実機での検証 ………………… 52
2 超臨界流体を用いたバイオマスの処理技術と応用展開……………坂 志朗… 54
  2.1 はじめに ……………………… 54
  2.2 バイオマス資源 ……………… 55
  2.3 超（亜）臨界流体とは ……… 55
  2.4 超臨界水によるリグノセルロースの分解と有用ケミカルス生産 …… 56
  2.5 超臨界水処理物からのバイオメタン生産 ……………………… 59
  2.6 超臨界流体によるバイオマスからのバイオリファイナリー ………… 59
3 膜・吸収ハイブリッド法によるバイオガス精製技術 現状と課題… 真野 弘… 62
  3.1 はじめに ……………………… 62
  3.2 膜・吸収ハイブリッド法開発の経緯 …………………………… 62
  3.3 膜・吸収ハイブリッド法の概要 … 63
  3.4 化学吸収法膜フラッシュ再生プロセスの特徴 ………………… 64
  3.5 バイオガス精製への膜フラッシュ再生技術の適用 ……………… 65
  3.6 フィールド試験 ……………… 67
  3.7 おわりに ……………………… 68

第4章 ガス化技術

1 バイオマスの浮遊外熱式ガス化技術の現状と展開……………坂井正康… 70
  1.1 概要と展開 …………………… 70
  1.2 浮遊外熱式ガス化法の基本原理 … 70
  1.3 技術実証試験プラント「農林バイオマス3号機」………………… 73
  1.4 実用機・ガス化発電と低圧メタノール製造併用プラント ………… 77
  1.5 むすび ………………………… 77
2 バイオマスの触媒ガス化技術……………川本克也… 78
  2.1 はじめに ……………………… 78
  2.2 ガス化および改質プロセスの基礎 …………………………… 78
  2.3 実用されるガス化技術 ……… 80
  2.4 触媒を適用したガス化および改質からのガス回収 ………………… 81
  2.5 触媒ガス化システムの展望 … 87
3 バイオマスタールの水蒸気改質触媒の開発……………冨重圭一… 90
  3.1 緒言 …………………………… 90
  3.2 水蒸気改質 …………………… 90
  3.3 まとめ ………………………… 97
4 バイオマスの熱分解ガス化技術と導入の実際……………笹内謙一… 99
  4.1 はじめに ……………………… 99
  4.2 バイオマス発電の特徴 ……… 99
  4.3 バイオマスのガス化とは …… 101
  4.4 直接燃焼発電とガス化発電 … 102
  4.5 熱分解ガス化用バイオマス原料に

おける留意点 ………… 103
4.6　ガス化炉の種類とガス化発電の実際 ………… 104
4.7　導入の留意点 ………… 105
4.8　まとめ ………… 106

第5章　発酵法によるガス化技術

1　Megasphaera elsdenii による簡便な水素発酵システムの可能性…大西章博… 107
1.1　はじめに ………… 107
1.2　水素生産技術における水素発酵の位置づけ ………… 107
1.3　水素発酵の運用技術と問題点 ……… 109
1.4　廃棄物系バイオマスの簡便な水素発酵システムモデル ………… 110
1.5　おわりに ………… 116
2　様々な発酵水素生産法
　………………中島田豊，西尾尚道… 119
2.1　はじめに ………… 119
2.2　微生物の発酵水素生産経路 ……… 119
2.3　発酵水素生産速度の向上戦略 …… 122
2.4　水素と他のバイオ燃料の複合生産 ………… 123
2.5　おわりに ………… 125
3　アンモニア回収型乾式メタン発酵法の開発………中島田豊，西尾尚道… 127
3.1　固形物濃度によるメタン発酵の分類と特徴 ………… 127
3.2　乾式メタン発酵の阻害因子 ……… 127
3.3　余剰脱水汚泥のアンモニア遊離・回収型乾式メタン発酵二段プロセス ………… 129
3.4　鶏糞の単槽乾式メタン発酵プロセス ………… 130
3.5　おわりに ………… 131

第6章　バイオマスのガス化とケミカルス・燃料合成触媒技術

1　バイオメタンからベンゼンと水素をつくるMTB触媒技術と実用化展開
　………………………市川　勝… 134
1.1　はじめに ………… 134
1.2　メタンの脱水素芳香族化（MTB）反応と触媒開発 ………… 134
1.3　MTB反応の触媒安定化のための水素・CO_2添加効果と触媒再生法 … 138
1.4　MTB触媒技術の実証試験と工業化展開 ………… 140
1.5　バイオメタンを利用するMTB技術の実証試験と技術課題 ………… 143
1.6　MTB触媒技術を活用する工業化学的二酸化炭素固定法 ………… 146
1.7　おわりに ………… 147
2　バイオマスからの液体燃料油化技術と触媒開発………朝見賢二… 150
2.1　はじめに ………… 150
2.2　鉄系FT合成触媒の開発 ………… 150
2.3　おわりに ………… 154

3 バイオマスのガス化・エタノール直接合成触媒技術の展開…市川　勝………156
　3.1 はじめに …………………………156
　3.2 合成ガスからエタノールなどC_2—含酸素化合物の合成反応と触媒開発 ……………………………156
　3.3 エタノール直接合成用の複合Rh触媒の研究開発 ………………160
　3.4 木質バイオマスのガス化・エタノール直接合成技術の研究開発 ……161
　3.5 エタノール直接合成触媒技術の実用化システム開発 ……………164
　3.6 ガス化・エタノール直接合成技術の生産性と経済性 ………………166
　3.7 ガス化・エタノール直接合成技術と発酵法との比較検討 …………167
　3.8 ガス化・複合Rh触媒技術を利用するケミカルス合成の展開 ………169
　3.9 おわりに …………………………170
4 バイオマスからのメタノール・DME合成技術………………大野陽太郎……173
　4.1 はじめに …………………………173
　4.2 バイオマスガス化による合成ガスの製造 ……………………………173
　4.3 メタノール合成技術 ……………175
　4.4 DME合成技術 …………………176
　4.5 バイオマスガス化DME全体システム …………………………………176
5 バイオマスガス化—FT合成　現状と技術課題………………松本啓吾……180
　5.1 はじめに …………………………180
　5.2 バイオマスガス化FT合成プロセスの概要と課題 …………………180
　5.3 開発状況と技術課題 ……………181
6 フィッシャー・トロプシュ化学…………………………椿　範立……186
　6.1 はじめに …………………………186
　6.2 FTのケミストリー ………………186
　6.3 FT合成触媒の研究と開発 ………187
　6.4 各種FT合成反応 ………………191
　6.5 代表的FT合成の工業プロセス …192
　6.6 将来への展望 ……………………194
7 エタノールから低級オレフィンを製造する触媒と反応メカニズム…………藤谷忠博, 中村潤児……195
　7.1 はじめに …………………………195
　7.2 8員環ゼオライト触媒 ……………195
　7.3 10員環ゼオライト触媒 …………196
　7.4 ZSM-5触媒でのエタノール転換反応のメカニズム ……………………197
　7.5 おわりに …………………………200
8 バイオメタンを用いるナノ炭素繊維の合成と応用……多田旭男, 白川龍生……202
　8.1 はじめに …………………………202
　8.2 DMR-CNTの特徴, 合成方法……202
　8.3 DMR-CNTの応用：無処理DMR-CNTの用途 …………………………203
　8.4 DMR-CNTの応用：DMR-CNTの処理と用途 ……………………205
　8.5 おわりに …………………………206
9 バイオマスなどからの合成ガスを利用するLPG合成触媒技術の現状と展望…………………黎　暁紅……208
　9.1 触媒の反応機構 …………………208
　9.2 ゼオライトへの金属添加効果と水素の役割 ……………………………208
　9.3 固定床気相反応におけるハイブリッド触媒の効果 ……………………209
　9.4 スラリー床におけるハイブリッド触媒の効果 ……………………211

第7章　機能性材料を利用するバイオマスのアップグレード触媒技術

1　バイオマス派生物の化学変換触媒技術と展開
　……白井誠之，山口有朋，日吉範人… 214
　1.1　はじめに ……………………………… 214
　1.2　超臨界二酸化炭素と固体触媒を利用したアルキルフェノールの水素化反応 …………………………………… 215
　1.3　高温水を利用する多価アルコールの脱水反応 ………………………… 218
　1.4　おわりに ……………………………… 221
2　固体触媒によるセルロースの糖化技術現状と課題……小林広和，福岡　淳… 222
　2.1　はじめに ……………………………… 222
　2.2　セルロースの水素化分解反応 ……… 223
　2.3　セルロースの加水分解反応 ………… 226
　2.4　おわりに ……………………………… 227
3　ゼオライト触媒を用いたオレフィン類製造………………………稲葉　仁… 229
　3.1　はじめに ……………………………… 229
　3.2　種々のゼオライト担体を用いたエタノール変換 ………………………… 230
　3.3　種々の金属を担持したH-ZSM-5型ゼオライト触媒によるエタノール変換 …………………………………… 230
　3.4　Fe担持H-ZSM-5型ゼオライト触媒によるエタノール変換 ………… 230
　3.5　他の修飾H-ZSM-5型ゼオライト触媒を用いたエタノール反応 …… 238
　3.6　エタノール変換によるエチレン製造 …………………………………… 239
　3.7　プロパノール変換によるプロピレン製造 …………………………………… 239
　3.8　ブタノール変換によるプロピレン製造 …………………………………… 240
　3.9　グリセロール変換反応 ……………… 241
　3.10　おわりに …………………………… 241

第8章　グリーンバイオケミストリーにおける触媒利用技術

1　リグニンの化学変換技術とケミカルス合成…………………………坂　志朗… 243
　1.1　維管束植物の化学 …………………… 243
　1.2　リグニンからの有用ケミカルス … 244
2　グリセロールからのプロピレングリコールとアクリル酸合成（ソルビトール，乳酸からプロピレングリコール合成を含む）………………………室井髙城… 249
　2.1　バイオマス原料 ……………………… 249
　2.2　PGとアクリル酸の合成ルート … 251
　2.3　グリセロールからPG ……………… 251
　2.4　グリセロールから1,3-PD ………… 253
　2.5　グルコースから1,3-PGの合成 … 254
　2.6　乳酸からPG ………………………… 255
　2.7　ソルビトールからPG ……………… 255
　2.8　アクリル酸の合成 …………………… 256
　2.9　おわりに ……………………………… 258
3　バイオマスを原料とするアクリル酸製造技術………………………高橋　典… 260
　3.1　アクリル酸の市場と用途 …………… 260
　3.2　石油由来のアクリル酸製法および触媒 …………………………………… 260

3.3 石油資源から再生可能資源へ …… 260
3.4 バイオマスアクリル酸製造技術 … 260
4 グリセリンからのプロパンジオール製造のための触媒開発
　………………冨重圭一，中川善直… 268
4.1 緒言 ……………………………… 268
4.2 グリセリンの水素化分解触媒の開発 ……………………………… 269
4.3 まとめ …………………………… 273

第9章　バイオ燃料の精製・分離技術と課題

1 バイオアルコール等の濃縮・脱水技術
　……京谷智裕，倉田恒彦，中根 堯… 275
1.1 発酵によるバイオアルコールの意義 ……………………………… 275
1.2 バイオエタノールの製造プロセスとその技術課題 …………… 276
1.3 バイオエタノールの濃縮脱水プロセス ……………………… 278
1.4 A型ゼオライト膜によるバイオエタノール濃縮脱水の実施例 ……… 285
1.5 シリカライト膜のバイオリファイナリーへの応用検討例 ……… 288
1.6 ゼオライト膜の将来展望 ……… 289
2 バイオエタノールなどの濃縮用膜と応用展開……………………喜多英敏… 292
2.1 はじめに ………………………… 292
2.2 ゼオライト膜 …………………… 293
2.3 炭素膜 …………………………… 295
2.4 おわりに ………………………… 296

第1章 バイオマスリファイナリー技術の現状と将来展望

1 バイオマスリファイナリー技術と触媒開発

市川　勝＊

1.1 はじめに

　現在，我々の身の回りにある多くのエネルギー燃料やプラステイク樹脂などの化学製品は，石油などの化石資源を用いた石油改質技術（Petroleum refinery）で作り出される。最近には，図1に示すように，石油化学製品の原材料であるナフサ（円/Kg）と原油（＄/BBL）の市場価格は，2000年より国際的な石油消費の急増に伴い4～6倍強の急激な価格高騰を引き起こして，現在においても高値安定化状況である。加えて，地球温暖化要因物質であるCO_2濃度の削減に向けた省石油と低炭素化への取り組みが社会および産業界にとって重要な技術課題になっている。こうした状況の中，量的にまた地域的に制約のある石油に代わって，カーボンニュートラルのバイオマス資源を原料に用いて，石油化学製品（ケミカルズ）やエネルギー燃料を製造し供給する新しい生産体系として"バイオマスリファイナリー"（Biomass refinery）が登場してその触媒技術開発に関心が高まっている。

　米国では，化学製品用の石油消費量を抑制して，需要増加分をバイオマス由来のもので補い，

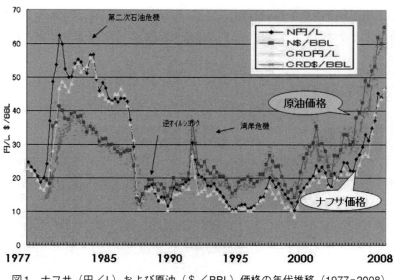

図1　ナフサ（円/L）および原油（＄/BBL）価格の年代推移（1977-2008）

＊　Masaru Ichikawa　東京農業大学総合研究所　客員教授

2020年までにバイオマス利用量を現在の5倍に増大して化学品生産量の30％を，さらに2050年には，その50％をバイオマス由来のものにする計画を進めている。クリントン大統領の2000年頭教書では，米国の次世代バイオマスリファイナリー開発戦略プログラムにおいて，DOE（エネルギー省）とUSDA（農務省）による推進ロードマップや技術開発の支援計画の策定がなされた[1]。その最大のターゲット製品はバイオエタノールである。わが国では，図2に示すように2002年に策定された国家プロジェクト"バイオマス日本21戦略"においてバイオマスの利活用やその基本技術の開発戦略が示された。とりわけ，2006年には，セルロース系木質バイオマスや産業廃棄物を含めた農業バイオマスの利活用と促進のためこれまでの醗酵技術に加えてガス化・触媒変換技術による新たな戦略的バイオマス施策が提言されて，実用化にむけた検討がなされている。特に，バイオマスのエネルギー燃料および石油化学原料（ケミカルズ）への利用は，石炭，石油および天然ガスなどのエネルギー資源の大部分を海外からの輸入に頼っている我が国において，エネルギーや原料自給の点から非常に有効であると考えられ，その技術開発が広く求められている。バイオマスリファイナリーをすすめるに当たって，醗酵技術，ガス化改質技術および触媒化学変換技術の連携的な開発と実用化にむけた産業界の取り組みが必要である。これまでの醗酵技術と平行して，バイオマスのガス化改質で得られるバイオマスガス（合成ガス）から，バイオエタノールやケミカルズの直接合成触媒技術を初めとして，フィッシャー・トロプシ（FT）合成での炭化水素油や，オレフィンやベンゼン経由でのプラスチックなどの石油化学製品を製造する高性能な触媒変換技術の研究開発が進められており，実用化にむけた実証試験が注目されている。ここでは，①バイオマスリファイナリーの技術開発分野，②バイオマスの原料問題，バイオマスの前処理およびガス化改質技術，③バイオマスガスの工業原料化とその触媒技術の開発および，④バイオマスのグリーン化学に関連する触媒開発，⑤バイオマスリファイナリー生産

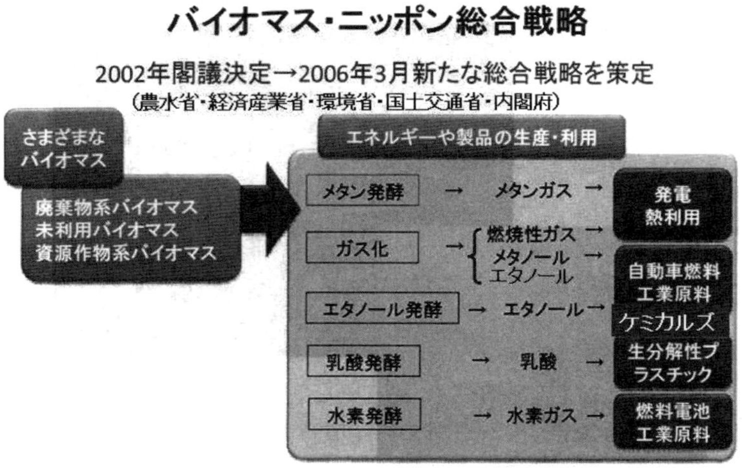

図2 バイオマス・日本総合戦略におけるバイオマスの利活用に向けた醗酵技術とガス化・ケミカルズ合成触媒技術の課題と取り組み

第1章 バイオマスリファイナリー技術の現状と将来展望

体系のエネルギー・経済評価などインフラ技術の展開について，バイオマスリファイナリー触媒技術の開発状況と技術課題に加えてその将来展望について述べる。

1.2 バイオマスリファイナリーの技術分野

バイオマスリファイナリー生産体系の構築に向けた基本戦略は，次の重点技術分野の研究開発が必要である。

1) バイオマス原料・資源開発のための技術開発
　　バイオマス資源開発，資源量調査，エネルギー・マテリアル作物の育種，採取・運搬技術の開発，流通システムなど
2) バイオマスの糖化・醱酵技術およびメタン醱酵の技術開発
　　バイオマスの前処理技術開発，高機能性酵素の遺伝子・生物工学的研究開発
3) バイオマスの熱化学変換（ガス化改質）技術の研究開発
　　バイオマスのガス化技術，バイオマスガスの工業原料化技術
4) バイオマスリファイナリー触媒技術の開発
　　バイオマスガスを利用する燃料および石油化学製品の触媒変換技術の開発
　　グリーンケミストリーに関連する触媒技術の開発
5) バイオ燃料およびバイオマテリアル製品の工業化システムの体系化と市場導入のロードマップ作成，安全・経済性評価，コアー開発分野の課題抽出など

バイオリファイナリー生産システムがどのようなものであるべきかを考える上で，まず必要なことは，バイオリファイナリーでターゲットとすべき製品をどのように選定するかである。

バイオマスリファイテリー最大の製品はバイオエタノールである。バイオエタノールの年間生産量は米国では約1,900万kℓ（2006年），約2,500万kℓ（2007年）であるが，現在，その原料はバイオマス資源分類上ではデンプン系として分類されるトウモロコシ（Corn：コーン）である。2030年ごろの米国バイオエタノール市場は，現在の10倍以上にも達するとの予測もされており，コーン原料では対応できないことは明らかである。したがって，バイオマス資源問題に関しては，そのような生産量に対応できる非食料原料収集や量の確保が重要なテーマとなる[10]。エタノールに加えてメタノールやDME（ジメチルエーテル）などのアルコール燃料があげられるが，ガソリン代替および添加剤であるETBE（エチルt-ブチルエーテル）用のバイオエタノールの技術開発が重要である。図3に示すように，バイオエタノールの生産原料であるトウモロコシに加えて大豆，米や小麦の市場価格は2000年以降に急激な高騰を続けており食料の供給における流通危機が問題視されている[6〜8,10]。このような国際的な食料情勢と地球温暖化・エネルギー問題に関連して"バイオ燃料と食料との競合"が深刻な社会問題となっている。

図4に示すように，バイオマス原料の5F階層チャートでの位置づけでは，最も高位にある高付加価値の食料（Food）に醱酵技術を応用して最も低位のエタノールや，ディーゼル油やバイオガス（水素やメタンなど）のエネルギー燃料を製造する生産プロセスは，原料コストと量産性

バイオマスリファイナリー触媒技術の新展開

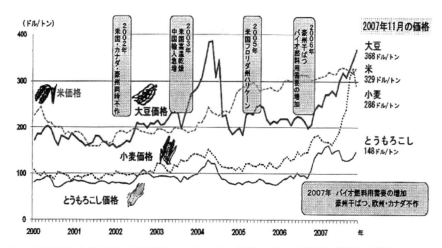

図3　国際的な食料情勢と地球環境・エネルギー問題―バイオ燃料と食料との競合―

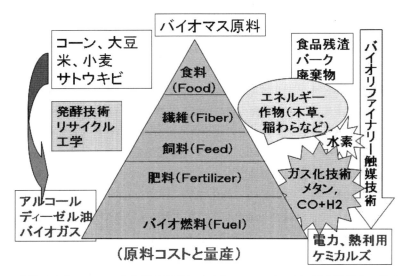

図4　食料バイオマスの5F付加価値序列とバイオマスのエネルギー資源化技術に対するバイオマス原料価格と量産化にむけた技術課題

において課題が多い。非食料バイオマス原料としては，繊維（Fiber），飼料（Feed）や肥料（Fertilizer）に供するセルロース系バイオマスの木材，草類，稲わらやバガス（絞りかす）などや家畜の糞尿や生ゴミ，古紙，パルプや下水汚泥など非食料の産業廃棄物バイオマスを原料にして醗酵技術やガス化・触媒変換技術を利用して，より高付加価値のエネルギー燃料や石油化学製品を製造することが望ましい。図5に示すように，石油化学製品では，エチレン，プロピレン，BTX（芳香族化合物）などの基幹化学品（ビルディング・ブロック）を利用して多数のプラスチック，医薬・農薬などの化学品が誘導されている。同様に，バイオマスリファイナリーにおいて

第1章　バイオマスリファイナリー技術の現状と将来展望

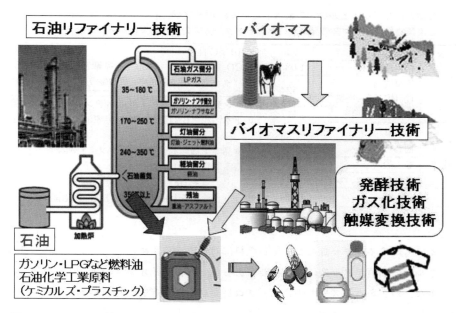

図5　これまでの石油リファイナリー技術とバイオマスの利活用に向けたバイオマスリファイナリー技術の展開

も，バイオマス原料の選択により，生物発酵技術や触媒化学技術を応用して製造可能な基幹化学品となる化合物を絞り込む。そこから導かれる誘導化学品の市場占有度や経済価値などを考慮してバイオマスリファイナリー技術の触媒開発フローチャートが作成できる（図8参照）。それらの化合物の合成方法の技術的可能性などを考慮して，商品化に有望なバイオ化学製品が抽出される。その製造に有効な触媒技術が「バイオマスリファイナリー触媒技術」の最重要な開発テーマとなる。

1.3　バイオマスの原料問題

わが国の「バイオマス賦存量・利用可能量」データが，NEDO（㈱新エネルギー・産業技術総合開発機構）のHPにGISデータベースとして国内各地域別，種別ごとに集計されて公開されている。それらのデータを取りまとめると表1のようになる。

エネルギー源としての木質バイオマス（乾燥）は，表2に見るように，熱量換算で石炭，石油や天然ガスなどの化石燃料と比べてkg当たりでは幾分低熱量ではあるが，ほぼ同等の価値があるとみなされる[2,3]。近年の石油などの化石燃料の価格は2008年に高騰後いったん急落した後次第に上昇して，2011年現在は，高騰ピーク価格の100-120＄/BBLとなっている。単純に熱量換算でA重油と等価になる木材（木質バイオマス）の価値を算出すると，生材（未乾燥状態，湿量基準含水率で約50％）でもA重油価格60〜120円/ℓに対して約1万〜2万円/m^3となる。しかし林地残材といえども収集・運搬，そしてチップ等への加工・前処理等の経費がかかる[8,9]。

5

バイオマスリファイナリー触媒技術の新展開

表1 日本国内のリグノセルロース系バイオマスおよび農業残渣の年間賦存量(単位:万トン/年)と廃棄物系バイオマスの発酵法におけるメタンガスの潜在年間供給能(原油換算)

分類	種類	量
木質系バイオマス	林地残材	336
	製材所廃材	1,033
	建築廃材(解体,新・増築)	524
	果樹,公園剪定	117
	合計	2,013
農業残渣	稲わら	920
	もみ殻	126
	麦わら	81
	合計	1,127

2010年の目標
・CO_2削減:6%(1990年を基準として)
・バイオマス熱エネルギー:308万kl(原油換算)

メタン発酵のエネルギー回収ポテンシャル(年間換算量)
・下水汚泥=6.3億m^3メタン=原油換算63万kl
　　　(45万tメタン)　(52万t原油)
・食品廃棄物=17.3億m^3メタン=原油換算172万kl
・畜産廃棄物=16億m^3メタン=原油換算160万kl
　＊$1m^3$メタンガス=1L原油
現在　合計395万klの年間潜在原油供給能

　木質バイオマスがエネルギー源として化石燃料に対抗できるためには,そうした経費を差し引いてなおエネルギー価値がプラスになる必要がある。一方,バイオマスのガス化・触媒変換技術でエタノールなどのケミカルズやエチレン,プロピレンやベンゼンなどのプラスチック石油化学原料の製造においても,バイオマスの原料コストのみならず,ガス化と精製などに関連する費用の低減がカギになる。生産規模の拡大やガス化プロセスの省エネ化および排熱利用を進めることによりバイオマスガス(合成ガス)の製造コストを7～15円／Nm^3にすれば,国内においても石油由来の製造原価に充分に競合できる工業化バイオ製造プロセスと評価できる。

　原料となる木質バイオマスの成長速度に関して,植物の種類,土地の位置(緯度)によって生産速度は異なるが,杉やブナなどの木本類が5～15t／ha・年であるのに対し,草本類は生長が速く,ネピアグラス(牧草)やスイートソルガムでは,年間平均で50～80t／ha・年を生産することができる[4,5]。さらに成長の速い藻や水草であるクロレラやホテイアオイでは200-350t／ha・年になりこれは太陽エネルギーの3～4%をバイオマスエネルギーとしてたくわえることになり,太陽電池の効率の5～10分の1に相当する。バイオマスはまさに太陽エネルギーの効率的なエネルギー貯蔵材であり,また有用なニュートラルカーボンの化学原料でもある。例えば,草木バイオマスであるネピアグラスは,年間1ha(ヘクタール,100m×100m)の農地に50トンを生産でき,これからガス化改質で作られるバイオマスガス(合成ガス)を用いたエタノール直接合成触媒技術で25トンのバイオエタノールを得ることができる(6章1節参照)。さらに,バイオエタノールを脱水反応でエチレンにすると,ポリエチレン樹脂が15トン生産できる試算である。成長が速く,また収集や運搬が容易な木質バイオマスの開発に向けた育種の研究開発が望まれる。

　東京農業大学牧研究室では,豊富な資源量を有する木質バイオマスに着目して,近年,食品系廃棄物の処理などに利用されている過熱水蒸気を用いた水蒸気処理で木質バイオマスを破砕・粉体化する方法を検討している。20気圧200℃の過熱水蒸気を用いて密閉容器内で加水分解を行うことで,無酸素状態での木質バイオマスの破砕反応処理を行う。この技術は樹木以外に,籾殻,

第1章 バイオマスリファイナリー技術の現状と将来展望

表2 バイオマス，アルコール燃料，天然ガス，ガソリンおよび原油の物性・構造特性とエネルギー評価の比較

		単位	バイオマス(スイートソルガム)	バイオマス(杉材)	メタノール	エタノール	天然ガス(メタン)	ガソリン	原油(アラビアンライト)
状態 沸点 比重		(常温) ℃ 15℃/4℃水	固体（草） 	固体（木） 	無色液体 64.5 0.80	無色液体 78.3 0.79	無色ガス −162 (LNG) 0.425	無色液体 20〜210 0.75	茶色液体 — 0.85
元素分析	炭素C	wt%	42.5	46.4	37.5	52.2	75.0	83.9	85.4
	水素H	wt%	5.7	6.4	12.5	13.0	25.0	15.6	12.3
	酸素O	wt%	41.4	42.1	50.0	34.8	0	0.5	0.6
	硫黄S	wt%	0.1	0	0	0	0	0	1.7
高位発熱量		kcal/kg	4328	4666	5420	7100	13080	11200	10550
低位発熱量		kcal/kg	4020	4320	4745	6400	12180	10500	9860
分子式 (略式)		—	$[C_{12}H_2O_{0.9}]_n$	$[C_{12}H_2O_{0.6}]_n$	CH_4O (CH_3OH)	C_2H_6O (C_2H_6OH)	CH_4	$C_1H_{16.6}$	$[C_{11}H_2]_n$
注記		—	乾燥基準 草本類	乾燥基準 木本類	メチルアルコール 工業用燃料 飲料不可	エチルアルコール 飲料可	液化天然ガスLNGと呼ぶ −162℃以下	自動車用燃料	良質原油

稲わら，竹などでも出来る。これらを固体燃料としてペレット加工して，容易に収集及び運搬することができるので，農業用の温室暖房やボイラー燃料として利用できる。加えて，バイオマスを産業用原料として大規模・集中的に資源利用する場合，バイオマス原材料を加熱水蒸気処理などの前処理技術により収集と運搬に有利な流動性が高い粉体やペレットに改質することが必要である。バイオマスリファイナリーを事業化展開する場合，その地域の賦存量に合わせた規模にするだけでなく，エネルギー化と資源化のシステムをバイオマスの前処理施設に併置し，多段階的に利用するなどの工夫が必要になる。一般的に，本質バイオマスの価格は，燃料用チップの供給のための収集作業では，原木代として3.5千円／m³に加えて，本質バイオマスの利用プラントへ持ち込む場合の収集・運搬経費が2.4〜2.7千円／m³とチップ化などの加工などの前処理経費を含めて合計経費1万円／m³程度以下にする必要があるとされている[9]。この点においては，大規模な森林事業を行っているカナダ，米国，ロシアなど，またトウモロコシ，キャサバ芋など安価なバイオ原材料とその収集，運搬を低経費で行えるインド，ブラジルあるいは中国・東南アジア諸国など海外でのバイオマスの現地利用が好ましい。

1.4 バイオマスのガス化と工業原料化技術

バイオマスリファイナリー技術の実用化の要件を考えてみよう。まず，同一スペックでバイオマス由来のガス原料を経済的で安定に大規模供給する工業原料化技術の開発が必要である。決まったスペックの原料ガスであれば，アルコール合成，MTB技術やFT合成などの触媒プロセスで，基幹化学原料（ケミカルズ）が生産される。これにより，バイオプラスチック，バイオアルコールやバイオDiesel燃料について，コスト面での経済性や，石油由来製品に対する競争力など事業性評価ができる[10, 11]。

バイオメタンは，生ゴミ，下水汚泥や家畜の糞尿などの廃棄物系バイオマスを用いてメタン醗酵技術で製造される。メタン発酵時に生成するバイオガスは，一般的にメタン濃度が55〜65％，二酸化炭素が35〜45％および3000ppmレベルの硫化水素等の微量成分からなる。生ごみを可溶化処理したメタン発酵施設（100kg／日処理量）から発生するバイオガス1Nm^3／日（60％メタン，40％弱CO_2，H_2S，有機アミンなどの微量不純物を含有）が発生する。バイオマスのガス化技術では1トンの木質バイオマスから500〜1500Nm^{3}のバイオマスガス（COとH_2の混合ガスを含む原料ガス）が生産するのに比べて，メタン醗酵技術でのガス収量は1〜2桁ほど低い。また，メタン発酵時に生成するバイオガスは，メタン濃度が55〜65％，二酸化炭素が35〜45％および3000ppmレベルの硫化水素等の微量成分からなる。図6に示すように，これまでPSA（圧力スイング吸着方式）やZnOや酸化鉄の化学的脱硫・脱アミン処理法でバイオガスを都市ガスに近い品質まで精製できる。バイオマスから得られる醗酵メタンやガス化原料を工業化学原料として使用可能なレベルとするには，さらに高度なバイオマスガスの精製技術の開発が必要である。バイオガス中のメタン，低級炭化水素やCO_2を組成調整の上，バイオマス原料に起因するH_2S，NH_3，O_2，H_2Oなどの微量成分を1〜10ppm以下に低減する精製技術を開発する。さらに，異なるバイオマス原料からガス組成や微量成分を規格化したバイオガス精製（スペック

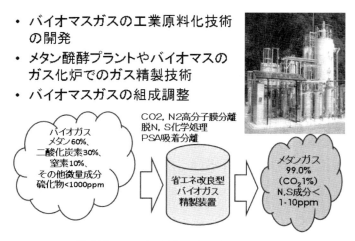

図6　ゼオライトや膜分離によるガス精製技術とバイオマスガスの工業原料化技術

化）技術を向上させる。これにより，多様なバイオマス原料の組み合わせや発酵槽やガス化改質の運転条件に適応するバイオマスガスの工業原料化技術を確立することが重要である。

一方，バイオリファイナリー開発コンセプトでは，バイオマスからの有用化学物質への変換技術として，醗酵技術に比べてバイオマスの選択にこだわらない熱化学変換（ガス化改質）で得られるバイオマスガス（合成ガス）から各種の有用な燃料やケミカルズを合成するルート開発が重要な触媒技術分野と考えられる。バイオマスのガス化技術の国内での開発状況を図7に示した。三菱重工製のガス化流動床炉，川崎重工製の部分燃焼式ガス化炉やブルータワー（ドイツDM2社）の噴流床式ガス化炉などがある。バイオマスのガス化改質法ではすべての炭素源はCOとH_2の混合ガスに変換される。したがってこの方法では，リグニン成分も有用化学物質への変換に利用されることになる。これまでのガス化炉（固定式ガス化炉（キシロワット社製），循環流動式ガス化炉（ルルギ社製），内部循環流動ガス化炉（ギュシング社製））は石炭や天然ガスのガス化技術をバイオマスに応用したものである。木材チップをガス化炉上部より供給して下部より水蒸気と酸素（空気あるいは酸素ガス）を供給して炉底より燃焼させた高温揮発ガスをガス燃料として発生させる。これによって発生するガス燃料はH_2，COのほかタール成分を含み機器のタールづまりなどのトラブルをひきおこす。三井造船の2段階ガス化炉では，副生タールや揮発成分を後段でガス化して合成ガスの収量増大と水素生成割合の向上がなされている。これらに対して，長崎総合技術大学の坂井正康教授グループで開発された浮遊外熱式ガス化炉（農林バイオマス3号機）では，バイオマスを微細な浮遊粉体（数ミリ〜数10ミクロン粒径）にして反応効率を上げると共に超高温（700〜1000℃）の内部放射加熱の水蒸気でガス化してCOとH_2の混合ガスを主成分とするバイオマスガスが発生する。これによりガス化効率を75％強で$H_2/CO=2〜2.5$の水素リッチな合成ガスを製造することに成功した。タールの発生がなくなりクリーンで有

↑農林バイオマス3号機（農水省、長崎総科大）
外熱式
ガス化原料処理量：30kg/h
ガス発生量：50Nm3/h
H2/CO：1.8〜2.2

ブルータワー（独DM2社）
噴流床式
処理量：42kg/h
生成水素：22Nm3/h
（530 Nm3/d）
H2/CO：1〜4

←三菱重工
部分燃焼式
処理量：83kg/h(2t/d)
ガス発生量：不明
H2/CO：不明

川崎重工
部分燃焼式
処理量：100kg/h
ガス発生量：180Nm3/h
H2/CO：不明

図7　国内での木質バイオマスのガス化炉と技術開発状況

効な合成ガスが得られる[4, 14]。

1.5 バイオマスリファイナリー触媒技術の開発状況

これまでの醗酵技術と平行して，バイオマスのガス化改質で得られるバイオマスガス（合成ガス）から，エタノール燃料やケミカルズの直接合成触媒技術を初めとして，フィッシャー・トロプシ（FT）合成での炭化水素油や，バイオオレフィンやベンゼン経由でのプラスチックなどの石油化学製品を製造する触媒化学変換技術の研究開発状況を図8にまとめて示した。

まず，米国に始まる世界的な「バイオマス国家戦略」のターゲットとして，ガソリン代替／ブレンド用バイオ燃料（バイオエタノール）が選ばれて，その技術開発と商業的供給体制の推進計画が着々と行なわれている[10, 12]。ここにきて，エタノール発酵原料として糖質作物のみならずコーン，大豆，米などの大量需要が最近の価格高騰や世界的な供給逼迫を引き起こして，「エネルギー燃料と食物の競合」が深刻な社会問題となっている。エタノールをコーンより発酵法で生産すれば，エタノールが保有するエネルギーより大きなエネルギーをエタノール製造プロセスに投入しなければならず，エタノール生産技術はエネルギー損失を伴うことが指摘されている[10]。さらに，セルロース系バイオマス原料からのエタノール製造は，セルロースの濃硫酸糖化分解処理などでさらに大きなエネルギー損失を伴い経済性において課題がある。この点において，最近

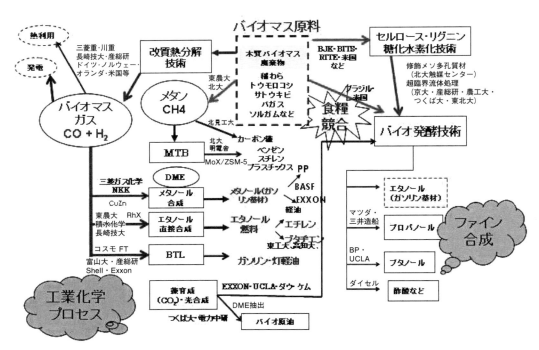

図8　木質バイオマスの利活用に向けた醗酵技術とガス化・触媒変換技術の開発状況とバイオマスリファイナリー触媒技術の展開

第1章　バイオマスリファイナリー技術の現状と将来展望

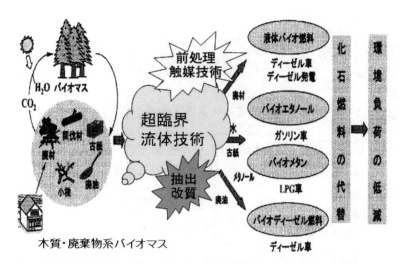

図9　亜・超臨界流体技術を応用する木質および廃棄物系バイオマスのエネルギー燃料と資源化技術の開発フロー図

には，京大坂教授グループ[13]を中心に，図9に示すような亜・超臨界水や炭酸ガス流体を活用する木質・廃棄物系バイオマスのセルロース・リグニン分解・抽出技術により糖化・水素化技術が開発されて，バイオエタノールやバイオディーゼル燃料の製造にむけた実証試験が進められている。また，北海道大学触媒化学研究センター福岡教授グループによるセルロース系バイオマスの糖化水素化に有効な修飾メソ多孔質シリカ触媒の研究開発が報告されている。今後のエタノール生産技術の改良としてゲノム・遺伝子工学などバイオテクノロジーによる発酵技術やセルロース糖化技術の触媒技術開発が今後の重要な技術課題となっている。

合成ガスからエタノールを直接合成する触媒プロセスの開発は，1970年後半に相模中央化学研究所市川研究室で基礎研究が進められた[15, 16, 19, 20]。その結果，図10に示すように，Rhを主触媒にして酸化物担体や添加金属を組み合わせた複合Rh触媒を用いてエタノールが高選択率で得られることが見出された。加えて，米国UC（ユニオンカーバイド）社などの高圧合成ガス反応の研究成果に基づき，1980〜1987年通産省工技院による国家プロジェクト「一酸化炭素を原料とする基礎化学品の製造法」が開始された[17]。当時は，石油化学原料の多様化の方向としては，石炭，天然ガス，オイルシェール，タールサンド等の炭素資源をガス化して得られる合成ガス（一酸化炭素と水素の混合ガス）及びこれから容易に得られるメタノールを原料として用いる方法が検討された。このように合成ガスまたはメタノールを原料として基礎化学品を合成する方法は，現在では"シーワン（C1）化学"と呼ばれ，古くからフィッシャー・トロプシュ法，メタノール合成，オキソ法等として一部実用化されていたものの，各種の基礎化学品を得る技術としては，未だ，基礎研究の域を出ておらず，これらの炭素資源の化学的利用技術を早急に確立することが期待された。その開発課題の1つとして「合成ガスからの気相法エタノール合成技術開発」が取り上げられて，C1化学研究組合に参画する相模中央化学研究所と4化学企業によってエタ

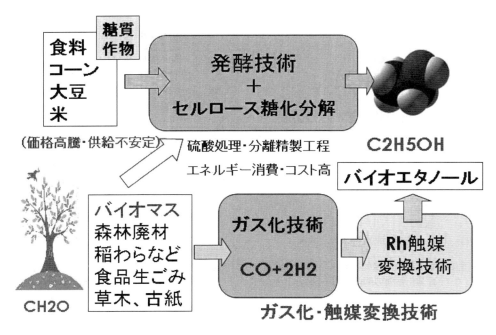

図10 非食料バイオマスからのバイオエタノール生産にむけた糖化・醗酵技術とガス化触媒変換技術の比較図

ノール直接合成触媒技術の研究開発が行なわれた。多成分系Rh触媒の広範囲な触媒探索とエタノール直接合成のプロセス設計を進めることで，石炭や天然ガスのガス化改質技術で得られる合成ガス（CO＋2H$_2$）を用いて20～50気圧，260～280℃おいて高選択率かつ高収率でエタノールを直接合成するRh複合触媒が研究開発されて，長時間運転での実証試験などのRh複合触媒の性能評価と技術実証がなされた。

一方，最近には，図7に示すような高温水蒸気による無触媒での浮遊外熱式ガス化技術（農林バイオマス3号機）が長崎総合科学大学坂井教授により開発された[14]。現在，スギ材，稲わらなどの草本系バイオマスを農林バイオマス3号機でガス化改質して得られるバイオマスガスを用いて新規なRh複合触媒によりバイオエタノールを高収量・高選択率で直接合成する研究開発が東京農業大学，積水化学，長崎総合科学大学で進められている。木材と稲わらのガス化で得られるバイオマスガスからエタノール直接合成試作機を用いて97％粗エタノール（3％酢酸）を高収量で製造するバイオエタノール直接合成技術の実証試験が行なわれた[30]。さらに，図11に示すような，改良型循環式エタノール合成触媒プラントでは，Rh複合触媒を用いたエタノール直接合成システムでは，1tの木質バイオマスからエタノール410kgとメタン100Nm^{3}が得られる試算設計である。ガス循環系と副生メタン改質器を組み込んだ実規模の改良システムでは，バイオマスからのエタノール収量を大幅に増大できる。

図12に示すように，これらの基幹物質の中で例えばエタノールを起点とするC$_2$ケミストリー

第1章 バイオマスリファイナリー技術の現状と将来展望

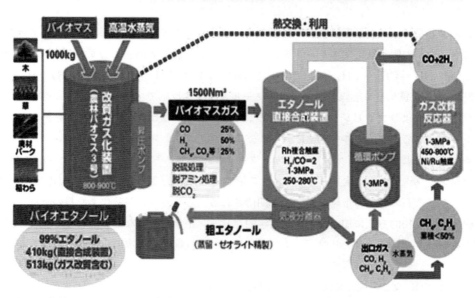

図11 木質バイオマスのガス化改質とバイオマスガスを用いる改良型循環式エタノール直接合成システムのフロー図

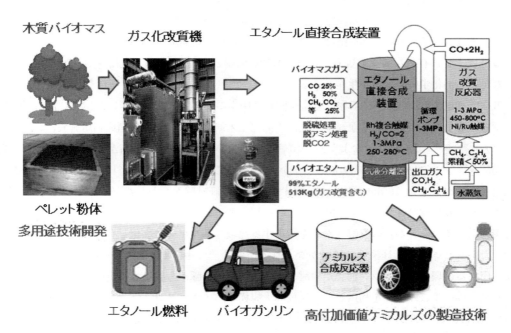

図12 木質バイオマスのガス化技術とエタノールなどのC2ケミカルズ合成触媒技術を応用する石油化学製品，バイオプラステイックや合成ゴムの製造フロー図

と言うべき触媒化学体系が形成される。エタノールからはエチレン，プロピレン，ブタノール，ブタジエン，アセトアルデヒドなどの工業的にも重要なプラステイック原料，有機溶媒など，汎用化学品から界面活性剤，化粧品や食品添加剤などのスペシャリティケミカルズまで，量的な意味を含めて非常に広範な誘導品展開が可能なキーマテリアルズである。工業用燐酸系触媒を用いればエタノールの脱水反応でエチレンをまたエタノールの脱水素脱水反応でブタジエンが合成できる（$C_2H_5OH = CH_2 = CH_2 + H_2O$；$2C_2H_5OH = CH_2 = CH-CH = CH_2 + H_2 + H_2$）。さらに，Ni担持多孔質シリカ触媒を用いてエタノールから脱水反応で生成するエチレンの2量化・メタセシス反応によりプロピレンが合成できる。ZSM-5などのゼオライト触媒系を用いてバイオマスから得られるメタノールやDMEからエチレンやプロピレンなどの有用なオレフィンが合成できる[11]。このように，バイオマスからのメタノールやエタノール合成を基点として，エチレン，プロピレンやブタジエンに変換して，バイオの冠を付けたPE，PP，ナイロン，塩化ビニル樹脂，合成ゴムなどの石油製品の市場への登場が期待される。もちろん，基幹化学原料の合成やその誘導品展開は，生物的方法に加えて，触媒化学的グリーン化学合成法など，それらを駆使して膨大な裾野を形成するバイオマスリファイナリー技術の触媒技術開発と実用化に向けた展開が必要である。

一方，MoやReなどの複合金属を担持する特異な細孔のZSM-5やMCM-22ゼオライト触媒を用いてメタンからベンゼンと水素を製造する"MTB触媒技術"の研究開発が行われている[18, 22〜25]。

酪農地帯の畜産糞尿や農業廃材，森林廃材，稲わらなどの農作物廃棄物の処理に関連して，発酵メタンすなわちバイオガスの利活用は農村地域の急務の課題である。バイオガス（メタン60％，CO_2 40％）中のメタン濃度を濃縮して，硫化物，窒素成分の精製・除去を行えば，バイオガスはまさに有効なメタン資源である。MTB触媒技術を応用すると醗酵メタンから，ベンゼンなどの石油化学製品原料を生産できる。

2003〜2007年には，牛の糞尿など畜産廃棄物由来のバイオメタンを用いたMTB触媒技術で，水素とベンゼンを製造する実証試験が北海道開発土木研究所の別海資源循環利用施設において行われた[21, 26〜29]。図13に示すように，10軒畜産農家の牛1000頭から排出する糞尿30トン／日の発酵メタン1500m^{3}の一部（200m^3／日）をもちいて，水素（240m^3／日）とプラスチックの原料となるベンゼン（60kg／日）を製造する技術の実証試験が行われた。MTB触媒技術を利用したメタン直接改質プラントで発酵メタンからバイオベンゼンと水素が生産される。これにより，廃棄物系バイオマスからの醗酵メタンを活用する地域エネルギー自立化と有機資源の循環利用にむけたシステム設計と経済性の検討がなされている[21, 26]。図14に示すような，MTB触媒技術を活用する循環型エコタウン構想が検討されている。牛や豚から排出する糞尿と下水汚泥に加えて食品工場の生ごみなどを利用して，比較的大規模なバイオマスガスプラントで醗酵メタンを生産する地域バイオマスセクターにMTBプラントを併設するものである。生産されるベンゼンなどのBTXは石油化学原料や自動車燃料として，また大量の水素はBTXに化学貯蔵した上で，地域のレストランや住宅用の燃料電池に運搬して電気と熱を取り出す。さらに，燃料電池を備えた

第1章　バイオマスリファイナリー技術の現状と将来展望

図13　家畜糞尿から得られるバイオメタンを利用するベンゼンと水素を併産するMTB反応装置とバイオメタンの貯蔵ホルダーおよび水素とベンゼンの貯蔵タンク

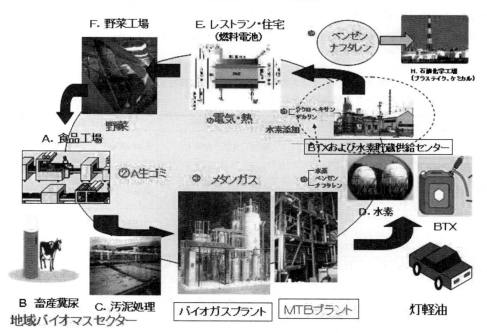

図14　食品工場の生ごみ，畜産分尿および下水汚泥からなる混合廃棄物系バイオマスの循環型利用にむけたバイオガス醗酵，MTB触媒炉プラントおよび燃料電池・野菜工場のシステムフロー図

野菜工場や畜産農家で生産される野菜や食肉を食品工場に出荷する。こうした廃棄物系バイオマスの循環型エコ利用には，MTB触媒技術を活用するバイオマスリファイナリーのシステム開発が必要である。

　バイオマス由来の合成ガスより得られる炭化水素油製品の中で注目されているのは，FT合成（Fischer-Tropscn合成反応）により得られる灯軽油（ディーゼル油）である。FT合成反応で生成する各種成分の炭素数分布は，触媒や反応条件によりC6－C20の直鎖の広い炭化水素油やワックスを製造する。目的製品と異なる留分は再度水素化クラッキングされて，軽油留分の歩留まりを高める。バイオマスの熱化学変換技術開発は，FT合成を中心にDOEのPNNL（Pacific Northwest National Laboratory）において行われている。FT合成石炭や天然ガス由来の合成ガスによるFT合成軽油（ディーゼル）はすでに商業生産されている。原油由来の軽油に比し，これらの軽油は硫黄分が少なく，ディーゼル燃料の特性として重要なセタン価が高いという特徴がある。我が国では，産業総合技術研究所村田研究室[31]や東北大学富重研究室[32]では，流動層触媒ガス化炉を開発して木質ペレットの浮遊式水蒸気改質およびNiFe/Al23触媒を用いるタール水蒸気改質によりガス化転換効率は60～80％に向上して，タール生成に伴う閉塞トラブルを解決している。得られた合成ガスを用いてRuMo／アルミナ触媒での10～40気圧，220℃，FT反応と水素化分解によるアップグレーディングプロセスを組み合わせて非食料バイオマスからのナフサや灯軽油の合成に成功している。このほかには，富山大学椿研究室，北九州市立大学朝見・梨研究室[33,34]において，合成ガスからの炭化水素油合成やスラリー床触媒でのLPG合成などバイオマスの液体燃料化（BTL）触媒技術の研究開発が行われている。木質および廃棄物系バイオマスのガス化・FT合成触媒技術を用いるガソリン・灯軽油の製造法において，現在実用化が

表3　木質および廃棄物系バイオマスのガス化・FT合成触媒技術を用いるガソリン・灯軽油の実用化が期待される製造法の比較

	ガス化-FT	急速熱分解	BDF直接水素化
反応条件	ガス化：常圧，900℃ FT：1-2MPa，250℃	常圧，400-600℃	250-350℃，2-10MPa
原料	木質系，廃棄物系	木質系，廃棄物系	ジャトロファ油，パーム油など
原料の形状	AD（空気乾燥） 数センチサイズで可	AD（空気乾燥） 数ミリサイズ	液体
一次生成物	C1-C50炭化水素	バイオオイル（酸性） 酸素含有率30-40％	C15-C18炭化水素
最終製品	ガソリン，灯軽油	ガソリン，灯軽油	軽油
プロセスの特徴	大規模が有利（日量数千トン）	小規模でも可（日量50-100トン）	大規模が有利（石油とブレンド）
問題点	・ガス化温度が高い ・プロセスが複雑	二次処理（脱酸素）に大量の水素が必要	・原料の確保 ・有害物質（ホルボル酸エステルなど）
備考		バイオオイルをガス化原料に転用も可	

第1章　バイオマスリファイナリー技術の現状と将来展望

期待される技術を比較して表3に示す。木質バイオマスは，本来分散化資源でありその回収と運搬経費がバイオマスFT合成プラントの経済性を左右することもある。また，バイオマスのガス化—ガス精製—FT合成—水素化分解からなる多段階プロセスであるため，実用化に向けた経済性な生産規模としては，天然ガスや石油化学プラントの数10分の1（日産数百〜数千トン）であると考えられている。一方，地域の木材，生ゴミや稲わらなどの農業廃棄物を利用する地産地消型プラント施設であれば日産100トン程度のFT合成油の製造で発電燃料，産業機械や農業用運搬車など限られた利用が現実的であるが，自立的な事業としての可能性を模索する必要がある。

1.6　まとめ

　我が国の石油化学工業は，原料の大部分を輸入して，石油を精製して得られるナフサに依存している。しかしながら，2度にわたる石油危機による石油価格の高騰及び原料供給状況の悪化を経験して，さらなる石油消費の削減や地球温暖化要因物質であるCO_2の排出削減に向けてバイオマスリファイナリー技術の研究開発とその実用化が強く求められている。

　一方，世界的な化学工業に関する技術革新の停滞及び化学原料確保の重要性の増大基調にあって，近年欧米先進諸国は技術面での優位性と新技術開発をテコとして，バイオマスリファイナリー技術に関するリーダーシップを確保していく傾向にあり，わが国においては独自に本分野の革新的な技術開発を行う必要に迫られている。現在，バイオマスリファイナリー技術の推進に向けて大学，国立研究機関および化学企業等において触媒の研究開発が進められている。しかしいずれも基礎研究の段階にあり，十分な技術蓄積を図り，これらの技術を実用化段階まで高めるためには，基礎的な触媒探索の段階から体系的，集中的に研究開発を行う必要があり，そのためには膨大な資金と多数の研究員の投入及び長期の研究期間が必要である。更に，この技術がリスクの大きい未来技術であることから，国家的事業として大学，研究所と民間の化学企業が一体となって，学界の支援を得ながら，その総力を結集して国の大型プロジェクトとしてバイオマスリファイナリー触媒技術の研究開発が行われることが望まれる。一方，バイオマスの生産体制とコスト試算や流通システムの整備も重要な課題である。これまでの"食と住"に軸足をおいた農林産業分野においては，バイオマスの"エネルギー資源化作物"に向けての新たな技術開発が求められる。バイオマスリファイナリー触媒技術のさらなる展開により，バイオマス由来のエネルギー燃料やケミカルズの生産拡大が促進されて，石油消費を減らし，CO_2排出削減など低炭素社会に向けた"豊かで安心な暮らし"の実現を期待したい。

文　　献

1) DOE レポート（2008）, Top Value Added Chemicals from Biomass, vol. I, Results of Screening for Potential Candidates from Sugars and Synthesis Gas
2) 林野庁,「平成21年版　森林・林業白書　低炭素社会を創る森林」, 日本林業協会（2009）
3) 日本エネルギー学会編,「バイオマスハンドブック第2版」, オーム社（2009）
4) 坂井正康著,「バイオマスが拓く21世紀エネルギー」, 森北出版（1998）
5) 吉岡拓如, 平田悟志, 松村幸彦, 日本エネルギー学会誌, **81**, 241-249（2002）
6) 石油情報センター,「価格情報」, http://oil-info.ieej.or.jp/price/price.html
7) 日本エネルギー学会編,「バイオマス用語辞典」オーム社（2006）
8) 林　隆久著, 林木の育種, 海青社出版（2010）
9) 鈴木保志, 日本の科学者, **45**, 630-635（2010）
10) ㈶地球環境産業技術研究機溝編, バイオリファイナリー最前線, pp54-104, 工業調査会（2008）
11) 市川　勝, C1化学技術集成, pp220-247, サイエンスフォラム出版（1980）
12) F. O. Licht, ETHANOL PRODUCTION COSTS A Worldwide Survey（2000）
13) 坂　志朗, 日本エネルギー学会, **88**, 362-368（2009）
14) 坂井正康, 日本エネルギー学会誌, **88**, 500-504（2009）
15) M. Ichikawa, Chemtech, 674（1982）
16) M. Ichikawa, *Bull. Chem. Soc. Japan*, **51**（8）, 2268-2272（1978）; *J. C. S. Chem. Commun.*, 566-567（1978）
17) シーワン化学技術研究組合, シーワン化学成果総合報告（1987）
18) 市川　勝, 監修「天然ガス高度利用技術―開発研究の最前線」エヌ・テーエス出版, 3-9, 47-51, 531-555, 641-654（2001）
19) 市川　勝, 化学増刊, 学会出版センター, 新時代の基幹有機, 化学工業, **36**, 92-102（1982）
20) 市川　勝, エネルギー・資源, **4**（6）, 549-555（1983）
21) ㈶北海道開発土木研究所,「地球温暖化対策に資するエネルギー地域自立型実証研究報告書」（2004-2006）
22) S. Liu, Q. Dong, R. Ohnishi, and M. Ichikawa, *Chem. Comm.*, 1455-1456（1997）
23) 大西隆一郎, 市川　勝, 表面, **37**, 28（2000）
24) 大西隆一郎, 市川　勝, ゼオライト, **18**, 49（2001）
25) 市川　勝, 日本エネルギー学会誌, **86**, 249-235（2007）
26) Y. Shudo, T. Ohkubo, Y. Hideshima, T. Akiyama, *Intnal. J. Hydrogen Energy*, **34**（10）, 4500-4506（2009）
27) 市川　勝, 資源環境対策, **86**（2005）; 週刊農林, 1914号, 4-7（2005）
28) 市川　勝, 監修「メタン高度化学変換技術集成」, シーエムシー出版（2007）
29) 市川　勝, 日本エネルギー学会誌, **86**, 466（2009）
30) 農水省委託プロジェクト「地域活性化のためのバイオマス利用技術の開発, II系」平成21年度研究成果報告書, pp258-263（2010）
31) 村田和久, 岡部清美, 高原　功, 稲葉　仁, 劉　彦勇, 日本エネルギー学会誌, **90**, 505-5011（2011）

32) 富重圭一, 李達林, 日本エネルギー学会誌, **90**, 499-504（2011）
33) X. Li, K. Asami, M. Luo, K. Michiki, N. Tsubaki, K. Fujimoto, *Catalysis Today*, **84**, 59-65（2003）
34) Q. Ge, X. Li, H. Kaneko, K. Fujimoto, *J. Molecular Catal., A, Chemical*, **278**, 215-219（2007）

2 化学工業から見たバイオマス資源化技術と課題

瀬戸山亨*

2.1 グリーンサステイナブルケミストリーとバイオマス資源

21世紀に入り，人類社会の基盤であるエネルギー源として使用してきた石炭，石油に代表される化石資源の燃焼によるCO_2による地球温暖化が強く提唱されるようになってきたことに加え，これら化石資源の消費量の増大による資源枯渇というエネルギー供給の将来に対する不安から，バイオマスに含まれる炭水化物はCO_2の光合成により生産されるものであり，これをエネルギーや化学品に変換しても最終的にはCO_2に戻るという意味，すなわち"カーボンニュートラル"であるという考え方に沿ってバイオマスを原料として新しいエネルギー媒体，化学品を製造する技術の研究開発が進み，一部実用化も始まっている。

しかしながら再生可能資源を標榜する限り，それらのエネルギー媒体，化学品製造が，従来法で作り，消費されるまでのエネルギー消費量（＝CO_2に換算できる）よりも少ないエネルギー使用量で実現できることが必要である。いわゆる"カーボンフットプリント"としてその正当性がなければ，バイオマス由来であってもそれはGSCとはいえない[1]。またGSCに含まれるSustainableは"持続可能"と訳すべきものであり大規模使用におけるCO_2排出削減効果を意識すべきである。図1にいろいろな有機物の燃焼熱を比較する[2]。化石資源は主に炭素と水素によ

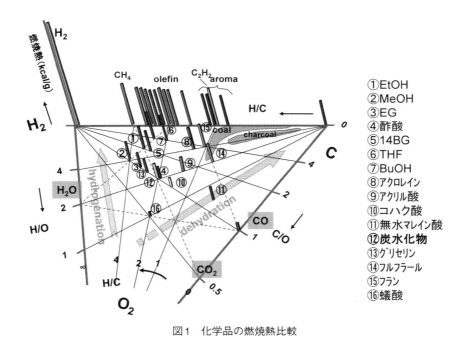

図1 化学品の燃焼熱比較

* Toru Setoyama ㈱三菱化学科学技術研究センター 合成技術研究所 所長

第1章　バイオマスリファイナリー技術の現状と将来展望

って構成されているので，単位重量あたりのエネルギー密度は大きい。これに対し，バイオマスは炭水化物と表現されるように，化学式としてみると酸素の割合が大きいため，正味の炭素，水素の割合が小さくなり，エネルギー密度は化石資源のそれと比較すると小さく，ほぼ既存の工業化学製品と同程度である。この為，外部からエネルギーを加えて活性化する必要がある（＝CO_2が発生する）。Sustainabilityを議論するには，エネルギー的観点からのきちんとした正当性を主張できなければならない。

　バイオマスの供給・利用ということに視点を移すと，形態が多種多様であり，生産の季節性による限定，生産場所の分散のため，まとまった量を確保することが困難な場合が多い。地球上のバイオマスは現在，総量として約1兆8000億トン程度といわれ，その大半は陸生であり，92％は森林に蓄えられている木質系バイオマスが占めている[3]。木質系バイオマスは一般的に非可食であり，その生産量は少なく見積もっても年間約800億トン程度であり，エネルギー換算すると$6.9×10^{17}$kcal/年となり，これは世界の一次消費エネルギーの6倍程度に相当する莫大なものである。すなわち，現在の化石資源を基本としたエネルギー・化学原料を代替するに十分な量のバイオマスが再生産されているが，実際には世界全体のバイオマスの利用率は7％程度にしかすぎない。

2.2　バイオマスの工業的利用の現状と今後の動向

　GSCのコンセプトが今後普及していくに伴い，石油由来品と大きな価格差がなければバイオマス化学品のほうが市場で優位に立てる可能性が高い。実際，図2に示すようにバイオエタノールとその他化石資源系燃料の価格の推移を見ると明らかに熱量としてはガソリンの6割程度しかないエタノールが同程度の価格で取引されていることはバイオマス由来であることの優位性によ

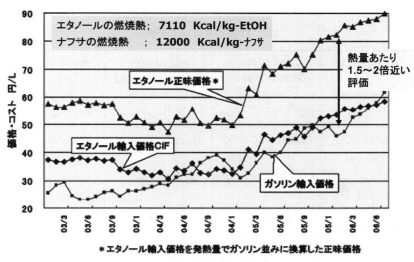

図2　バイオエタノールの価格推移

るものである。今後この格差はエネルギー見合いを基準に縮小していくであろうが，同程度であればバイオマス由来のものが優先されることは確かであろう[4]。化学原料としてバイオマスを大量に利用するためには，大規模の普及している石油由来の化学品を代替するためのバイオマス独自の基幹原料を特定し，競争力のある技術でもってそれを供給することが必要である。以下バイオマスの分類にしたがって紹介する。

2.2.1 糖質系バイオマス利用

2008年度の世界の主要穀物（小麦，資料穀物，精米）の生産量は約25億トンであり[5]，そのエネルギー用途への展開として近年，最も大規模展開されているのは，バイオエタノールであり，ブラジルにおいてはサトウキビ，米国においてはトウモロコシを原料としている[6]。その化学品への展開としてバイオエタノールからのポリエチレンはDowやBraskemが工業化している[7]。またカーギル社はポリ乳酸[8]，DuPont社の1,3プロパンジオール等もすでに工業化されており[9]，これ以外にもブタノール，コハク酸およびそのポリエステル，グリセリン，プロピレングリコール，アクリル酸，ソルビトール等の製造プロセスの開発が進んでいる[10]。表1に米国エネルギー省（DOE）がかかげるバイオマスの基幹化合物群を示す[11]。これらの化合物から誘導しうる化学品の工業化への開発が今後も進んでいくことが予想される。

1,3プロパンジオールを用いたDuPont社のポリエステル（ナイロンの風合いを持つ）や[12]，透明耐熱特性が期待されるイソソルバイド（ソルビトールの脱水縮合2量体）を用いたポリエステルのようなバイオマス由来の機能性化学品は[13]，先に述べたバイオポリエチレン，ポリ乳酸のようなCO_2-LCAの寄与をはっきり標榜できるバイオ汎用化学品とは本質的に異なるものであり，現状の規模においてはBio-refineryの概念とは異なるものである。これらの二極分化が今後進展していくと考えられる。

表1 DOEの基幹12化合物

1,4-Diacids	2,5-Furan-dicarboxylic acid	3-Hydroxy-propionic acid	Aspartic acid
Glycerin acid	Glutamic acid	Itaconoic acid	Levulinic acid
3-Hydroxy-butyrolactone	Glycerol	Sorbitol	Xylitol/Arabitol

第1章 バイオマスリファイナリー技術の現状と将来展望

2.2.2 油脂系バイオマス利用

2003年における世界の主要な植物油脂の生産量は約1億1000万トンで，大豆油が約29％，ナタネ油が13％，綿実油4％，ヒマワリ油9％程度となっている[14]。現在，世界的に最も注目を集めており技術開発が精力的に行われている油脂系バイオマスの用途はバイオディーゼル燃料用途である[15]。1997年との比較で世界全体の生産量は1700万トンから2004年には3300万トン近くまで拡大しており，他の油脂の生産量に比較して圧倒的に大きい。一般的にはパーム油をメタノールでエステル交換して得られる長鎖脂肪酸メチルエステルが利用されようとしている。このエステル交換において副生するグリセリンの利用についてもいろいろな検討が加えられている。アクリル酸，プロピレングリコール（1,2-プロパンジオール），エピクロルヒドリンといった化製品の誘導が可能であり[16]，特に紙おむつに使われているポリアクリル酸は生分解性がないことから，植物原料化することの意義は大きく，日本触媒や海外の企業，研究機関からの技術開発が報告されている[17]。今後，石油由来のグリセリンの代替が進むと考えられるが，長鎖脂肪酸エステルのバイオディーゼル利用が進む場合，グリセリンの応用が進まないと量的バランスが崩れてしまい市場拡大の足枷になる。この観点からもグリセリンからの化学品誘導化は大きな開発課題と考えるべきであろう。

2.2.3 木質系バイオマス（リグノセルロース）利用

林木から得られるバイオマス資源には，木材，紙，パルプ，セルロース，ヘミセルロース，リグニンなどがある。2008年の世界の木材生産量は，丸太で34億m^3，製材が4億m^3，木材パルプが1.8億トン等である[18]。木材の構成成分はセルロース，ヘミセルロース，リグニンが主で，通常この3者で90％以上の含有量に達する。

リグニンは自然界に存在する再生可能資源としては，セルロースに次いで豊富である。リグニンは基本骨格としてベンゼン環を保有しており，この点が他のバイオマス資源とは決定的に違う。石油化学誘導品の中で，芳香族骨格を有する代表的な化合物としてはフェノール，テレフタル酸，スチレンがあり，その生産量は年産1000万トンを超え莫大である[19]。リグニンの生産量を考えると，これら汎用化学品への誘導が可能となれば，バイオマス資源の化学資源化が一気に進もう。技術的にかなり難易度が高いが取り組むべき大きな課題である。

木質系バイオマスの大量消費国である日本は，材木資源の効率的活用技術の開発，セルロース系バイオマスの化学資源化技術の開発，未利用材木資源の開発に積極的に取り組むことにより特にCO_2削減での大きな国際貢献が期待できる。しかしながら図3に示すように国内において木質系バイオマスを原料としたバイオエタノールの製造コストは，他の原料系よりも格段に高くなり，現状では経済性は期待できない[20]。抜本的な技術革新の必要な領域である。

2.3 バイオマスの化学資源化の課題と技術動向

これまで述べてきたように，バイオマスの工業的利用の多くは化学変換と再利用に関するものが中心であったが，急激にバイオエタノール，バイオディーゼル等のバイオ燃料を目的としたエ

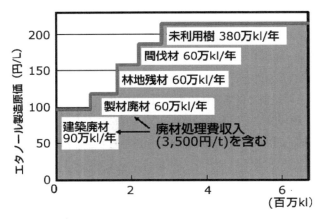

図3　木質系バイオマスからのエタノールコスト

ネルギー用途が急拡大しつつある[21]。

　バイオマス由来の化学品製造をBio-refineryとして大きく発展させるための技術課題を整理すると，その生産性，季節性，輸送性の確保といったバイオマス生産までの課題，構造多様性が大きいこと，有効成分含有量がバイオマスの種類によって異なるため，何を基幹原料とし，それをどうやって作るかという基幹原料の設定の課題，基幹原料から何を作ればGSC的観点から好ましいかという化学品選定の課題，という三つの大きな課題が存在する。以下にこれら三つの課題に対するこれまでの取り組みと技術開発の方向性について紹介する。

2.3.1　バイオマスの生産までの課題

　バイオマス資源として何を使うべきかという課題を考える場合，これを日本国内の問題として捉えるか，海外での調達を前提として考えるかの選択で大きく方向性が変わる。日本として十分な資源量が確保できるものは現状においては木質系バイオマス資源である木材チップやパルプ黒液等に限定されるといってよい。これは製紙会社が特に海外での森林開発，製材・チップ化のインフラをすでに確立しているため，比較的安価な木質系バイオマスを季節によらず安定供給することができることに加え，製糸業自身が国内では停滞期にあるため，ある程度のまとまった量を化学品用途に転用するだけの余地があると考えられる。海外に目を転じると，ブラジルではサトウキビを明らかにエネルギー穀物として生産するという国家戦略によって安価なエタノールが生産でき，大きな産業になっている。一方，米国においては本来穀物として生産されるべきトウモロコシの一部がエタノールに転換されている。この価格は穀物相場と原油価格の関係によって左右される。穀物用途の転用でバイオマス資源を利用することは，GSCを意図した大量生産向けの化学品用途への利用は本質的に避けるべきであろう[22]。2007年度の米国でのエタノール生産量は2000万kLであり，これは米国での全てのトウモロコシ生産量の1/4程度になっている[23]。一方これに要する作付け面積は37万km^2に達する。日本の総面積に匹敵するが，全量をエタノールに転換した8000万KLであっても，日本の化石資源の年間使用量4億トン／年に比べ

ると2割程度にすぎない。この観点では現状の技術において日本国内でバイオエタノールを生産することは論外である。

エネルギー穀物として生産性が高く，取り扱いのしやすい作物の開発が進められている。Switch-grass[24]等の成長速度の向上をめざした植物，自身の遺伝子内に取り込まれた酵素によりセルロース分解，発酵によるエタノール製造までが一貫で可能なエネルギー用途のトウモロコシの開発が進められている[25]。近年，藻類（Algae）の研究が活発になりつつある[26]。これは図4に示すように，藻類一般の生産性の観点での優れた特徴に期待するところが大きいことによる。特に生産性に焦点をあてた人工的なバイオマス製造のコンセプトとそれを具現化する技術開発が今後求められよう。

2.3.2 バイオ基幹化学品設定の課題

基幹原料の設定を考察する前に，化学品として何を作るかをまず考える必要がある。

石油化学品としての新規化学品がバルク化学品として世界市場で100万トン/年以上の市場を獲得するまでには非常に長い期間が必要である。最近の例では1,4ブタンジオールの場合，20年程度を有している。新規のバイオマス由来の化学品が代替品として既存化学品市場に参入するためには確立された高品質を満たすことが最低限要求され，また同等の価格も要求される。これは少量生産規模の新規製品には特に償却費の観点から無謀な要求に近い。このように経済的視点から考えると，既存のバルク石油化学品と同じ化学品をバイオマス由来で置き換えることが，GSC的に最も有効であり現実的であろう。

この観点から対象とすべき規模の大きな化学品としてみるべきものは，

①メタノールおよびその誘導体（酢酸，酢酸エステル），②エチレンおよびエチレン誘導体（ポリエチレン，ポリエチレンオキサイド，酢酸，エタノール），③プロピレンおよびプロピレン誘導体（ポリプロピレン，アクリル酸，プロピレングリコール），④ブテン，ブタジエンおよびそれらの誘導体（1,4ブタンジオール，メタクリル酸，合成ゴム），⑤ベンゼンおよびその誘導体

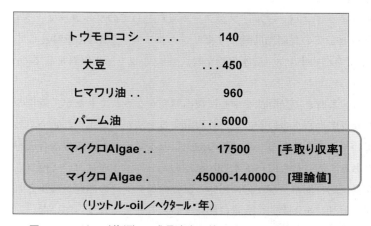

図4　アルジェ（藻類）の成長速度と他のバイオマス資源との比較

(フェノール，フェノール誘導体，スチレン，スチレン誘導体)，⑥パラキシレンおよびその誘導体（テレフタル酸，PET樹脂）等であろう。

これらのバルク化学品を対象とし，石油化学品と同程度の価格で製造・販売するのであれば「同じ価格であればバイオマス由来と石油由来とどちらを買うか？」という命題になり，バイオマスであることの最大の特徴が生かせることになる。これら①〜⑥についてその基幹化学品を考えると，

① CO/H_2からのメタノール，BTX
② バイオエタノールからのエチレン
③ バイオエタノール，イソプロパノールからのプロピレン（およびその誘導品），グリセリンからのアクリル酸
④ バイオエタノール，ブタノール，フルフラールからのブテン，ブタジエン（およびその誘導品）
⑤ リグニンからのフェノール

誘導という製造ルートが必然的に導出され，基幹化学品の数をかなり絞り込むことができる。これらの基幹化学品からの化成品製造技術は石油化学品製造技術とほぼ同じものを適用できるため，新たな技術開発の必要が殆どなく，また既設設備の活用も可能である[27]。石油化学品・燃料の巨大市場は20世紀の後半に確立された巨大インフラであり，新しい構造の化学品でこれを取って代わろうというのはまさに"蟷螂の斧"的行為であり，これを前面に押し出しては実効性のあるGSC戦略には当面なりえない。新しい化学品の市場が成長するのを待つよりは，既存のバルク化学品の中から現実的な製造すべき化学品を絞り込み，それを生産するに必要なバイオマスからの転換技術を考えることが現実的であろう。

2.3.3 基幹原料設定の課題：基幹化学品をどう作るか？

前節で絞り込んだバイオ基幹化学品を製造するためのバイオマス基幹原料が何かを考えると，以下のように考えることができる。

①エタノール，イソプロパノール，ブタノール原料としてのグルコース，さらにセルロース，②グリセリン原料としての長鎖脂肪酸グリセリンエステル，③BTX原料としてのリグニン，④CO/H_2原料としてのバイオマス（炭水化物全般），⑤フルフラール原料としてのヘミセルロース，セルロースである。

①の転換技術は，これまで発酵法を中心に技術開発がなされてきたが，近年の代謝工学の進歩により生物学的な反応過程を多段階にわたり設計する手法が工業化され始めており，今後の開発の主体になっていくと考えられる。生産性の向上，セルロースからの直接合成を主課題として数多くの研究例がある。②はおもにバイオDiesel用のパーム油生産において確立された技術であるが，エステル交換反応，加水分解反応に用いる触媒のコンタミの問題が解決されておらず，安価で純度の高いグリセリンを工業的に大量に製造するところまでは至っていない。③のリグニンの転換技術は殆ど開発が進んでおらず，化学的方法，生物学的方法のいずれにおいてもきわめて難

第1章 バイオマスリファイナリー技術の現状と将来展望

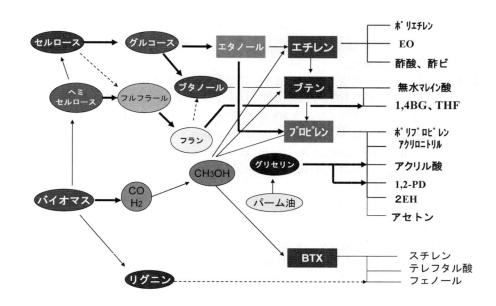

図5 バイオ化学品合成ルート

易度の高く，探索的研究段階の域を出ていない[28]。④は水蒸気改質反応であり，従来の石炭，重質油の改質技術の応用技術であり，国内においても開発が進んでいる[29]。⑤のフルフラールは化学法によってヘミセルロースから比較的高収率で得ることができる[30]。また最近セルロースからの合成も報告されている[31]。現在の注目度はそれほど高くないが有用な基幹化学品であると考えている。これらの製造ルートを図5にまとめる。

2.4 おわりに

バイオマス化学品の現状と今後の展開について述べてきた。現状は，過去20年近くの試行錯誤およびGSCという新しい社会的価値観の登場によって本来作るべきバイオマス化学品の方向性が見えてきつつある段階であろう。GSCの工業的実現，すなわちbio-refineryの産業化のためには経済合理性を満たすことが必要であり，このことのために技術的難易度は一層高くなっている。この課題解決には，発酵，代謝工学，触媒プロセス技術等のいくつもの要素技術の複合化が必要である。これは新しい化学工業プロセスに発展していくべきものであり，産官学の総合力として取り組むべき課題であり，今後の連携活動を期待したい。基本的に日本国内においてバイオマス化学品としてGSC的な効果を標榜できる規模の産業を誘導することはあまり現実的ではない。海外のどこで何をどういう手法で生産するかについて国として真剣に戦略策定する時期にきている。

文　　献

1) http://www.cfp-japan.jp/
2) 木材利用の化学（共立出版1983）の計サイズを参考に各化学品の燃焼熱を元に作図
3) 杉浦純, 化学経済, 2000-10月号, 119（2000）
4) 資源エネルギー庁　エネルギー統計2009, 経済産業省　平成14～20年石油製品需要見通し
5) FAO, FAOSTAT: Production　http://faostat.fao.org/
6) http://www.ncga/05newmarkets/main/index.htm l
7) 日経ビジネスon line, 2007/10/09
8) NEDO海外レポート2005"バイオリファイナリー"
9) EP 1204755, EP1076708, WO0111070
10) 常盤豊, 環境バイオテクノロジー学会誌, vol.4, No-1, 5-17（2004）
11) http://www1.eere.energy.gov/biomass/contacts.html
    T. Werpy, G. Petersen, Top Value Added Chemicals from Biomass Vol 1, DOE（2004）
12) M. Kaku, White Biotechnology ; The Front of Energy and Material Development, Chapter 8, P108-118, CMC, Japan（2008）
13) 平成20年度特許出願動向調査報告書（特許庁）, バイオベースポリマー関連技術
14) 日本植物油脂協会資料　http://www.oil.or.jp/siryou/kiso01_05.html
15) 斉木隆, バイオサイエンスとインダストリー, 56（7）, 456（1998）
16) 「内外化学品資料」, シーエムシー出版（2009）
17) 特開2008-162907, 日本触媒
18) FAO, FAOSTAT : Forestry　http://faostat.fao.org/
19) NEDO平成10年度調査報告書: 高効率再生可能資源の早世ならびにバイオコンバージョン技術に関する調査
20) 世界石油化学品需要動向研究会（製造産業局）資料
    http://www.meti.go.jp/policy/mono info service/mono/chemistry/index.hmtl
21) http://www.gwarming.com/link/water.html
22) 石油連盟　http://www.paj.gr.jp/eco/biogasoline/
23) 穀物価格の高騰と国際食糧需給, Issue Brief No.617, 国立国会図書館, 農林環境調査室
24) NEDO海外レポート, No.1000, 2007. 5. 23 "米国のバイオエタノールの現状と今後の展望"
    http://www.nedo.go.jp/kankobutu/report/1000/
25) bioenergy.ornl.gov/papers/misc/switgrs.html
26) Dien BS et al. Appl.Microbiol Biotechnol. 64 : 258-288（2003）
27) http://www.oilgae.com/
    http://www.eere.enrgy.gov./biomass/pdfs/biodiesel from algae.pdf
28) 動力・エネルギー技術の最前線講演論文集：シンポジウム 2002（8）, 233-236, 2002-06-14
29) 特開2008-092883　AIST
30) http://kaken.nii.ac.jp/grant_award/20090401/
31) セルロース学会年次大会講演要旨集, Vol.6th, Page41-42　（1999.06）

3 森林・林業の再生と林地残材バイオマスの利活用

鈴木保志*

3.1 はじめに

化石燃料を代替する新エネルギーの一つに，木質バイオマスの利活用がある。現在利活用がすすんでいる木質バイオマスは都市で発生する製材・建築廃材だが，林業活動すなわち山中での伐出作業（森林の立木を伐採して丸太に切り分け搬出する作業）にともなって発生する「林地残材」は，潜在量と経済性から都市廃材に次ぐ有力な木質バイオマスと考えられている[1]。京都議定書では日本の二酸化炭素排出削減量の大きな割合を森林による吸収量として算入できることが認められているが，そのためには特に人工林を適切に管理することが重要で，産業としての林業の活性化が必要である。農林水産省は2009年末，手入れ不足のため劣化の危機にある日本の森林をあるべき姿にとりもどし，あわせて「地域資源創造型産業」として林業を再生することを謳った施策「森林・林業再生プラン」（以降，再生プランと略す）を策定した[2]。

本節では，日本の森林と林業を再生しようという動きのなかで，林地残材という木質バイオマスの利活用がどのような意味を持つのかについて述べ，その利活用の現状と将来について事例紹介も交えながら論じる。なお，この節の内容は，筆者による雑誌記事[3]を加筆要約したものであることを，ここにことわっておく。

3.2 日本の森林と林業の再生

日本の森林は，戦中・戦後（1940～60年代）にかけ成長量を上回る伐採が続けられて疲弊した。しかし高度経済成長期前後（1950～70年代）には広域で植林がおこなわれ，山の緑は復活した。この時期には木材の国内需要に対して国産木材の供給が追いつかず，奥地の天然林（多くは広葉樹）を伐採しスギ・ヒノキといった針葉樹を植林して人工林に転換する「拡大造林」も広く実施された。現在，こうした過去の林業施策の是非を問う意見はよくみられるが，それらは当時の世論の要請に応えたものであった[4]。

その後，安い外材の輸入自由化と相前後して山村労働力の都会への流出がおこり，林業は低成長産業となっていった。しかし，少ない労働力と厳しい収支の中で，その後も心ある林業人たちは森林の管理を続けてきた。今，多くの人工林は間伐期を迎えている。間伐は農業における間引きに相当し，適切な時期に間伐をしないと森林は劣化する。

森林は，生長の過程で主として木部（幹や枝）にCO_2を固定する。他の生物と同様，若齢時には生長は旺盛でCO_2の固定量も多いが，壮齢になると固定量と呼吸や枯死による放出量とが均衡して蓄積の増加は止まる（図1）。従って，適度に生長した木を伐採してまた新たな森林をつくることは理にかなった営みである。伐採で得た木材は，カスケード利用（例えば用材など価値の高い用途から燃料としての廃材など価値の低い用途に再利用するなど）して，できるだけ長く使

---

* Yasushi Suzuki　高知大学　教育研究部　自然科学系農学部門　准教授

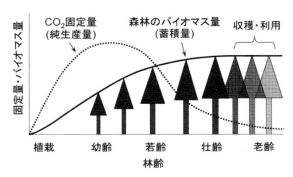

図1　林齢と森林のCO$_2$固定量・バイオマス量の関係

うことが求められる。

　間伐した木の販売で間伐費用をまかなうことができればよいが，人件費に対する木材の相対的な価格が現在では非常に低いため，それが難しくなっている。とにかく間引く，という目的のためには「切捨て間伐」という方法もあるが，それでは収入は得られないので補助金に頼らざるを得ない。間伐材で間伐作業の費用をまかなうためには，林道や作業道（林道より規格の低い林業専用の道）の整備や機械化などの投資により，生産性を高める工夫が必要となる。

　再生プランでは，中欧の林業先進国のよい点（森林管理の仕組みや伐出機械・作業方式）を取り入れ伐出作業の低コスト化を実現することを目標のひとつにしている。過去にも他国で成功している伐出機械を導入する試みはあったが，それらの試みの多くがうまくいかなかったことは，外国製の高い機械を導入すればそれだけで問題が解決するわけではないことを示している。だが，10～20年前と現在とで伐出技術の点で状況が変わっているのは，地形に逆らわない合理的な林業用の道作りの考え方と技術[5]が，関係者の間に浸透してきたことである。仕事に車が不可欠な現在では，高価な機械で高い生産性を期待するシステムのみならず，生産性は低いが低投資のシステムにおいても，道の整備は絶対的に必要である。道の整備で方向性を誤らない限り，伐出システムの低コスト化は実現可能であろう。

　「再生プラン」では，現在20％前後まで落ちている木材の自給率を近い将来50％まで回復させるという目標もある。木質バイオマスの利活用については「木材利用・エネルギー利用拡大による森林・林業の低炭素社会への貢献」として触れられているが，後述するように木材自給率の向上はほぼ直接的に木質バイオマスの利用拡大につながる。

3.3　木質バイオマスとしての林地残材

　林地残材とは林地に残された材の総称で，切り倒した立木から用材用の丸太を取り除いた余り（梢端部・枝条部・端材）を指す。現在の木質バイオマスとしての利用の主流は，燃焼させエネルギー源として使う方法である。発電所での石炭混焼などでは枝葉付き部分も利用されるが，木質チップや木質ペレットに加工する場合は端材が対象となる。

第1章　バイオマスリファイナリー技術の現状と将来展望

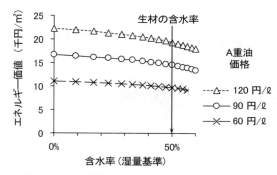

図2　木材（木質バイオマス）のエネルギー価値

　エネルギー源としての木質バイオマスは，熱量換算で化石燃料との価値が比較される。近年の化石燃料の価格は，産業用途のA重油では，2008年の高騰時120円/ℓ，その後の2009年前半の底値で60円/ℓ，2010年4月時点では70円/ℓ程度である（「石油情報センター」Webによる）。

　木材の発熱量は含水率で変化するが，熱量換算でA重油と等価になる木材の価値を算出すると，生材（未乾燥状態，湿量基準含水率で約50％）でもA重油価格60〜120円/ℓに対して約1万〜2万円/m^{3}となる（図2；m^{3}は丸太や端材の実材積）。しかし林地残材をチップ等の燃料にするまでには，収集・運搬・加工の経費がかかる。木質バイオマスがエネルギー源として化石燃料に対抗できるためには，それら経費を差し引いてなおエネルギー価値がプラスになる必要がある。

3.4　林地残材の経済的収支

　林地残材のうち，特に道端や土場（道に隣接する，作業を行う広場）に残されるものを「道端残材」，「土場残材」などという。以降で説明するように，現状の石油価格では経済的な収支が見合うのは道端・土場残材のみで，林内に残される残材を回収利用しても赤字になる。したがって，除伐（保育のため間伐以前に行う切捨て施業）や切捨て間伐された材を利用しないのはもったいないという世論感情はあるが，それらは経費の面からみると利用対象外ということになる。

　図3は立木サイズと伐出経費の一般的な関係である。森林が成熟し立木1本あたりの材積が大きくなると伐出作業の生産性は高まり，経費は安くなる[6]。一般に，若齢林の間伐は壮齢林の主伐よりも経費的に不利である。林野庁の統計資料では，2008年のスギの伐出経費は主伐7.7千円/m^3，間伐10.7千円/m^{3}とされている[2]。

　木材・木質バイオマスの価格の序列は，用材＞パルプ材＞燃料（木質バイオマス・林地残材），である（図3右軸）。用材用丸太の価格は1980年頃をピークに低下しており，2009年時点でスギ9.7千円/m^3，ヒノキ21.3千円/m^{3}である[2]。パルプ材の価格は，岩手県の事例[7]では山土場渡して2.5〜3.5千円/m^3（他に工場への運送費2千円/m^{3}程度が必要），高知県での聞き取りでは2010年6月時点で4〜5千円/m^{3}程度である。従って，工場渡しで4〜6千円/m^{3}程度とみてよい。

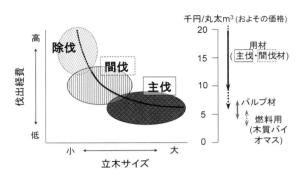

図3 立木サイズと伐出経費の関係およびおよその用途別丸太価格

　木質バイオマス（燃料用）としての価格は，岩手県の燃料用木質チップ供給のための試験作業では原木代として3.5千円/m³を計上している[8]。高知県仁淀川町のNEDO（新エネルギー・産業技術総合開発機構）事業[9]では3千円/生t，ただし町の単独補助で1〜3千円/生tの上乗せをして買い取っている。他地域の事例でも，3千円/生t程度（生比重0.8〜0.9t/m³程度とすると2.4〜2.7千円/m³）が，ほぼ現状の相場となっている。すなわち，木質バイオマス利用プラントへ持ち込む場合の収集・運搬経費は2.4〜2.7千円/m³を超えては収支が成立たない。

　チップ化などの加工と燃料を使う場所までの二次運搬を含めた合計経費は，1万円/m³程度以下にする必要がある（図2）。林内の残材も回収して伐出からチップ供給するまでの経費を実作業にもとづき複数の作業方式について試算した研究では，8.9〜47.1千円/m³となっている[10]。土場残材の収集・運搬・チップ化の総経費について，高知県の試験作業では7.6〜12.4千円/m³と当時（2003年）の石油代替目標価格（6.5千円/m³）を上回ったが，作業量がまとまれば目標価格を下回ることは可能とされている[11]。岩手県で土場残材からのチップ供給コストを試算した事例では，約7〜10千円/m³という結果である（原木代3.5千円/m³を含む）[8]。

　このように，現在の石油価格では，経費的に収支が成立つ林地残材は道端・土場残材のみである。道端・土場残材は用材を生産する従来の林業活動にともなって発生する（発生量は用材材積のほぼ2割に相当する[12]）。林業が産業として成り立ち，林業活動が活発に行われることがすなわち，経費的にみあう林地残材の発生量増加につながる。

3.5　林地残材のエネルギー収支

　経済的な収支では道端・土場残材しか現実的ではない林地残材だが，エネルギー収支では林内に残された残材を回収しても良好であることがわかっている。図4の左半分はForsberg（2000）[13]による，北欧で林地残材や間伐材を回収してエネルギー利用する想定でのエネルギー収支である。左軸と棒グラフは1MWh（＝1000kWh）のエネルギーを得るために消費されるエネルギーで，内訳を電力と燃料に分けている。右軸と三角は，得られるエネルギーを消費したエネルギーで割って求められるエネルギー効率の指標EPR（energy profit ratio；無次元）で，EPR＞1ならば

第1章　バイオマスリファイナリー技術の現状と将来展望

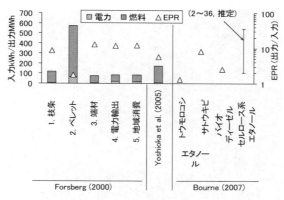

図4　バイオマス系エネルギーのエネルギー収支

エネルギー収支はプラスになる。

「1. 枝条」と「3. 端材」は林地残材をチップ化，「4. 電力輸出」と「5. 地域消費」は発電して域外に売電あるいは地域内で消費，「2. ペレット」は木質ペレットに加工して利用する。「2. ペレット」以外のEPRはおおむね10前後と良好である（この研究でのペレットはおが屑原料でなく残材を粉砕・乾燥するので特にEPRが低い）。日本の条件で林内残材を集めて発電利用する想定でYoshioka et al.（2005）[14]が試算した結果でも，EPRは約6である（経費的には収支は悪い[10]）。

他のバイオマス系エネルギーについては[15]，米国で機械化生産されるトウモロコシのバイオエタノールのEPRは1.3と低い。ブラジルで人力収穫されるサトウキビのバイオエタノールのEPRは8である。他にドイツのバイオディーゼルのEPRは2.5，開発中のセルロース系エタノールのEPRは2～36と推定されている。つまり，エネルギー源としての木質バイオマスは，エネルギー収支という物理的指標において，他の化石燃料代替エネルギー源に比べおおむね良好といえる。

3.6　おわりに

日本における木質バイオマスのエネルギー利用は，発電所やセメント工場での石炭との混焼（廃材や枝条込み残材）は数箇所で安定稼働している。木質チップの利用はまだ限定的だが，木質ペレットについては安価な輸入品が発電所で利用されたり外材の製材屑から作られる国産品が一定量の市場を確保していたりなど，次第に利用が拡大している。

道端・土場残材を地域利用しようとする試みは各地で始まっている。林業でも，残材の回収効率を少しでも上げるため，伐出作業時にあらかじめ用材と残材を仕分けておくことは普通になってきた（図5）。木質バイオマスとしての林地残材の価値は高くはない（図3）が，従来の用材に加えての収入として，林家には大きな助けになることもある。高知県仁淀川町の木質バイオマス利活用事業では，個々の事業規模は小さいが多数存在する個人林家を取り込むことで，安定して

図5 作業道沿いに仕分けられた用材と残材

プラントに残材を供給することが可能であることが示された[16]。このような，地域の中心に集積地を設け，小口でも定額で残材を買い入れる方式は，岡山・岐阜・鳥取など他県の地域でも取り入れられ始めている。「森林・林業再生プラン」では比較的大規模な林業に焦点があてられているが，木質バイオマスの地域利用では小規模な林業が鍵となるかもしれない。

文　　献

1) 吉岡拓如ら, 日本エネルギー学会誌, **81**, 241-249（2002）
2) 林野庁, 平成22年版　森林・林業白書, 218pp, 全国林業改良普及協会（2010）
3) 鈴木保志, 日本の科学者, **45**, 630-635（2010）
4) 山田容三, 森林管理の理念と技術　森林と人間の共生の道へ, 225pp, 昭和堂（2009）
5) 大橋慶三郎, 大橋慶三郎 道づくりのすべて, 159pp, 全国林業改良普及協会（2001）
6) 酒井秀夫, 作業道　理論と環境保全機能, 281pp, 全国林業改良普及協会（2004）
7) 佐々木誠一ら, 岩手県林業技術センター研究報告, **14**, 3-8（2006）
8) 佐々木誠一ら, 岩手県林業技術センター研究報告, **14**, 9-15（2006）
9) 鈴木保志ら, 日本森林学会学術講演集, **121**, 276（2010）
10) T. Yoshioka et al., *Journal of Forest Research*, **7**, 157-163（2002）
11) 森口敬太ら, 日本林学会誌, **86**, 121-128（2004）
12) 鈴木保志ら, 森林バイオマス利用学会誌, **4**, 43-48（2009）
13) G. Forsberg, *Biomass and Bioenergy*, **19**, 17-30（2000）
14) T. Yoshioka et al., *Journal of Forest Research*, **10**, 125-134（2005）
15) J. K. Bourne, *National Geographic*, **212**（4）, 38-59（2007）
16) 鈴木保志ら, 日本森林学会学術講演集, **120**, 430（2009）

第2章　バイオマスの原料化技術と動向

1　バイオ燃料を巡る原料問題と最近の動向

横山伸也*

1.1　はじめに

　IEA（国際エネルギー機関）によるエネルギー技術展望（ETP:Energy Technology Perspectives）によれば，石油消費とCO_2排出は増加し続けており，2050年では少なくとも石油需要は70％，CO_2排出量は130％増加すると推定されている[1]。これに伴う深刻な環境影響を避けるために，多様なエネルギーに関する技術開発が提案されている。

　現在，化石燃料の需要のなかで，運輸部門は約35％を占めており，その大部分は液体燃料である。この需要も増加傾向が続き，2005年では1日当たりの輸送用液体燃料は8360万バレルだったが，2015年には9560万バレル，2030年には1億1250万バレルとなると予想されている[2]。このような状況のもとで，IEAは2050年までにCO_2排出量を50％削減するというBLUEマップシナリオを提案している[1]。このシナリオによれば，運輸部門の液体燃料に関しては，相当量を第二世代バイオ燃料で代替することになっている。筆者は2010年の4月と9月に開催されたIEAのバイオ燃料ワークショップに参加したので，本稿ではこのワークショップでの議論を参考にしながらマクロな視点からバイオ燃料とこれに関する話題を提供したいと考える。

1.2　第二世代バイオ燃料

　第二世代バイオ燃料とは，第一世代バイオ燃料が穀物やサトウキビなどの食料を原料としたエタノールや油糧植物を原料としたバイオディーゼルに対して，非食料である木や草を原料として製造されるバイオ燃料のことを指す。ちなみに，藻類を原料としたバイオ燃料は第三世代と呼ばれている。図1に第一世代と第二世代バイオ燃料の製造図の概略を示す。

　図1からわかるように，第一世代エタノールでもデンプンを原料とする場合は，発酵工程の前に糖化工程が必要であるが既存の酵素で容易に単糖に分解される。しかし，第二世代の場合は，間伐材，イナワラなどに直接酵素を添加しても糖化は起こらない。セルロースはリグニンという天然の高分子物質で強固に保護されているので，前処理によってリグニンを除去しなければならない。前処理を含めたセルロースの単糖までの分解に関する技術開発には100年以上の歴史があり，硫酸，塩酸，アルカリ，酵素などによる糖化が試みられてきたがまだ実用化には至っていない[3]。仮に酵素による糖化技術が確立されたとしても，第一世代のプロセスに比べて，余計な前処理工程があるぶんプロセス的に複雑になり，優位性を確保することは難しい。セルロースの糖

---

*　Shinya Yokoyama　東京大学名誉教授／産業技術総合研究所　顧問

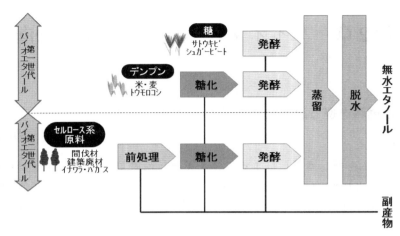

図1　第一世代と第二世代バイオエタノールの製造法

化は濃硫酸や希硫酸でも行われるが環境面や材質面の問題に加えて，過分解などもあり，酵素によるマイルドな条件でかつ環境負荷の低い糖化技術が大きな課題になっている。この場合，高活性であること，安価に酵素が製造できること，使用した酵素を比較的容易に回収できることなどが求められる。ただし，第二世代バイオエタノールは食糧と競合しないことや，原料価格が第一世代に比べて一般的にいえば安価であることが優位点である。セルロース系バイオマスからのバイオエタノール製造の実用化はまだ相当の時間を要すると考えられ，IEAの予測では大規模に商業化が始まるのは2030年以降であるとしている。

第一世代バイオディーゼル燃料として，現在はおもにナタネ油，ヒマワリ油，大豆油などが使われている。いずれにしても食料油であることから，非食料系バイオマスを原料とするバイオディーゼル燃料の開発が期待されている。米国ではディーゼル燃料の消費量は年間2億7000万kLであり，大豆油を全量使っても需要の4％程度であることから第二世代バイオディーゼルの開発を推進しようとしている。わが国ではディーゼル燃料の需要は4000万kLで，仮にB5を導入すると200万kL必要になる。廃食料油の排出量は40万kL程度であり，B5を達成するには国内のナタネ生産量を増やすか輸入するか，あるいは第二世代バイオディーゼルに頼らざるをえない状況である。現在，第二世代バイオディーゼルは実用化の段階には至っていないが，FT（フィッシャー・トロプシュ）合成法が有望である。すでに，石炭や天然ガスを原料として液体燃料が商業規模で生産されている。バイオマスを原料とした場合はBTL（Biomass To Liquid）と称されているのに対して，石炭の場合はCTL（Coal to Liquid）と称しているが原理的には同じである。すなわち，バイオマスと石炭の場合はガス化して合成ガス（水素と一酸化炭素の混合ガス）をまず製造し，これから液体燃料を製造する[4]。液体の炭化水素を製造するには合成ガスの水素と一酸化炭素の比率が約2であることが望ましいが，通常は2以下であるので，反応ガス中の一酸化炭素と水蒸気を反応させる改質反応でこの比率を調整しなければならない。BTL技術により合

第2章　バイオマスの原料化技術と動向

表1　IEAのBLUEマップシナリオによる第二世代バイオ燃料の生産目標

		2010	2015	2020	2030	2050
LCエタノール	MTOE	0.0	3.0	10.4	61.6	120.6
	PJ	0.0	125.6	437.1	2579.1	5049.3
	BL	0.0	5.5	19.0	112.2	219.6
BTLバイオ燃料	MTOE	0.0	0.2	13.6	102.3	491.2
	PJ	0.0	8.4	567.7	4283.1	20565.6
	BL	0.0	0.4	24.7	186.3	590.3

参考文献6）より一部抜粋して作成

LC：リグノセルロース，BTL：Biomass To Liquid
MTOE：100万トン（石油換算），PJ：ペタジュール，BL：10億リットル

成ガスから，反応条件や触媒を適宜選択することでメタノール，ジメチルエーテル，ガソリン，軽油，重油などが製造できる[5]。このFT合成技術は元々，第二次世界大戦中にドイツが石炭から航空機用燃料を製造した技術であり，現在は南アフリカにおけるCTLであるサソール法に受け継がれている。わが国でもFT合成触媒の改良が進んでおり，その成果が期待されている。

　IEAのBLUEマップシナリオでは第二世代バイオ燃料製造の目標値は表1のようになっている[6]。バイオエタノールは2015年では約300万トン（石油換算）であり，2050年には1億2000万トン，一方BTLは2015年では20万トンであるが2050年には4億9000万トンと膨大である。

　バイオマスを利用する上での大きな課題は，バイオマスは液体燃料以外にも気体燃料にも固体燃料にも変換でき，発電や熱利用も可能であるので最適な技術は何かということである。とくに，開発途上国では，調理月としての固形燃料や発電も重要であり，バイオマス資源の最適な分配も視野に入れなくてはいけない。一方，持続的な資源の調達も大きな課題であり，食料との競合を避け，安定的で適切な価格で供給されなければならない。IEAによれば，セルロース系バイオマスからの第二世代エタノールはガソリンと同等の熱量があると仮定したときのコストが1リットル当たり60セントである。これを実現するためには，すでに述べたようにさらなる高活性の糖化酵素を見つけだすことが必要である。第二世代バイオディーゼルに関しても，バイオマスのガス化とFT合成の二つの大きなプロセスがあるが，前者はタール発生の少ない高効率のガス化技術，後者は活性が高くかつ選択性の高い触媒の開発が鍵である。

1.3　バイオマス資源

　バイオマスエネルギーを持続可能ならしめるには，当然ながら原料であるバイオマス資源が持続可能でなければならない。マクロに見た場合どの程度の資源が可能なのかを知る必要がある。

　IEAによれば図2に示すように，バイオ燃料に使用されているバイオマス量は50EJ（エクサジュール：$1EJ = 10^{18}$ジュール）で，現在の世界のエネルギー使用量の500EJの10分の1程度であるが，2050年に技術的に入手可能なバイオマスは1500EJと推定されている[7]。ただし，持続可能性が保証できるのは200から500EJとなり，これには藻類系バイオマスは含まれていない。

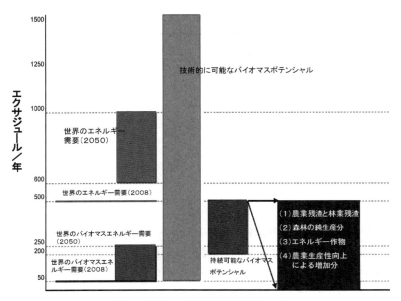

図2　バイオマス資源のポテンシャル

　内訳は農業及び林業系の残渣で100EJ，森林の純生長分で80EJ，エネルギー作物で190EJ，食料生産性の向上による余剰農地の利用で140EJとなり合計で510EJである。2050年には世界のエネルギー需要は600から1000EJになると予想されている。低炭素社会を目指すシナリオではバイオマスに対して250EJ程度が期待されている。この値は持続可能なバイオマス量と匹敵する妥当な数値と考えられる。

　中期的な2030年までは廃棄物系バイオマス，糖分やデンプン質を含むバイオマス，油糧作物に加えてセルロース系バイオマスが主流であるが，2050年までの長期的観点からはエネルギー作物の役割が大きくなる。エネルギー作物を生産するには，食料との競合，人口の推移，生産性の向上，インフラ，水，自然環境の保全など考慮しなければならない。また，どのような種類の作物を選択するかという問題もある。いずれにせよ，マクロ的に見た場合はIEAの予想が示すように，適切な方法でバイオマス資源を活用することにより世界のエネルギー需要の4分の1は賄えることになる。

1.4　土地利用変化

　バイオマスエネルギーの導入は持続可能性という観点からも重要である。何が持続可能性かという論点に関しては幅広い議論があるが，ここでは論点を温室効果ガス（GHG）の削減に貢献するか否かについて重点を置くことにする。ただし，持続可能性についてバイオマス供給の安定性，経済性，生物多様性，労働環境の改善などがあることは忘れてはならない。

　温室効果ガスの削減に関する持続可能性については，LCA的な観点から論じなければならな

第2章 バイオマスの原料化技術と動向

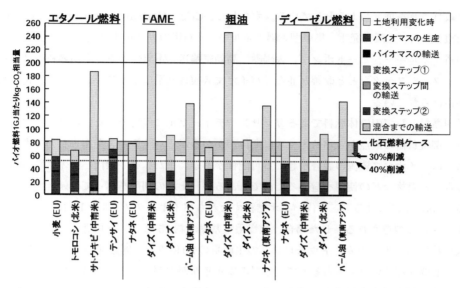

土地量変化時:エネルギー用に小麦やトウモロコシなどを植えることにより,伐採された植物体や土壌中炭素が大気中に排出されたとしたGHG量
変換ステップ①:脱水,粉砕など前処理に要するエネルギー利用によるGHG排出量
変換ステップ間の輸送:変換ステップ①のプラントから変換ステップ②のプラントへの輸送に要する燃料利用によるGHG排出量
変換ステップ②:糖化,発酵,エステル処理などに要するエネルギー利用によるGHG排出量

図3 バイオ燃料のGHG排出量

い。図3はドイツのBiomass Sustainability Ordinance(バイオマスの持続可能性に関する法案)によるもの各種のバイオ燃料のLCA的な解析をした結果である[8]。これによれば,北米で生産されたバイオエタノールについては,ガソリンに比べて30%程度の削減効果が認められるとしている。一方,南米で生産されたバイオエタノールは削減効果が認められるどころではなく,逆に温室効果ガスがガソリン以上に排出されていることを示している。すなわち,仮に南米で森林を伐採してサトウキビを栽培しエタノールを生産した場合,エタノールによるガソリン代替のGHG削減効果よりも,伐採した樹木や土壌中に蓄えられた炭素が大気中に排出されるネガティブな効果が上回ってしまう。樹木中や土壌中の炭素が一気にではなく20年で割りつけられてはいるが,それでもこの直接的な土地利用変化に伴うGHG排出の負の効果が大きいことが示されている。持続的なバイオ燃料が導入されるためには,単にエネルギー変換の技術的な問題に加えて,このような問題もあることも知らなければならない。

1.5 おわりに

IEAは2050年を目処として温室効果ガスを現在の50%程度減少させようとシナリオをつくっているが,もとよりバイオ燃料だけでこれを達成しようとしているわけではない。17の技術に

焦点を絞りこれを推進しようとしている。すなわち，CCS（Carbon Capture and Storage），原子力発電，風力，太陽光発電，集中型太陽エネルギー，石炭のガス化複合発電，超超臨界圧発電，ビルの省エネルギー，ヒートポンプ，太陽熱，高効率輸送，電気自動車，水素燃料電池，水素輸送，モーターシステムなどと改善と並んでバイオマス複合発電によるコジェネと第二世代バイオ燃料があげられている。

　輸送用燃料としての液体燃料であるガソリンやディーゼルに代替できるのはバイオマスや石炭であり，環境負荷の観点からバイオマスに期待がかかるが，バイオマス発電も有力であり，前述したようにバイオマス資源の競合が起こる可能性がある。また，第二世代バイオ燃料の開発は食料と競合する穀物などの使用を避けるためでもあるが，土地の利用を巡っては競合することもありうる。2050年における第二世代バイオ燃料すなわちバイオエタノールとBTLがセルロース系バイオマスから製造されるとした場合，乾燥重量基準で約15億トンが必要になる。これは現在の三大穀物である米，小麦，トウモロコシの生産量の20億トンに匹敵する。さらには発電やコジェネに必要なバイオマスもあるので，原料の安定確保が重要になる。持続可能なバイオ燃料の確保に向けてIEAでも今後さらに議論を煮詰めていく方向で努力している。

　ちなみに日本では林野庁が森林・林業再生プランを提示しており，現在の木質バイオマスの自給率28％を2020年までに50％に向上させようとしている[9]。もとより，林業が活性化しない限り木質バイオマスの安定的な確保は困難であり，林業ビジネスの再生のためにも木質バイオマスのエネルギー利用が貢献することを期待するものである。

文　　献

1) Executive Summary of Energy Technology Perspectives 2008-International Energy Agency
2) International Energy Outlook, http://www/eia.doe.gov/oiaf/ieo/pdf/0484（2008）. pdf.
3) Caye M. Drapcho, Nghiem Phu Nhuan, and Terry H. Walker, Biofuels Engineering Process Technology, pp133-181,McGraw Hill（2008）
4) 幾島賢治, 液体燃料化技術の最前線, シーエムシー出版（2007）
5) M.Ojeda and S.Rojas, Biofuels from Fischer-Tropsch Synthesis, NOVA（2010）
6) Roadmap Brief: Biofuels for transport, Materials of IEA 2nd Generation Biofuels Workshop, Headquarters of IEA（April 14, 2010）
7) Bioenergy-a Sustainabeland Reliable Energy Source MAIN REPORT, IEA Bioenergy: Exco: 2009: 06
8) IFEU "Greenhouse Gas Balances for German Biofuels Quota Legislation-Methodological Guidance and Default Values" 2007
9) 森林・林業再生プラン, 農林水産省（平成21年12月25日）

2　バイオマス原料の供給と資源化技術

薬師堂謙一*

　バイオマスリファイナリーの原料となるバイオマスには，大きく分けて①廃棄物系，②未利用系，③資源作物の3種類がある。建築廃材や食品工場の残さ類など集中して発生するものもあるが，殆どは広く薄く分布している。このため，稲わらなどの未利用系バイオマスを利用する場合には，現地での原料価格が0円/kgだったとしても，収集や運搬にコストがかかる。また，農産系バイオマスでは収穫時期が限られており，所定量を集められたとしても膨大な貯蔵設備を必要とする。現状では，木質系バイオマスを中心に利用研究が進められているが，農産系バイオマスは木質系バイオマスと異なり，灰分が多い，低温で溶融しやすいなどの問題点を有しているものが多く，想定した処理技術に適応できる材料かどうかを事前に把握しておく必要がある。

2.1　バイオマスのカスケード利用

　バイオマス資源の利用に関しては，地球温暖化問題と絡めてエネルギー利用を中心にして論議されることが多いが，バイオマス資源は図1のように①医薬品，化粧品原料，②食品，③工業用原料，④飼料，⑤肥料，⑥エネルギー原料までの多用途に使用される。販売価格の高い物ほど需要は少なく，逆に，エネルギー利用の場合は，需要は多いが販売価格が低いという特徴がある。収集したバイオマス資源はこのように多段階に利用し，残さの出ないように使い尽くすことが重要である。バイオマスの収集を行う場合，エネルギー利用だけを対象にすると経費割れを起こしてしまう。そこで，バイオマスを収集する場合には，エネルギー利用する場合であっても，より付加価値の高い利用先を優先させ平均販売単価を上げる必要がある。なお，稲わらを収集する場合，飼料としての需要が多い地域では，購入単価の安いエネルギー用には原料が回らなくなる。これは，稲わら以外にも当てはまることで，バイオマスリファイナリー設備の設置にあたっては，バイオマス資源の賦存量だけでなく利用量も十分に把握しておく必要がある。また，石油価格が高騰すると各地で木チップの取り合いが始まるなど，将来的な原料の安定確保の可能性も検討し

1. 医薬品、化粧品原料
2. 食品（機能性食品等）
3. 工業用資材原料
4. 家畜用飼料
5. 肥料（堆肥、液肥）
6. エネルギー原料

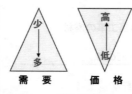

図1　バイオマス資源のカスケード利用の基本
高額で販売できる利用先は需要が少なく，需要が多いものは販売価格が安い。

---

　*　Kenichi Yakushido　農研機構中央農業総合研究センター　作業技術研究領域　上席研究員

ておく必要がある。

2.2 バイオマスの種類と購入価格

　バイオマスリファイナリーの原料として利用できると想定されるバイオマスの種類と購入コストの関係を図2に示す。建築廃材や支障木，河川の流木や倒木，河川敷や道路法面の草などは，バイオマスの発生側が処理コストを負担する逆有償であるので最も利用しやすい。次いで安価なのが，荒廃地（工業用地や宅地造成地等）の雑草，未利用草地の野草，木工所の端材や農産残さ類である。現場でのバイオマスコストは0円/kgと見なせるか，安価であるので収集・運搬・貯蔵コストは15円/kg程度まで低減できると考えられる。なお，端材以外の材料については，現地で太陽エネルギーにより水分20％以下まで乾燥させてから飼料用収穫機などで収集する。

　現状では高価な原料と考えられるのは，林地残材（間伐材）や資源作物である。材木をとった後の土場残材は原料価格0円/kgで，道端に集積して置いてあるので，チッパーが入る場所であれば利用可能と考えられる。また，伐採直後ではなく1年ほど置いておけば乾燥も進む。しかしながら，間伐材については，全面伐採と異なり大型機械が林地の中に入りにくいという問題点があり，小型機械の利用では高コストになってしまう。改善策として，林業者が山に入った時に，帰りに軽トラに間伐材を積んでくるという回収形態が社会実験として実施されており，軽トラ1台分1,000円程度の金額が示されている。この場合は，乾燥物として7円/kgと見なすことができる。なお，大型機械による間伐の研究も行われており，今後の研究の進捗を待ちたい。

　資源作物は未利用バイオマスと異なり，栽培コストが上乗せになるため原料価格が高くなる。

図2　バイオマスの種類と購入単価　　　図3　エリアンサス

第2章　バイオマスの原料化技術と動向

資源作物の中で利用の可能性があるのは繊維系の作物である。農研機構・九州沖縄農業研究センターで育成されたエリアンサス（図3）は，乾物生産量が50t/ha・年に達し，冬季には枯れ上がるため追加の乾燥エネルギーが少なくてすむ。繊維系作物の利用については諸外国でも実用化が進められており，日本の気候に適したもので遊休地や耕作放棄地で栽培できれば利用の可能性が高い。

2.3　農産系バイオマスの収集方法

主な農産残さの種類と現状の主な利用法を表1に示す。農作物残さの特徴として，バイオマスとしての量は多いが広く薄く分布するという特徴があり，実際に利用しようとすると，収集や調製，貯蔵にコストと手間が多くかかるという問題がある。特に，農産系残さは発生時点では水分が多くそのままでは利用できない場合が多いため，圃場での乾燥や，収集後の乾燥処理が必要となる。残さ類が利用できるかどうかは，機械で収集できること，収集価格に見合った販売価格が得られるかどうかで決まる。したがって，低コストの収集態勢が取られればエネルギーやバイオマスリファイナリー原料などへの利用拡大も可能となる。

水稲について見ると，稲わらは収穫時にコンバインにより圃場表面に畝状に残されるので，圃場で攪拌し乾燥させた後にロール状に梱包する（図4）。梱包した稲わらは，屋内貯蔵の場合はそのままトラックで搬送するが，屋外に貯蔵する場合には防水性のラップフィルムを3重に巻き，空き地等に2-3段積みにして保存する（図5）。ラップフィルムで巻いたものは1年以上貯蔵可能である。そのかわりに，ラップフィルムで巻くためには3円/kg（乾物）の処理コストがかかり，廃フィルムの処理が必要となる。また，ラップフィルム自体が石油由来のものであるので，燃料化等の再利用が望ましい。

表1　農産系残さの種類と利用法

作物名	製品名	残さ	主な利用法
水稲	米	稲わら	飼料，堆肥原料，加工用，（燃料）
		モミガラ	堆肥原料，暗渠資材，燻炭，（燃料）
麦類	麦	麦わら	堆肥原料，飼料，（燃料）
豆類（菜豆，小豆，落花生等）	豆	豆殻・茎	堆肥原料，（燃料）
テンサイ	砂糖	ビートトップ	飼料
サツマイモ	芋	茎葉	飼料，食品原料
	デンプン	デンプン滓	飼料
サトウキビ	砂糖	ケーントップ	飼料
		バガス	燃料，堆肥原料
油糧作物（ナタネ，ヒマワリ）	油	油粕	肥料，飼料，（燃料）
果樹類	果実	剪定枝	堆肥原料，燃料
野菜類	野菜	茎葉・外葉	飼料，堆肥原料
竹	筍	竹，枝葉	建築資材，燃料，堆肥原料

図4 稲わらの収集システム
左から①米を収穫して稲わらを圃場に落としているところ，②稲わらを乾燥させるため圃場全体で反転させる，③収集のため稲わらを集草する，④乾燥した稲わらをロール状に巻いて収集する。

図5 稲わらを屋外貯蔵するための処理

　稲わらはこの様に収集に手間がかかるため，生産量が乾燥物として900万t/年あるにもかかわらず年々利用量が減少し，平成18年度は飼料用に93万t（10.3％），堆肥用に94万t（10.4％），加工用に6.5万t（0.7％）で，消極的利用である鋤込みが687万t（75.9％），焼却が24万t（2.7％）となっている（農林水産省ホームページ：国産稲わらの利用の促進について，http://www.maff.go.jp/j/chikusan/souti/lin/l_siryo/koudo/h200901/pdf/data04.pdf ）。利用量は25年間で約半分まで減少しており，稲作農家の規模拡大や兼業化の進展，高齢化による労力不足が主原因と考えられている。

　稲わらは飼料として収集する場合，個別農家では数10t-100t程度の規模であり，大規模でも1,000t程度の収集規模である。バイオエタノール生産やバイオマスリファイナリーの場合には，遙かに大規模の収集形態をとる必要がある。稲わらを乾物量で6万t収集する前提で，茨城県を対象に計算した結果，6万t規模の収集拠点は県内に3カ所設置可能である（図6）。収集拠点は，農協単位の集合体とし，平均輸送距離を最短にするように設定した。収集・運搬コストは15.1円/kg（乾物）と試算され（図7），内訳は圃場乾燥に3.1円/kg（乾物），集草・梱包・ラッピングに6.8円/kg（乾物），処理設備までの輸送コストが5.2円/kg（乾物）である。なお，収集量

第2章　バイオマスの原料化技術と動向

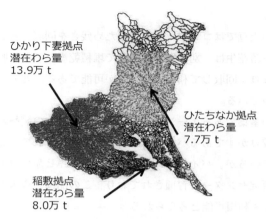

図6　稲わら収集拠点の立地場所
（茨城県での試算例：収集量6万t）

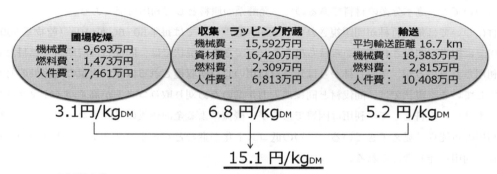

コスト試算条件
1．収集面積：25,206 ha（うち70％を収集）
2．収集目標：50,000 t（ロール個数 370,370 個）
3．圃場作業可能日数42日（茨城県の場合）
4．水田圃場割合（水田面積／県内面積）0.128
5．機械購入時の補助率50％、使用割合70％

図7　稲わらの収集運搬コストの試算例（茨城県の場合）

が少なくなると，平均輸送距離が短くなり輸送コストが安くなるので，大規模に収集するか，あるいは，季節ごとに収集材料を変えるかなど，地域のバイオマス事情に合わせて最適なシステムを組む必要があると考えられる。

モミガラは，稲わらと異なり籾のまま乾燥させ米を精米して出荷する際に発生するので，米の乾燥施設で集中的に発生するため特に収集の必要はない。このため，堆肥原料や暗渠資材等への有効利用率が高い。バイオマスリファイナリーの原料としても利用可能であるが，そのままではカサ密度が100kg/m^3と低く輸送効率が悪いため，粉砕して搬送することが望ましい。

麦類は稲と同様にコンバイン収穫のため，麦わらを圃場から回収し堆肥や飼料に利用する。なお，麦の後に水稲を栽培する場合は，麦わらの回収可能期間は1-2週間程度と短いため多量に回

収することは困難である。

　豆類では，面積の多い大豆ではコンバイン収穫のため残さを回収することは困難であるが，菜豆（インゲン）や小豆や落花生は，刈り取り後圃場で堆積乾燥してから脱粒するため，残さが集中して発生することになり，回収して利用することが可能である。北海道で利用例があるが，比較的小規模の処理に向いている。

　サトウキビでは上部の茎葉であるケーントップが手刈りされ牛の飼料として利用されているほか，製糖工場の砂糖の絞りかすであるバガスは燃料として利用されている。現状では，製糖工場の燃料で殆ど利用されているが，バイオマス量の多いサトウキビ品種（モンスターケーン）が農研機構・九州沖縄農業研究センターで育種されており，この品種の導入が進めばバイオマスリファイナリーの原料としても利用可能と考えられる。

　油糧作物であるナタネ，ヒマワリは，搾油後の油粕が飼料や有機肥料として利用されている。今後大幅に増産される予定になっているので，発酵系の原料としての利用も考えられる。野菜くずについても，高水分系の材料であるので，発酵系の原料として利用可能である。

　竹については荒廃竹林が問題視されているが，管理竹林では毎年50-60本/10a（乾物量500-800kgに相当）間伐され竹林から持ち出すことができる。現状では，間伐竹は炭原料や燃料として利用されているが，荒廃竹林からは建築資材用の竹材が収穫されるほか，大量の規格外の竹が発生している。現状では，間伐材と同様に人力作業のため刈り取りコストが高くバイオマスリファイナリーの原料としての利用は困難であるが，機械による全面皆伐の試みもなされており，燃料利用の可能性は見えてきている。一層の低コスト化が進むとバイオマスリファイナリーの原料として利用可能と考えられる。

2.4　農産系バイオマス利用の場合の留意点

　木質系バイオマスでうまく処理できていても，農産系バイオマスでは色々なトラブルが発生する場合がある。木質ペレットボイラーや木チップボイラーで稲わらや竹材を燃焼させると灰が多くて連続運転ができない，火格子上で溶融して炉が閉塞することがある。主なバイオマスの低位発熱量と灰分含量を表2に示す。木質ペレットやチップの灰分率はわずか0.3％であるが，稲わらでは13％，モミガラでは20％に達する。竹材では2％，草本系バイオマスで数％程度である。したがって，木質の10-70倍の灰が発生するので，灰出し装置や貯灰槽の能力増を図っておく必要がある。稲わらやモミガラの主成分はケイ酸であり，その他のものではカリウム，ナトリウム，カルシウムが多く含まれている。灰が発生しても，有害物質を含んでいなければ農作物灰として肥料利用できるので，灰の販売先などを事前に確保しておくことが重要である。

　もう一つの重要な問題が溶融現象である（図8）。木質の場合は1,300℃でも溶融しないが，農産系や草本系のバイオマスにはカリウムやナトリウムが多く含まれているため，より低い温度で溶融する。また，同じ材料といえども，刈り取り時期や施肥条件，地域や品種によっても溶融温度は変化する。たとえば，茨城県産の稲わらの溶融温度は1,000℃以上であるが，北海道産の稲

第2章 バイオマスの原料化技術と動向

表2 バイオマスの燃料としての特性

種類	低位発熱量	水分	灰分(乾物中)
	kcal/kg	%	%
木質ペレット	4,000	15	0.3
木質チップ	3,600	25	0.3
竹チップ	4,000	15	2.0
稲わら	3,200	10	13.0
籾殻	3,200	10	20.0
A重油(参考)	8,770/L	0	0.0

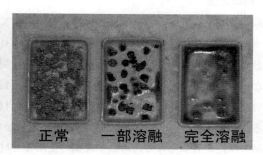

図8 バイオマスの溶融現象の発生状況

わらでは800℃で溶融するものもある。竹では，同じ地域でも無施肥の竹林のものは1,100℃以上の溶融温度を示し，筍用に施肥した竹林のものは800℃以下で溶融する場合もある。このことは，熱分解ガス化や燃焼を行う際にきわめて重要であり，炉壁へのクリンカ発生防止のため，使用予定の全ての材料について事前に溶融試験を実施し，使用の可否を判定する必要がある。

2.5 バイオマス原料の前処理
2.5.1 原料の乾燥

　バイオマスの刈り取り時点の水分は，木質系で50％程度，竹で60％程度，草本系では生育時期は90％以上で，立ち枯れ状態でも40％程度の水分を含んでいる。木質系や竹は半年以上そのまま放置し乾燥を進めるか，チップ化後に通風乾燥する必要がある。稲わらや草本系バイオマスは，圃場で攪拌しながら太陽熱と風により20％以下の水分まで乾燥する。バイオマス発電所などで余剰熱が多い場合，比較的高水分の材料乾燥に廃熱を利用する場合があるが，別の食品残さなどを飼料化するために廃熱を利用すれば総合熱効率は50％以上になるはずなので，廃熱は極力有効利用すべきである。一方で，水分40％程度の残さを燃焼させている場面も見かけるので，このような場合は，煙突廃熱の有効利用を図るべきだと考える。バイオマス利用は従来技術より高コストにならざるを得ない場合が多いので，複合設備にして廃熱利用によりコスト低減を図るなどの処置をとるべきであろう。

2.5.2 異物の除去

バイオマス原料には，土砂などの異物が混入している。支障木では根に石を抱いている場合もあり，荒破砕してから水洗処理を行っている業者もある。いずれにしても，多少の土砂や金属類の混入は避けられないので，金属探知機や土砂の分別装置を備える必要がある。筆者らは揺動選別＋風選により土砂の分別を行っていたが，微粉砕前には異物除去を行わないと微粉砕設備のランニングコストに大きく影響する。また，灰への土砂の混入量が多いと肥料利用ができなくなる場合があるので注意する。

2.5.3 粉砕方法

木質系バイオマスの粉砕機はほぼ粉砕方式が定まってきているといえるが，草本系などの繊維系のバイオマスについては，要求される粉砕粒度により処理方式を変える必要がある。ハンマーミルなどの粉砕機を使用した場合，繊維は長手方向に裂けたような形で破砕される。針状の形状で問題ない場合は良いが，流動性などの観点から最大長を制限する場合には，エクストルーダー型の破砕機を間に入れ内部磨砕により破砕するなど，材料の性質にあった破砕方式を検討する必要がある。なお，稲わらやモミガラ，竹材などイネ科植物でケイ酸分を多く含む材料での場合は，金属部品の摩耗が著しくなるため耐摩耗鋼の使用など材質の検討も必要である。

バイオマスの利用は現状ではまだ低い水準にとどまっていると言わざるを得ない。現在，化石系エネルギー価格の高騰や地球温暖化問題に直面し構造変革が求められている。バイオマスリファイナリーは今後ますます重要度を増していく分野であり，原料の産出側と処理利用側双方の技術革新により，利用の拡大を図っていくことが重要になってきているといえる。

第3章　バイオマスの前処理技術と工業原料化技術

1　木質バイオマスの前処理技術（水熱処理）

牧　恒雄*

1.1　はじめに

　木質バイオマスの利用を考えた場合，エネルギー転換技術は核となる重要な技術ではあるが，エネルギーの製造コストはバイオマスを収集する地域の地勢や，市場システム，流通システムなどの地域特性にも大きく影響される。特に，リファイナリーを考える場合，バイオマスの価値がその地域にどの程度あるのか，地域の産業にどの様に貢献できるかを考えてバイオマスを利用しないと，持続するシステムの構築は難しい。従って，技術的に考えれば，木質バイオマスをいかに低コストで収集し，効率良くエネルギーに転換して利用するかが課題になるが，実用化では入口，出口はもちろん，システム全体がバランスの取れたものでないと持続しない。特にシステム全体のコストがポイントになる。製造装置を採算の取れる規模に拡大しプラントとして最適な規模で運営すると，バイオマス利用のコストは下がるが，そこまでバイオマスを収集できるかが問題である。また，バイオマスから薬品やマテリアルなどの付加価値が高い物質を抽出し，最後に廃棄物をエネルギー利用し，トータルコストでエネルギー転換を実用化する方法もある。これらは，利用する地域の状況を含めて検討しないと，安価で効率の良い利用は難しくなるし，バイオマスの収集方法や前処理技術も異なってくる。

　バイオマス利用は，食の確保や環境問題に深くかかわっている。バイオマスを収集，利用する地域の地理的，社会的環境を検討し，エネルギーやマテリアル利用をするにしても，地域に受け入れられる物でないと持続しない。では，バイオマスにどのような処理を行うと付加価値がつくのかを考えてみると，図1に示すように，バイオマスを別の物質に転換した時の価格を考えるなら，基本的には，少量でも価格の高い薬品などの物質を取り出し，次に価格はやや低いがマテリアルや資源として利用し，最後に残った廃棄物を燃焼してエネルギーとして利用する方法が最適である。このように多段階に利用すると，全体の収益が上がり，バイオマス利用の採算性も向上する。しかし，これらの多段階利用を考えた場合，バイオマスをどのように利用するかによっては前処理技術が異なる。一般に，エタノール発酵で必要な糖化のための前処理技術と，エネルギー利用で行われている乾燥や粉砕などの前処理技術に分かれるが，前者はエタノール発酵で行われている濃硫酸法や希硫酸法などの化学処理が行われ，後者は燃焼やガス化で行われている水熱処理などがそれにあたる。本文では，水熱処理を中心に説明する。

---

*　Tsuneo Maki　東京農業大学　地域環境科学部　教授

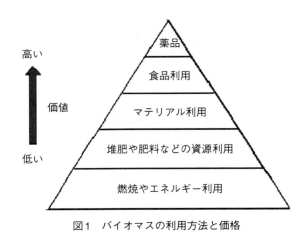

図1 バイオマスの利用方法と価格

1.2 水熱処理

バイオマス利用を実用化する場合，安定した品質のバイオマスが大量に必要になる。マテリアル利用でもエネルギー利用でも効率良く利用するには，バイオマスの形状の統一，低水分化，発熱量の増加などを少ないエネルギーで大量に処理できる方法が好ましい。これらをうまくクリアーできる前処理技術があるなら，安定したバイオマスを大量に得ることができるし，量が多く入手できると効率よいエネルギー転換やマテリアル利用が可能になる。

比較的容易で大量にバイオマスを前処理できる技術としては，水熱処理が有望である。水熱処理は，200℃，2MPa程度の水蒸気を発生させることができる市販の貫流ボイラーと圧力容器，排水処理装置があれば可能である。圧力容器内に木を入れ，水蒸気で加水分解を行ない，撹拌蒸煮させた後に，乾燥させると樹木が改質され，エネルギー利用に必要な程度の熱量や，改質物の乾燥，かさ密度の上昇，改質物の粉砕などが可能になる。

図2に水熱処理システムの一例を示す。この処理装置は，容積3.5m^{3}で投入口からは，直径10～15cm程度の木を入れることができる。この釜に220℃，2MPa前後の水蒸気を入れ30分程度撹拌し，圧力を抜きながら30程度蒸煮すると，加水分解で木質バイオマスは粉砕され，最後に釜のジャケット内の改質物を熱で乾燥させると，水分20％前後，熱量は20MJ程度，10mmアンダーの細かい粉砕物が得られる。

水熱処理した樹木の性質を図3～6に示す。蒸気温度200℃，蒸気圧力1.95MPa，改質時間60minの条件で，スギ材を水熱処理した。

水熱処理して改質した樹木と未処理の樹木の物理的強度を比較すると，静的曲げ強度では，ヤング係数が約45％，曲げ強さが約60％低下し，衝撃曲げ強さも約70％前後低下した。また，水蒸気改質時間と衝撃曲げ強さの関係を見ると，図6に示すように改質時間が30分のものは，60分改質のものより2倍程度の曲げ強さを示したが，未改質のものに比べて大きく強度が低下していた。このように，水熱処理は30分程度でも木質バイオマスの物理的強度を低下させることが

第3章 バイオマスの前処理技術と工業原料化技術

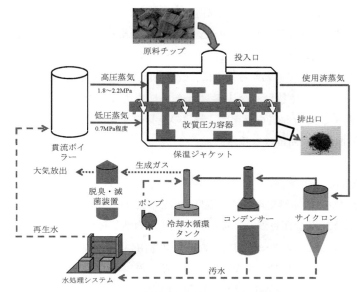

図2 水熱処理システムの一例

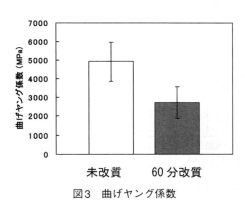

図3 曲げヤング係数　　　　　　　　　図4 曲げ強さ

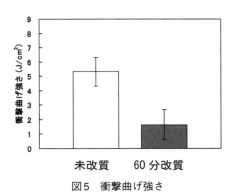
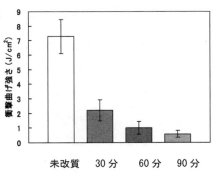

図5 衝撃曲げ強さ　　　　　　　　　図6 改質時間と衝撃曲げ強さ

バイオマスリファイナリー触媒技術の新展開

可能で，改質すると粉砕が容易になることが分かった。

水熱処理では，加水分解を行っているのでバイオマスの炭化が進む。しかし，炭になるほどの炭化は進まないが改質物の燃焼カロリーは高くなる。図7に，改質時間ごとの発熱量と全炭素の変化を示す。この実験を見てもわかるように，改質時間が30分を過ぎると発熱量は上昇するが，改質を長時間行っても，発熱量も全炭素量もあまり変化していない。したがって，200℃，2MPa程度の水蒸気で30分改質を行えば，熱量の上昇や，改質物の乾燥，かさ密度の上昇，改質物の粉砕などの前処理が可能になる。

1.3 実機での検証

1バッチ3.5m³クラスの水熱処理機で，温度220℃，圧力2.2MPaの水蒸気を用い，30分改質し，30分減圧して120分負圧乾燥し，その後大気中で自然乾燥する工程で改質を行った。材料は，杉材の幹材を40mmアンダーに切削したチップを用いた。検証実験では，含水比56％の杉を1t投入し，30分水蒸気で撹拌しながら改質し，その後30分間徐々に減圧しながら蒸煮し，大気圧になったら釜のジャケット熱で120分負圧乾燥を行い，その後釜から出して大気中に広げ自然乾燥する工程で行った。その結果，含水率10％の改質物が420kg得られ，絶乾ベースでは収

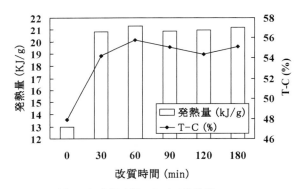

図7　各改質時間における発熱量，T-C

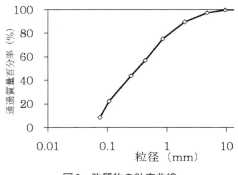

図8　改質物の粒度曲線

第3章　バイオマスの前処理技術と工業原料化技術

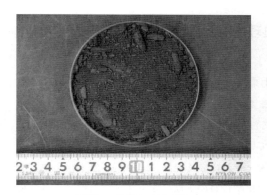

写真1　乾燥した改質物

写真2　改質物ペレット

率85％であった。この改質物の性状は，高発熱位22.7MJ/kgで，灰分0.46％，全炭素55.4％，全水素6.03％であった。また，この作業に使用した全エネルギー量は4155MJで，得られた改質物の総発熱量は8527MJであった。

　水熱処理した改質物は，改質中の撹拌により細かく粉砕されており，図8に改質物の粒度分布を示す。このサイズではそのままペレット化が可能で，少し炭化していることもあって，改質物自体の燃焼カロリーも高くなり，ペレットを水に漬けても一般の木質ペレットと異なり，分解することがなく保存性の良い高いエネルギー密度のペレットが製造できた。また，改質されたバイオマスの粒度分布を見てもわかるように，改質物の80％が1mmアンダーであることから，ガス化などに適した粉砕が行われていることがわかる。この様に水熱処理は，木質バイオマスの前処理としては適した方法である。

2 超臨界流体を用いたバイオマスの処理技術と応用展開

坂　志朗*

2.1 はじめに

　1973年の第一次石油危機を契機に，化石資源由来の化学物質を循環型，更新型バイオマス資源から送り出そうとする動きが活発化してきた。また，地球の温暖化問題とも連動して，バイオマス資源によるポスト石油化学が21世紀において注目されている。図1には，化石資源由来の化学物質とその年間使用量が地球レベルで示されている。また，バイオマス資源（廃棄物）の酸加水分解によるペントース及びヘキソースへの転換とそれに続く発酵により得られる化学物質を示している。これらを見比べると，化石資源由来の化学物質の大部分がバイオマス資源より転換可能であることがわかる[1]。

　木質系バイオマスの主要成分はセルロース，ヘミセルロース及びリグニンであるが，Goldstein[2]は，セルロースを加水分解してグルコースを得，さらにアルコール発酵によりエタノールに転換，さらに脱水してエチレンやブタジエンに転換することで，化石資源由来の合成高分子の95％がバイオマスから得られることを示している。さらにグルコースは熱処理により5-ヒドロキシメチルフルフラールに転換されるが，これをレブリン酸に転換してポリアミドやポリエステルなどの汎用の高分子とすることが可能である。

　また，ヘミセルロースの加水分解物の石油化学原料への転換についても，ペントースのひとつキシロースはフルフラールに転換され，ポリアミドやフラン樹脂が得られることが示されている。リグニンについては，地球上の再生可能資源としてセルロースに次ぐ豊富な高分子物質であるが，

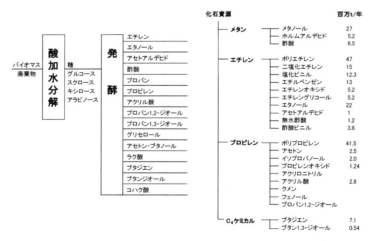

図1　バイオマス資源及び化石資源由来の化学物質の比較[1]

---

*　Shiro Saka　京都大学　大学院エネルギー科学研究科　教授

第3章 バイオマスの前処理技術と工業原料化技術

現時点で有効に利用されているとは言い難い。しかし，そのポテンシャルは高く，多くの有用なケミカルスを誘導することが可能である[3]。

以上のことから，バイオマス資源は我々の身の回りで使われている多くの有用な材料源となる化学物質を提供し得る高いポテンシャルを有し，技術的には化石資源が使えなくなっても対応することが可能である。そこで我々は，次世代を狙ったポスト石油化学への一提案として，酸加水分解や酵素糖化とは異なる，亜臨界又は超臨界流体によるバイオマス資源の有用化学物質やバイオ燃料への化学変換について検討を進めてきたので，その研究成果を以下に紹介する。

2.2 バイオマス資源

我が国におけるバイオマスの年間発生量は約3億7,000万トンであり，そのうち有効利用されていない資源量（利用可能量）は約7,700万トンに上る[4～6]。バイオマスの炭素含有量を45％と仮定すると，この量は二酸化炭素換算で1億2,700万トンとなり，我が国における1990年の二酸化炭素排出量（12億3,700万トン）の約10％に相当する。したがって，種々のバイオマスを有効利用し，化石資源の利用量を削減することで，地球温暖化の抑制に寄与することが可能である。

しかしながら，樹木など多くのバイオマスは結晶性のセルロース，非晶のヘミセルロース及び芳香族化合物からなるリグニンを主要成分とする複合体であり，化石資源と比較して有用化学物質への変換が困難である。したがって，その変換技術の開発はきわめて重要であり，これまでにも熱分解[7]，酸加水分解[8～11]などの種々の変換法が検討されてきた。さらに近年では，超臨界流体技術を用いたバイオマスの化学変換の研究が精力的に進められ，多くの貴重な知見が得られている。

2.3 超（亜）臨界流体とは[12]

物質は温度と圧力条件により，気体，液体，固体とさまざまな相状態で存在するが，その変化の様子を図2に示す。ここで，超臨界流体は，図中の斜線で示される領域の物質である。この流体は臨界温度（T_c），臨界圧力（P_c）を超えた高密度の物質であり，圧力を高くしても液化しない非凝縮性の気体といえる。

水の場合$T_c＝374℃$，$P_c＝22.1MPa$であり，これらを越えた水が超臨界水であり，亜臨界流体とは超臨界条件を満たしていないが，臨界点近傍の流体を指す。超臨界水の密度は，常温の水の1/2～1/3程度であり，水蒸気に比べて数百倍大きいが，粘性率は水蒸気なみであり，拡散係数は液体と気体の中間である。これらのことから，超臨界水は気体分子と同等の大きな分子運動エネルギーを有し，かつ常温での水に匹敵する高い分子密度を兼ね備えた高活性な流体といえ，超臨界水中では反応速度が大幅に増大することが期待される。

さらに水やメタノールなどのプロトン性溶媒は超（亜）臨界状態で，化学反応場の重要なパラメータである誘電率やイオン積を温度，圧力によって大幅に制御でき，その結果，溶媒特性を連

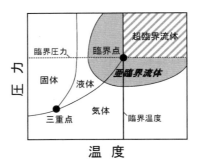

図2 純物質の3相と超臨界流体の温度，圧力曲線

続的かつ大幅に変えることができるので，溶媒単独でその溶液から非溶媒溶液の特性を包括することができる。特に超臨界状態でプロトン性溶媒はイオン積が増大し，加溶媒分解能が付与される。

2.4 超臨界水によるリグノセルロースの分解と有用ケミカルス生産

スラリー状のリグノセルロースを超臨界水と混合し，瞬時に超臨界状態とすると0.1～0.5秒の処理後，超臨界水可溶部が回収される。これはさらに水可溶部と沈殿物，メタノール可溶部に分けられる。

図3には，水可溶部のHPLCクロマトグラムを示す。加水分解物としてセロオリゴ糖，グルコース及びフルクトースが，また単糖の熱分解物であるメチルグリオキザール，グリコールアルデヒド，ジヒドロキシアセトン，エリトロース，レボグルコサン，5-ヒドロキシメチルフルフラール（5-HMF），フルフラールが得られる。なお，メチルグリオキザール，グリコールアルデヒド，ジヒドロキシアセトン，エリトロースは単糖の断片化により，また，レボグルコサン，5-ヒドロキシメチルフルフラール，フルフラールは単糖の脱水により生成したものと考えられる。

0.12秒及び0.24秒の処理ではセロオリゴ糖の収率が高く，レボグルコサンや5-HMFなどの熱分解物の生成が少ない。一方，0.48秒の処理ではオリゴ糖が減少し，グルコース及びフルクトースの収率は増加しているものの，熱分解物も増加していることがわかる。

図4には，セルロースの超臨界水処理で得られる水可溶部のマトリックス支援レーザー脱イオン化飛行時間測定型質量分析（MALDI-TOFMS）にて得たスペクトルを示す。比較のため市販のセロオリゴ糖のスペクトルも示してある。糖はナトリウムが付加される形でイオン化（$[M+Na]^+$）しており，セロオリゴ糖の場合，分子量528.0（504＋24）にセロトリオースのピークが見られ，それ以降規則的に分子量162（グルコース180より水1分子18がとれたもの）が増加したピーク（690.7，852.7，1014.7，1177.1）が見られ，それぞれセロテトラオース，セロペンタオース，セロヘキサオース，セロヘプタオースに対応している。一方，水可溶部の場合，これらのピークに加えて，1339.5，1501.1，1663.7，1825.6及び1988.8までピークがみられた。これらのこと

第3章 バイオマスの前処理技術と工業原料化技術

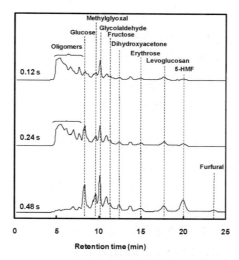

図3 セルロースの流通型超臨界水処理 (380℃, 40MPa)
にて得た水可溶部のHPLCクロマトグラム[13, 14]

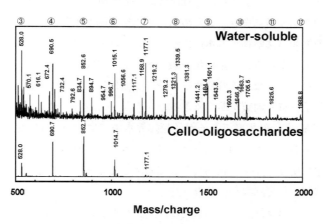

図4 セルロースの流通型超臨界水処理 (380℃, 40MPa, 0.24秒) にて得た
水可溶部と標準物質としてのセロオリゴ糖のMALDI-TOFMS分析[13, 14]

から,水可溶部にはセロデカオースまでのセロオリゴ糖が存在していることが明らかとなった。さらに,各々のピーク間には,分子量が18,60及び120だけ減少した3種のピークが存在していた。これらは,セロオリゴ糖の還元性末端から,それぞれ,水,グリコールアルデヒド及びエリトロースが脱離した物質と考えられる。

次に,沈殿物をフェニルカルバニレート化しGPC分析した結果,重合度が13から100の多糖が分布していることが明らかとなり,この沈殿物を乾燥させた後X線回折図を得たところ,セルロースⅡ型の回折パターンを示した。これらの結果から,沈殿物は超臨界水中で一度可溶化し,超臨界状態から常温常圧の水に戻る過程で,水の誘電率の上昇に伴って凝集,沈殿した水不溶の

多糖と推察された。

　セルロースの超臨界水処理において得られた生成物の化学組成は，0.12秒の処理では，加水分解物である多糖，オリゴ糖，単糖（グルコース，フルクトース）の収率が75％に達していた。一方，処理時間0.48秒では熱分解物の収率が増加し，加水分解物の収率が減少していた。この結果から，加水分解物を選択的に得るためには0.12秒付近の極めて短時間の処理が適切であると言えよう。

　以上の結果から，セルロースは超臨界水条件下で水素結合が開裂し，結晶構造に"ゆるみ"が生じ骨抜き状態となり，同時にイオン積の増大した超臨界水により一部加水分解を受けて多糖となる[15]。加水分解はさらに続き，多糖からはオリゴ糖が生成し，その一部は，還元性末端が脱水もしくは断片化を受けて，水もしくはグリコールアルデヒド，エリトロースを生成する。さらにそれらのオリゴ糖はグルコースにまで加水分解され，その一部はフルクトースに異性化する。これら単糖は，脱水されるとレボグルコサン，5-HMFに，断片化を受けるとメチルグリオキザール，グリコールアルデヒド，ジヒドロキシアセトン，エリトロースに変換される[13,16〜18]。これら単糖の熱分解物はさらに分解が進むと，有機酸にまで変換されると考えられる[19]。

　セルロースは強固な結晶構造を有するため糖化や化学修飾が困難であるが，超臨界水処理で得られたオリゴ糖や多糖類（沈殿物）は水に可溶，もしくは超臨界水中に一度可溶化した物質で非晶である。したがって，これらに酵素糖化や酸加水分解を後続させることで効果的に単糖が回収できるものと期待される。また，これらオリゴ糖や多糖類に化学処理や物理化学的処理を施すことにより新規な高分子材料の創製が期待できる。

　水の誘電率は常温常圧で80程度であるが，超臨界水中では10〜20程度まで低下する[20]。したがって，疎水性であるリグニン由来物質は，超臨界水中では水和して溶解している。しかしながら，常温常圧の水に戻るとオイル状物質として遊離してくる。そこでこれらをメタノール抽出してメタノール可溶部として回収し，分析を行った。

　木材の天然リグニンでのフェノール性水酸基はフェニルプロパン単位100個あたり16.7個であるのに対し，メタノール可溶部のリグニン由来物質は31.3個と多い。一方，ニトロベンゼン酸化生成物は天然リグニンの1.9mmol/gに比べ，メタノール可溶部は0.5mmol/gと少ない。フェノール性水酸基はリグニンのエーテル結合が開裂することで増加したものと考えられ，またニトロベンゼン酸化生成物はリグニン中のエーテル結合数の目安となる。したがって，これらの結果は超臨界水処理がリグニンのエーテル結合の開裂に効果的であることを示唆している。

　この点をより明確にするため，非縮合型結合（エーテル結合）と縮合型結合を有するリグニンモデル化合物の超臨界水処理を行なった。非縮合型結合を有するβ-O-4モデル化合物では，フェノール性及び非フェノール性化合物共にエーテル結合が開裂しグアイアコールを生成したのに対し，縮合型結合を有するビフェニルモデル化合物はフェノール性及び非フェノール性化合物共に安定であった。このことから，超臨界水中でリグニンのエーテル結合は優先的に開裂し，その結果，メタノール可溶部のリグニン由来物質は，2量体以上では縮合型結合したものが多く含ま

第3章　バイオマスの前処理技術と工業原料化技術

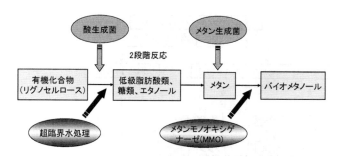

図5　超臨界水によるリグノセルロースからのメタン・メタノール合成[23]

れていることが明らかとなった[21]。

　得られたメタノール可溶部のリグニン由来物質については有用ケミカルスとして有望な低分子芳香族物質が多量に含まれている[22]。詳細については8-1節を参照されたい。

　一方，メタノール不溶残渣中には，超臨界水処理では低分子化しにくい縮合型のリグニンが多く存在することが明らかになっている。

2.5　超臨界水処理物からのバイオメタン生産

　メタン発酵では酸素のない嫌気性条件でバイオマスが微生物によってメタンと二酸化炭素にまで分解される。一般には，家畜糞尿，動物の死体，水産加工残渣，投棄魚，下水，汚泥などがメタン生産に適したバイオマスである。これらのバイオマス以外にもメタン発酵に供する資源は多くあり，多糖類やタンパク質，脂肪などの高分子有機物も対象となる。

　メタン発酵の初期段階では，セルロースなどの多糖類を単糖に，タンパク質をアミノ酸に，脂質を脂肪酸とグリセリン（グリセロール）に加水分解する酵素（加水分解菌）が分泌される。生成した糖，アミノ酸は，図5に示すように，酸生成菌によって分解され，酢酸やプロピオン酸などの低分子有機酸や水素に分解される。この酸発酵で生成した酢酸や水素は，最終段階でメタン生成菌によりメタンに変換される。

　このように，地球上に多量に存在するリグノセルロースもメタンへと変換されるが，結晶性であるため分解に時間を要する。一方，超臨界水処理をリグノセルロースに施すことにより秒オーダーで低分子化が進行して多くの有機酸が得られる。ブナ材からは，ギ酸，ピルビン酸，グリコール酸，酢酸，乳酸，レブリン酸などが検出されており[24]，これらは効果的にメタンへと変換される。したがって，超臨界水処理がメタン生産の前処理としても有効である。

2.6　超臨界流体によるバイオマスからのバイオリファイナリー

　上述のように，亜臨界水によりバイオマスから有用な化学物質やバイオエネルギーを生産しようとする試みが多くの研究者によって続けられてきた[25〜28]。図6に，筆者の研究チームで推進してきたリグノセルロースの超亜臨界流体によるバイオリファイナリーへの変換スキームを示

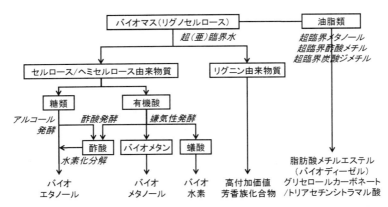

図6 超(亜)臨界流体技術によるバイオマス資源(リグノセルロース)からのバイオリファイナリー

す。

　リグノセルロースは超亜臨界水処理によってセルロース，ヘミセルロース由来物質とリグニン由来物質に分離することができ，処理条件を最適化することで前者からは糖類やその過分解物，有機酸が高収率で得られる[29,30]。これらのうち糖類は，セルラーゼを用いた酵素糖化の後，酵母や遺伝子組み換え微生物を用いた発酵によってエタノールへと変換できる。しかしながら，糖類の過分解物や微量のリグニン由来物質は発酵阻害を引き起こす[31〜33]。これに対し，700〜900℃の処理で調製した木炭が発酵阻害物質のみを選択的に吸着除去し得ることを見出している[34]。

　図6で見られるリグノセルロースの超(亜)臨界水処理によるリグニン由来物質は高付加価値芳香族物質であり，化石資源からは見い出せない物質が多く含まれる[35]。さらに，樹木の果実や油脂植物からの油脂類(トリグリセリド)を無触媒系の超臨界水で処理することで脂肪酸とし，得られた脂肪酸を超臨界メタノールを用いて無触媒で脂肪酸メチルエステル(FAME)としバイオディーゼル燃料が得られる[35]。さらに，超臨界酢酸メチルを用いてトリグリセリドを処理することで，グリセロールの替わりにトリアセチンを生産する。得られるトリアセチンはFAMEに溶け，共にバイオディーゼルとして利用することができる。また，超臨界炭酸ジメチルでトリグリセリドを処理することで高付加価値のグリセロールカーボネートやシトラマル酸を副産する新たな反応系が見い出されている[35]。

　以上のように，超(亜)臨界流体処理はバイオマス資源からの有用なバイオ燃料や化学物質を得る極めて有効な手段で，無触媒系での効率的な反応が期待できるため，これまでの石油化学でのペトロリファイナリーに替わるバイオリファイナリーとして，今後の発展が期待できる。

第3章 バイオマスの前処理技術と工業原料化技術

文　　献

1) H. Danner, R. Braun, *Chem. Soc. Rev.*, **28**, 395-405（1999）
2) I. S. Goldstein, *C & EN*. Apr. 21, p.13（1975）
3) 榊原彰, 木材の化学, 文永堂出版, p.262（1985）
4) 南英治, 坂志朗, バイオマス・エネルギー・環境, アイピーシー, pp.61-103（2001）
5) 南英治, 坂志朗, エネルギー・資源, **23**, 219-223（2002）
6) E. Minami and S. Saka, *Biomass and Bioenergy*, **29**, 310-320（2005）
7) A. V. Bridgwater and G. V. C. Peacocke, *Renewable and Sustainable Energy Rev.*, **4**, 1-73（2000）
8) C. E. Wyman, *Bioresource Technol.*, **50**, 3-16（1994）
9) C. E. Wyman, *Annu. Rev. Energ. Env.*, **24**, 189-226（1999）
10) F. Parisi, *Adv. Biochem. Eng./Biotechnol.*, **38**, 53-87（1989）
11) 江原克信, 坂志朗, バイオマス・エネルギー・環境, アイピーシー, pp.251-260（2001）
12) 坂志朗, バイオマス・エネルギー・環境, アイピーシー, pp.291-313（2001）
13) K. Ehara and S. Saka, *Cellulose*, **9**, 301-311（2002）
14) 坂志朗, 江原克信, *Cellulose Commun.*, **9**, 137-143（2002）
15) 坂志朗, 木材工業, **56**, 105-110（2001）
16) M. Sasaki et al., *Ind. Eng. Chem. Res.*, **39**, 2883-2890（2000）
17) 後藤浩太朗ほか, 高分子論文集, **58**, 685（2001）
18) T. Sakaki et al., *Ind. Eng. Chem. Res.*, **41**, 661-665（2002）
19) M. J. Antal and W. S. L. Mok, *Carbohydrate Research*, **199**, 91-109（1990）
20) E. U. Franck, *Pure Appl. Chem.*, **24**, 13（1970）
21) K. Ehara et al., *J. Wood Sci.*, **48**, 320-325（2002）
22) 高田大士ほか, 第52回日本木材学会大会研究発表要旨集, 岐阜, p.447（2002）
23) 坂志朗, 日本エネルギー学会誌, **88**, 362-368（2009）
24) 吉田敬ほか, キチン・キトサンの開発と応用, シーエムシー出版, pp.51-61（2004）
25) O. Bobleter, *Prog. Polym. Sci.*, **19**, 797-841（1994）
26) F. Carvalheiro et al., *Bioresource Technol.*, **91**, 93-100（2004）
27) A. T. Quitain et al., *J. Agr. Food Chem.*, **51**, 7926-7929（2003）
28) K. Arai, *Macromol. Symp.*, **135**, 205-214（1998）
29) S. Saka and R. Konishi, Progress in Thermochem. Biomass Conv., Blackwell Sci., pp.1338-1348（2001）
30) K. Ehara and S. Saka, *ACS Symp.*, Ser. 889, ACS, pp.69-83（2004）
31) M. Laser et al., *Bioresource Technol.*, **81**, 33-44（2002）
32) A. Mohagheghi et al., *Appl. Biochem. Biotechnol.*, **33**, 67-81（1992）
33) G. P. Philippidis et al., *Biotechnol. Bioeng.*, **41**, 846-853（1993）
34) H. Miyafuji et al., *Appl. Biochem. Biotechnol.*, **124**, 963-972（2005）
35) D. Takada et al., *J. Wood Sci.*, **50**, 253-259（2004）

3 膜・吸収ハイブリッド法によるバイオガス精製技術 現状と課題

真野 弘*

3.1 はじめに

バイオマスを原料に発酵工程により生産されたバイオガスは，化石燃料とは違い大気中の二酸化炭素量を増加させない（カーボンニュートラルな）再生可能エネルギー源の一つとして利用が増加しているが，通常のメタン発酵の場合に発生するバイオガスは，メタン約60vol％，CO_2約40vol％の組成であるため燃焼熱量が低く，また燃焼には高価な専用機器が必要なため，その有効利用は限られたものになっている。バイオガスはメタン濃度を98vol％以上に精製し，液化天然ガス相当の燃料ガスとすることで，安価で普及している都市ガス用燃焼器具や天然ガス自動車の燃料としての利用が可能となるほか，メタンガスの一時貯留においても経済効果が高い。また，発生したバイオガスを有効に利用するためには，高いメタン回収率も重要な要素となる。

一方，地球温暖化対策技術の一つとして二酸化炭素（CO_2）の分離回収・貯留技術があげられる。その要素技術として重要なCO_2分離回収技術としては，化学吸収法が実用化段階にあるが，エネルギー消費が大きいという問題がある。この問題を解決するために㈶地球環境産業技術研究機構（RITE）では，新しいCO_2分離回収技術の一つとして「膜・吸収ハイブリッド法」とそれに続く化学吸収法「膜フラッシュ再生技術」を開発してきた。本稿では，これらの開発経緯と現状，バイオガス精製技術としての検討結果について述べる。

3.2 膜・吸収ハイブリッド法開発の経緯

CO_2を分離するための従来の化学吸収法によるCO_2回収フローを図1に示す。この図ではCO_2/N_2を供給ガスとして例示する。そのガスを吸収塔に送り込み，塔内充填物表面での気液接触によりCO_2を吸収液に吸収させる。CO_2を吸収した吸収液は次に再生塔で120℃程度の高温に加熱することによりCO_2を放散させて回収する。この化学吸収法ではCO_2を高回収率でかつ高

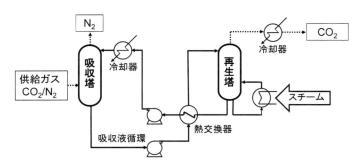

図1 従来の化学吸収法によるCO_2回収フロー

---

* Hiroshi Mano ㈶地球環境産業技術研究機構 化学研究グループ 主任研究員

第3章 バイオマスの前処理技術と工業原料化技術

濃度で得ることができるが，吸収液を高温に加熱するためにエネルギー消費が大きくなる欠点がある。

分離に要するエネルギー消費の少ないガス分離法としては膜分離法があり，分離選択性が高くなるほどエネルギー消費は少なくなる。分離選択性が高い分離膜として促進輸送膜が知られているが，通常はCO_2を選択的に膜内輸送するCO_2キャリア溶液を支持膜に保持させた液膜構造で用いられるので，部分的に乾く等，耐久性の点で問題がある。さらに，分離機能層が液体であるため薄膜化に限界があり，CO_2透過性の向上が困難なことが多い。これらの欠点をかかえているため，促進輸送膜は実用化されるに到っていない。

これを解決するために，逆の発想に基づく方策が提案された。即ち，CO_2キャリア溶液となるCO_2吸収液を多孔質膜の微細多孔面に供給して液膜を形成した上，吸収液自体を積極的に膜透過させて循環することによりCO_2透過性の向上を図るとともに，吸収液の乾燥や圧力差に起因する膜劣化を防止しようとするものである[1]。この考え方を基にして，排ガス中のCO_2を低エネルギー・高純度で分離回収することを目指して開発した技術が「膜・吸収ハイブリッド法」である[2~4]。ハイブリッドという言葉は膜分離工程の後に引き続いて吸収工程を入れる場合にも使用されることがあるが，ここで言うハイブリッド法は，膜分離法と吸収法が混在した形態で相乗効果をねらうものである。

3.3　膜・吸収ハイブリッド法の概要

図2に膜・吸収ハイブリッド法の概念を示す。この図では膜モジュールの容器の中に中空糸状の多孔質膜1本のみを拡大して示した。供給ガスとしてはCO_2/N_2を例示してある。多孔質膜の一方の面（図2では中空糸状多孔質膜の内側）にアルカノールアミン水溶液等のCO_2吸収液と供給ガスを混合して送り，他方の面（図2では中空糸状多孔質膜の外側）を減圧雰囲気に置くと，吸収液は供給ガス中のCO_2を吸収し，多孔質膜の微細孔を透過して減圧雰囲気中に出る。透過と

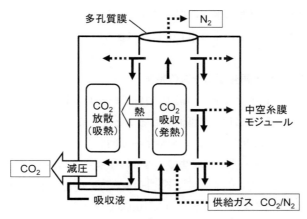

図2　膜・吸収ハイブリッド法の概念

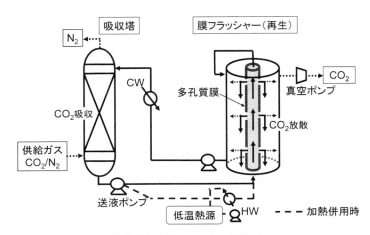

図3 化学吸収法膜フラッシュ再生プロセス

同時にCO_2は放散されて真空ポンプの排気口から回収される。CO_2を放散した吸収液は供給側に液ポンプで送って循環使用する。ここでCO_2吸収は発熱反応，CO_2放散は吸熱反応であり，かつ両反応が膜の両側の近接した所で起こるので吸収で発生した熱が放散に利用されることになる。この方法は実験室規模程度の小規模ガス処理では効率の良いCO_2分離法である。

しかし，規模がベンチスケール程度以上に大きくなると大量のガスと吸収液を混合して膜に送るのが非常に困難になるので，図3に示すように，吸収部は従来の化学吸収法と同様に吸収塔を用いる気液接触により吸収液にCO_2を吸収させることにし，従来の再生塔の代わりに膜モジュールを用いることにした。この図でも膜モジュールの容器の中に中空糸状多孔質膜1本のみを拡大して示した。CO_2を吸収した吸収液を多孔質膜の一方の面に送り，多孔質膜の他方の面を減圧して吸収液を膜の微細孔から減圧雰囲気にフラッシュさせると吸収液からCO_2が放散される。濃縮CO_2は真空ポンプの排気側から回収し，吸収液はCO_2吸収部（吸収塔）に戻して循環使用する。こうなると化学吸収法の再生塔を従来の高温加熱方式から減圧膜フラッシュ方式に置き換えたことになる。これは，最初の一体型「膜・吸収ハイブリッド法」が膜分離的要素を有するのとは異なり，化学吸収法「膜フラッシュ再生技術」と言うべきものである[5]。

3.4 化学吸収法膜フラッシュ再生プロセスの特徴

化学吸収法膜フラッシュ再生プロセスの最大の特徴は，CO_2回収エネルギーが従来の化学吸収法高温加熱再生プロセスの場合に比べて低減されることである。特に，図4に示すように供給ガスのCO_2濃度が高くなると急激に少ないエネルギーで回収し得るようになる。供給ガス中CO_2濃度が40%程度になると従来の化学吸収法で必要なエネルギーの約1/4にまで低減され，膜フラッシュ再生プロセスの優位性が際立ってくる。同様なエネルギー低減効果は，CO_2を吸収した後の吸収液の温度を図3の中に破線で示すように100℃以下の低温熱源で加熱して膜フラッシュの温度を例えば70℃程度にすることでも達成される[6,7]。膜フラッシュ再生温度を変化させた

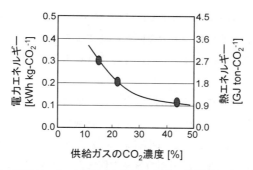

図4 膜フラッシュ再生プロセスによるCO_2回収エネルギー

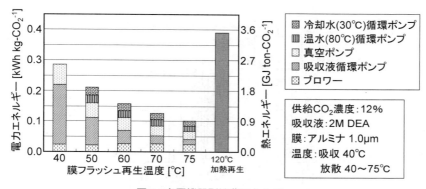

図5 主要機器別消費エネルギー

場合の主要機器別消費エネルギーを図5に示す。ここで50～75℃の場合，加熱用熱源としては100℃以下の未利用熱エネルギーを活用するため，加熱のエネルギーは含んでいない。膜フラッシュ再生温度が上昇すると吸収液循環ポンプの動力消費が急激に減少するので，温水と冷却水の循環ポンプ動力が加わるにもかかわらず，全所要エネルギーは減少する。図5に示すエネルギー値は供給ガス中CO_2濃度が12％の場合であるので，CO_2濃度が高い場合に加熱を併用するとさらなるエネルギー低減が可能になる。

3.5 バイオガス精製への膜フラッシュ再生技術の適用

メタン発酵バイオガスの精製における基本プロセスは，含まれるCO_2を分離除去することにより濃縮メタンを得ることである。したがって，上述の燃焼排ガスからCO_2を分離回収する技術が適用できる用途である。

化学吸収法膜フラッシュ再生技術をバイオガス精製（メタン濃縮）に適用した場合の特徴を次に示す[8]。

① 乾式膜分離法や吸着（PSA）法では難しいメタンの高濃度精製と高回収率の両立が可能となり，高濃度のCO_2も連続して取り出すことができる。

② 従来の化学吸収法での高温加熱再生方式に比べて吸収液の劣化が抑制される。
③ 従来の化学吸収法と比較してCO_2分離回収に要するエネルギー消費が低減される。
④ 従来の化学吸収法では大幅なコスト高になるような中小規模が多いバイオガス発生源に対して優位に適用可能である。

バイオガス精製試験装置のフローを図6に示す。このフローに基づいて製作した試験装置の外観を写真1に，試験条件を表1にそれぞれ示す。この試験装置は，精製メタン濃度98vol％とメタン回収率98％を目標性能としている。図6に示すフローにおいて，膜モジュール内の中空糸膜を常に吸収液で満たして減圧部と常圧部の気密を保った状態を安定して維持するため，液ポン

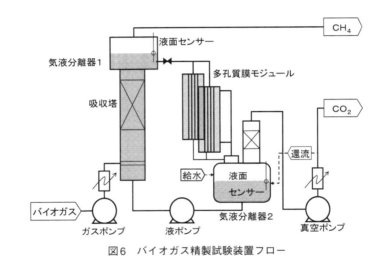

図6 バイオガス精製試験装置フロー

写真1 バイオガス精製試験装置－RITE／大陽日酸㈱共同開発－

第3章 バイオマスの前処理技術と工業原料化技術

表1 バイオガス精製試験条件

装置寸法	[mm]	3,000W×1,700D×2,700H
原料ガス流量	[Nm³/h]	8～10
吸収液流量	[m³/h]	9～10
吸収液		3M　ジエタノールアミン水溶液
操作圧力	[kPaG]	ガス　－90～50
		液　　30～70
操作温度	[℃]	常温（20～30）

プにインバータを搭載し，吸収塔液面センサーと連動させて液面を一定に保持するカスケード制御を採用した。併せて，連続運転時の吸収液濃度を維持するために，吸収液の気化水分の自動還流と自動給水の機能を設けた。

　本方式では，膜モジュールでのCO_2放散性能がメタン濃縮性能（気液比・動力）に大きく影響するため，膜モジュールはコンパクトで膜透過液量を多くとれる中空糸タイプを採用し，中空糸膜の充填密度を通常の水処理用に市販されている膜モジュールにおける充填密度の約1/2に下げることによりCO_2放散空間を広くして用いた。バイオガス流量10Nm³/hで98vol％の濃縮メタン濃度を達成するための操作条件の一例をあげると，吸収部ヘッド圧力50kPaG，放散部圧力－90kPaGである。

3.6　フィールド試験

　試験装置は酪農施設内にあるバイオガス発生サイトに設置し，実ガスによる連続運転でのバイオガス精製（分離濃縮）性能と各機器，膜モジュール，吸収液の耐久性を2ヶ月間評価した[8,9]。

　本サイトの実ガスに含まれる硫化水素（H_2S）濃度は600～3,000ppm（vol）であった。硫化水素は，機器・配管部の腐食や吸収液中での反応沈殿物の生成原因となるため，装置前段で脱硫設備を用いて除去する必要がある。フィールド試験では酸化鉄系反応剤を用いて硫化水素を除去し，装置入口部の硫化水素濃度を10ppm（vol）以下に維持した。

　図7に，バイオガス精製フィールド試験結果を示す。ここで，精製メタン濃度とメタン回収率の値はそれぞれ次の式で算出した値である。

精製メタン濃度［vol％］＝100－（二酸化炭素濃度［vol％］）
メタン回収率［％］＝（精製メタン流量[Nm³/h]／バイオガス中のメタン流量[Nm³/h]）
　　　　　　×100

　実ガス連続運転でのバイオガス精製において，図7に示すように原料メタン濃度は大きく変動していたにもかかわらず，98vol％の精製メタン濃度と96～98％のメタン回収率が連続運転の2ヶ月間にわたって安定して得られ，各機器の耐久性を含めた実用性に問題がないことが確認できた。併せて，膜モジュールの吸収液透過流量と吸収液の状態，および制御システムは安定して維

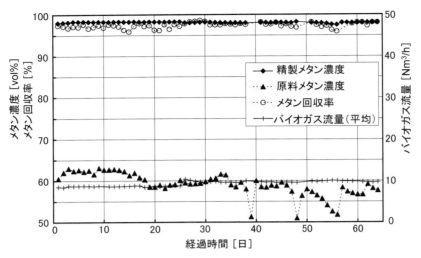

図7 バイオガス精製試験結果

持できることが分かった。

このフィールド試験により，膜フラッシュ再生技術を導入した化学吸収法によるバイオガス精製の実用性を確認することができた。

3.7 おわりに

CO_2分離促進輸送膜の改良検討から積極的に吸収液を活用する膜・吸収ハイブリッド法を開発し，さらにその改良により化学吸収法膜フラッシュ再生技術および加熱併用効果の確認に到達した経緯を概観し，燃焼排ガス中CO_2の回収のみならずバイオガス精製に適用できることをバイオガス発生サイトでの実ガス連続フィールド試験によって確認した。

残る課題としては次のことが考えられる。

① 多孔質膜を吸収液が透過すること，即ち，吸収液を全量濾過していることになるため，液中に膜を目詰まりさせるような異物があると性能低下の原因になる恐れがあるので，その発生が認められる場合には異物除去の対策が必要になる。

② 規模が大きくなると真空ポンプと膜モジュールの大容量化が必要になる。

今後はさらなる省動力化，装置の小型化によるコスト低減，スケールアップ，ならびにシステムの自動化等の改良，安全対策を進め，バイオガス精製装置の技術的信頼性の向上を図り，メタンとCO_2の両方が高い純度で得られることを活かせる用途や，水素，窒素雰囲気の混合ガスからCO_2のみを除去する用途などに対しても本技術の適用性について検討し，実用化を推進して行く。

第3章　バイオマスの前処理技術と工業原料化技術

文　　献

1) M. Teramoto, N. Ohnishi, N. Takeuchi, S. Kitada, H. Matsuyama, N. Matsumiya, H. Mano, *Sep. Purif. Technol.*, **30**, 215-227（2003）
2) 真野弘, CO_2固定化・削減・有効利用の最新技術, p.56-63, 湯川英明監修, シーエムシー出版（2004）
3) K. Okabe, M. Nakamura, H. Mano, M. Teramoto, K. Yamada, *Studies in Surface Science and Catalysis*, **159**, 409-412（2006）
4) 真野弘, 電気評論, **91**（4）, 56-57（2006）
5) K. Okabe, H. Mano, Y. Fujioka, *International J. Greenhouse Gas Control*, **2**, 485-491（2008）
6) K. Okabe, S. Kodama, H. Mano, Y. Fujioka, *Energy Procedia*, **1**, 1281-1288（2009）
7) K. Okabe, H. Mano, Y. Fujioka, *International Journal of Greenhouse Gas Control*, **4**, 597-602（2010）
8) 真野弘, 富岡孝文, *WEB Journal*, No.98, 18-21（2009）
9) 平成18〜19年度 京都議定書目標達成産業技術開発促進事業終了報告書, RITE北杜研究室（大陽日酸株式会社）, 平成20年3月

第4章　ガス化技術

1　バイオマスの浮遊外熱式ガス化技術の現状と展開

坂井正康*

1.1　概要と展開

　再生可能エネルギーのうち，バイオマスを除くと，熱と電力の形態しか取り得ない。これに対し，バイオマスはガス燃料，液体燃料，化学原料等へ変換できる唯一の再生可能物質であり，その意義は大きい。多種のバイオマスを原料にできる「農林バイオマス3号機」システムはガス化発電と同時に液体燃料製造が可能な併用プラントである。現在，発電とメタノール燃料合成併用の実用プラントが建設中で，2011年度中には実稼働に入る。

　本システムの最大の特徴は草本・木本バイオマスを原料にして，クリーンで高品質・高カロリーの生成ガスが得られることにある。このガス化方式を浮遊外熱式ガス化法，または，浮遊外熱式高カロリーガス化法と呼んでいる。この浮遊外熱式ガス化法は反応管を外部から800～1000℃に加熱し，水蒸気に満たされた管内に，微粉砕したバイオマス粉を供給して，反応管壁からの輻射熱を反応熱としてガス化反応（水蒸気改質）を起こさせる。酸素をガス化剤として使わず，完全な水蒸気雰囲気のガス化であるため，原料バイオマスの有機成分は，ほとんどがクリーンなガス化反応を起こしてH_2，CO，CH_4等の高品質・高カロリーのガス燃料に変換される。この生成ガスはH_2，CO組成が70％を超え，$[H_2]/[CO]$モル比は約2で，化学合成原料となる合成ガスとして適正な性状であることから，触媒による液体燃料合成原料としての利用が進められている。

1.2　浮遊外熱式ガス化法の基本原理

1.2.1　浮遊外熱式ガス化の手法[1, 2]

　固体のガス化方式には，ガス化炉形式，加熱方式，ガス化剤種，ガス化温度，ガス化圧力等の組み合わせによって，200種を超える方式があると言われている。このうち主流は，空気，または，空気と水蒸気の混合ガスをガス化剤とした部分燃焼方式が大半を占めている。

　これに対し，本浮遊外熱式ガス化法は従来になかった技術で，草木の固体バイオマスを原料にして，現在の石油系から製造する合成ガス（水素H_2と一酸化炭素COが主成分，化学合成の原料になる性状のガス）に匹敵する組成を持つ生成ガスを得ることができる。浮遊外熱式ガス化手法の略式図を図1に示す。

　浮遊外熱式ガス化法は必要な反応熱を反応管の管壁からの輻射熱で熱だけを供給するもので，

---

*　Masayasu Sakai　長崎総合科学大学　客員教授

第4章 ガス化技術

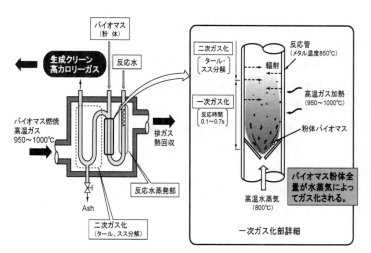

図1 浮遊外熱式・高カロリーガス化法

熱の供給に他からの物質の混入は無い。反応管は別途に燃焼させたバイオマス熱ガス発生燃焼炉からの1000℃以上の高温ガスで加熱する。反応管内はガス化剤となる水蒸気に満たされており,供給された約3mm以下の微粉原料バイオマスは水蒸気と化学的に反応してガス化(水蒸気改質反応)する。原料は灰分を残すだけで,有機成分はほぼ全量がガス化し,クリーンな〔H_2,CO,CH_4,C_2H_4,CO_2〕を成分とする高品質・高カロリーガス燃料へ変換される。現在の浮遊外熱式ガス化法はプラント構成の容易さから,ガス化反応圧力は原則として常圧0.1MPaを条件としている。

1.2.2 ガス化反応式

このガス化反応は反応温度,滞留時間(反応時間),〔水蒸気〕/〔バイオマス炭素〕モル比等の反応条件によって発生するガス組成が変化する。反応温度800℃の反応を,一例として示すと次の様な反応式で表される。

$$C_{1.3}H_2O_{0.9} + 0.4H_2O \rightarrow 0.8H_2 + 0.7CO + 0.3CH_4 + 0.02C_2H_4 + 0.3CO_2 - 39.7\text{kcal/mol} \quad (1)$$
(原料)　(水蒸気)　　　　　　　　(生成ガス)　　　　　　　　(吸熱反応)

ここで,バイオマス略式分子式は元素分析値からH_2分子を1として求めたもので,これを1モルとして解析に利用しているものである。

1モルに対して化学反応に携わる反応水量は反応温度が高くなると大きくなり,900℃では0.7H_2O,1000℃では1.0H_2Oとなって生成ガスの水素組成比率が大きくなる。このとき,同時にC_2H_4が減少し,CO_2が増加する。この現象はマスバランスの解析から,次の反応が主反応であることが分かった。

$$C_2H_4 + 4H_2O \rightarrow 2CO_2 + 6H_2 \quad (2)$$

即ち,エチレンC_2H_4・1モルが水蒸気H_2O・4モルと反応して,2モルの二酸化炭素CO_2と6モルの水素H_2を発生する。

以上の反応式から,1000℃の反応においては,バイオマス1モルに対し水蒸気1モルが反応するので,生成ガス中の水素は50％がバイオマス起源,50％が水蒸気起源と言える。

1.2.3 ガス化生成ガス組成

バイオマスは灰分を除く有機成分のほぼ全量が水蒸気と反応し,〔H_2, CO, CH_4, C_2H_4, CO_2〕のガス燃料に転換する。生成ガス組成は有機成分はセルローズ,ヘミセルローズ,リグニン等の分子構造による大きな影響はない。

杉材を原料にした基礎実験結果の生成ガス組成特性例を図2に示す。実験条件は反応温度800～1000℃,原料炭素に対する水蒸気のモル比[H_2O]/[C]＝1～10,反応時間は0.4～1.2secである。

図2に示すガス組成は炭素1原子化合物を1,炭素2原子化合物を2として,炭素化合物全量を100％（原料一定量）として示し,水素組成は外割り比率で示してある。

図2から,浮遊外熱式ガス化法による生成ガスの組成ガスについて,次の特性を読み取ることができる。

① 同じ原料量に対して,反応条件によって発生する水素量は大きく変化する。
② 反応温度が高くなると,水素発生量は大きくなる。
③ モル比[H_2O]/[C]が大きくなると,水素発生量は増加する。
④ 炭素化合物のうち,COとCH_4の反応温度による組成比率の変化は少ない。
⑤ C_2H_4の反応温度による変化は顕著で,800℃時約20％が1000℃では2％に減少する。
⑥ C_2H_4の減少に伴って,CO_2とH_2が増加するが,マスバランスから,前記(1)式で説明で

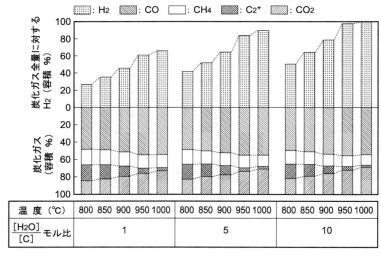

図2 バイオマスの水蒸気改質ガス化生成ガス組成

第4章　ガス化技術

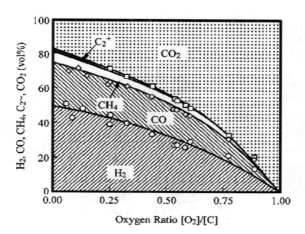

図3　部分燃焼ガス化と外熱式ガス化による発生
ガス組成特性，外熱式は［O_2］／［C］＝0.0

きる。
⑦ 合成ガスとして適性となるモル比［H_2］／［CO］≒2は［H_2］／［CO］が50％/25％（図2では100％/50％）で達成できる。

1.2.4　生成ガス組成の特徴

浮遊外熱式ガス化の生成ガス組成とこれまでの部分燃焼ガス化による生成ガス組成の違いを明らかにするため，ガス化剤となる水蒸気に酸素を混入したガス化実験を行った。実験結果を図3に示す。横軸は原料中炭素の量に対するガス化剤に混入した酸素のモル比を取っている。一般に原料中の固定炭素分のガス化反応を期待する場合は反応温度は800℃以上が必要で，この場合，［O_2］／［C］モル比は0.5以上となり，無効なCO_2が50％を占めることになる。これに対し，浮遊外熱式ガス化では，横軸左端の［O_2］／［C］＝0のガス組成となり，部分燃焼ガス化に比べ高品質ガス組成になっていることがわかる。ただし，このガス化反応は吸熱反応であるため反応管外部からの加熱が必要である。逆に，この外部加熱のため生成したガス燃料の保有する冷ガス熱量は原料バイオマスの熱量より大きくなり，冷ガス効率は105〜115％となる。反応に使われた外部よりの入熱を考慮した場合の冷ガス化効率では約75％となる。このガス化法ではタールの発生が非常に少ないのも特徴である。

1.3　技術実証試験プラント「農林バイオマス3号機」[3]

1.3.1　「農林バイオマス3号機」の概要

浮遊外熱式ガス化法を基本として，この技術の実用性を実証するため，農林水産省プロジェクト研究として，バイオマスガス化装置，50kWガスエンジン発電，及び，メタノール合成装置をシステム化した技術実証試験プラントを建設した。この実証プラントは「農林バイオマス3号機」と農林水産技術会議より名づけられている。浮遊外熱式ガス化法によってバイオマスを変換して

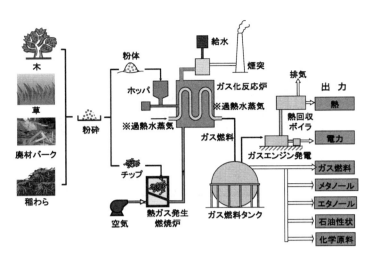

図4 バイオマス電力・液体燃料併給システム

得られる生成ガスはガス燃料としてだけでなく，化学原料となる合成ガスとしても利用できるものである。

本試験プラントでは，1時間当り30kgのバイオマス（乾燥重量）ガス化原料粉体と20kgのチップを燃焼させた外熱を用いて，ガス化を行う。ガスエンジン発電の場合，50kWの電力が得られた。

続いて，別途に開発を行っていた低圧多段メタノール合成法に目処が得られたので，30ℓ/d（全生成ガス量の1/5ガス量）の合成装置を付設し，この技術実証を行った。

1.3.2 プラントの構成

浮遊外熱式ガス化法では，間伐材，おが屑，バーク，稲わら，ネピアグラス，スイートソルガムなどの草本類・木本類ほとんどが原料として利用できる。出力としては，熱，電力，化学合成原料ガス等及びこれらの組み合わせが可能である。このプラントのシステム概略を図4に示す。

このシステムを大きく分けると，

① チップ状燃料を燃焼して，1200℃〜の高温熱ガスを発生させる熱ガス発生炉
② この熱ガスを導入して反応管を加熱し，反応管内に供給された水蒸気とバイオマス粉体からガス燃料を生成させるガス化反応炉
③ 反応炉からの排ガス熱利用ボイラおよび排気
④ 生成ガス化ガス燃料タンク
⑤ ガスエンジン発電およびガス燃料利用系

から構成される。

1.3.3 ガスエンジン発電

ガスエンジンに供給時のガス組成例を図5に示す。このガス組成を一般の空気をガス化剤とした部分燃焼生成ガスと比較すると，図中右に示されている単位容量当たりの発熱量は浮遊外熱式

第4章　ガス化技術

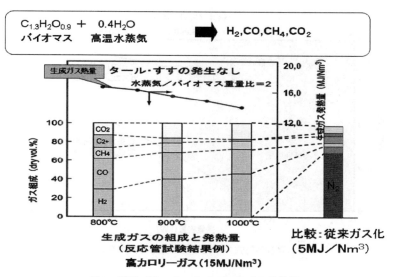

図5　試験プラントの生成ガス組成と発熱量

ガス化生成ガス発熱量の1/3～1/4と低い。浮遊外熱式ガス化生成ガスの発熱量が反応温度が高くなると低くなっているのは，H_2の組成比が高くなるためであるが，原料重量当たりの生成ガス量は増えている。この生成ガス燃料の燃焼温度は石油系燃料より燃焼温度が高く，ガスエンジンやマイクロガスタービンによる発電およびコ・ジェネレーション（熱電併給）に高効率で適用できる。

数千kW以下の比較的小型の発電装置での発電効率は，高い順に，エンジン発電，ガスタービン発電，水蒸気タービン発電となるが，浮遊外熱式ガス化ではガス性状から，直接ガスエンジンに使用できることから，高効率発電を達成できた。1時間当り50kgのバイオマス（乾燥重量）消費で50kWの電力が得られ，発電効果21％を実証した。得られた発電効率は図6に示すように従来方式の発電効率を大幅に向上させ，とくに，数kWから数百kWの小型発電では最高クラスの発電効率を実現している。

1.3.4　低圧多段メタノール合成[4]

　浮遊外熱式ガス化法が「農林バイオマス3号」によって，実用レベル技術であることが，実証され，得られるガス化ガスは水素（H_2）と一酸化炭素（CO）を主組成とすることから，化学合成原料ガスに適用できることが明らかになった[5]。

　一方，農林水産省委託研究「C1化学エネルギー変換」において低圧多段式メタノール合成法が小規模装置に有効であることが確認された。そこで，浮遊外熱式ガス化法によるバイオマス合成ガス製造と，低圧多段式メタノール合成法を組み合わせることによって，小規模メタノール合成プラントが可能になった。この場合，石油系燃料を原料とした実用技術の合成圧力が10MPaであるのに対し，低圧多段式メタノール合成装置では1～2MPaの低圧力メタノール合成が可能

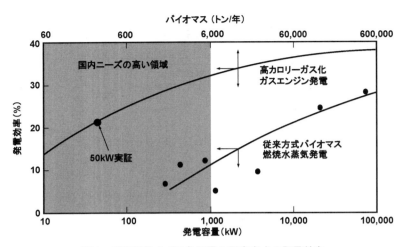

図6　浮遊外熱式ガス化発電と従来方式の発電効率

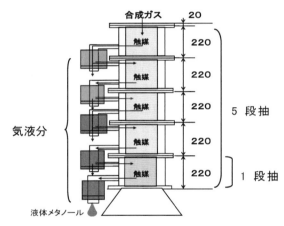

図7　低圧多段式メタノール合成試験装置

になる。このガス化燃料を1〜2MPa（約10〜20気圧）にポンプで加圧し，メタノール合成触媒（銅・亜鉛）の入った合成塔に送ると，次の反応でメタノール（CH_3OH）を合成することができる。

$$2H_2 + CO \rightarrow CH_3OH \tag{3}$$

反応温度は200〜250℃の発熱反応であるが，ガス状のメタノールは60℃以下に冷却することによって，液体メタノールとして採取できる。

実験装置を図7に示す。本装置はCO，H_2を含む合成ガスを触媒反応後，冷却し，未反応の混合ガスと合成されたメタノールを気液分離するメタノール合成装置である。5段式で合成されたメタノールガスを逐次冷却液化して採取し，未反応ガスのみを次の触媒反応筒に送るようになっ

第4章 ガス化技術

ている。5段採取におけるメタノール転換率（モル基準：合成メタノール／〔H_2, CO〕供給ガス）を従来法（中間抽出なし，1段抽出に相当）と比較すると，合成圧力1MPa（約10気圧）では約4倍，1.5MPaでは約6倍に達し，平衡転換率を大きく上回る効率を得た。平衡転換率からみて，実用機を想定した合成圧力2MPaではメタノール転換率70％を達成でき，所要動力は既存技術（10MPa）の1/3程度に低減できる見込みとなった。

1.4 実用機・ガス化発電と低圧メタノール製造併用プラント

現在，「農林バイオマス3号機」を中心に開発してきた技術を総合して，発電容量250kW，メタノール生産量700kL／yの実用機・ガス化発電と低圧メタノール製造併用プラントを建設中で2011年6月には試運転に入った。

これまでのバイオマスプラントは大半が発電主体であったが，発電のみでは夜間の需要が少なく，年間稼働時間が半減されるため，設備償却費の負担が厳しかった。生産されるバイオメタノール（粗メタノール，精製していない）の組成はメタノール純度98％以上で，炭化水素系燃料と水分が約2％弱含んでいるが火炎はきれいなブルー炎を示し，実用燃料として使用できる。

バイオメタノールの期待される用途は①自動車用燃料（ディーゼル，ガソリン），②DMFC（直接メタノール燃料電池）燃料，③バイオディーゼル油のメチルエステル交換剤，④ボイラ・ガスタービン・スターリングエンジン用燃料，⑤ハウス暖房用燃料，等が挙げられる。

1.5 むすび

今後のエネルギープラントとして，バイオマスプラントは必須条件と考えるが，コスト面から経済的に厳しい環境に置かれている。ここに説明した「ガス化発電と低圧メタノール製造併用プラント」はプラントの稼働率を高めることで，解決の糸口を示したものと考えている。現在は，メタノールのほか，BTL（Bio To Liquid）として，エタノール，炭化水素液体燃料，化学製品等の実用化研究が進められている。

なお，本研究のうち，プラントの実証試験は農林水産省の委託研究で，基礎研究は文部科学省・私学大学学術フロンティア推進事業によるものであることを報告しておく。

文　献

1) 坂井, 村上, 日本エネルギー学会誌, 81巻, 908号 （2002）
2) 日本エネルギー学会編「バイオマスハンドブック」オーム社 （2002）
3) 農林水産省技術会議事務局, プレスリリース「小型可搬式・低コスト高効率の新しい熱電エネルギー供給システム"農林バイオマス3号機"の開発」（2004.3.16）
4) 坂志朗編「バイオマス・エネルギー・環境」アイピーシー（2001）など

2 バイオマスの触媒ガス化技術

川本克也*

2.1 はじめに

 脱温暖化,低炭素化への流れを背景に,バイオマスを新規エネルギー源に活用するという期待が膨らんでいる。一方,人の活動から定常的に排出される廃棄物は,下水汚泥,廃木材,紙類などにみられるようにバイオマスに該当するものが相当程度に存在する。その発生量は水分を含んだ量で年間3億トンを超え,代替ポテンシャルとして,一次エネルギー使用量の約6％弱に相当する[1]。

 このようなバイオマスを有効に利用する新規技術には,バイオマス中水分の含有度合いに照らして,比較的乾燥した木質や紙類などに適した熱分解ガス化技術,水分を多く含む食品廃棄物などに適した生物学的発酵技術(水素およびメタンガスの複合プロセスなど),あるいはバイオディーゼル油などの液体燃料合成技術がある。実用上の経済性を考えると,水分は適用技術選択の鍵となる要因である。廃棄物処理におけるガス化技術の適用は,ガス化溶融方式焼却施設,ガス化改質方式施設として実用化されている。しかし,前者はガス化後に高温溶融により完全燃焼を行うものであり,後者は改質によって水素ほかのガスを回収するが改質工程は高温で行われ,また酸素ガスを用いることなどもあって廃棄物の保有する熱の有効利用性,経済性において課題が多い。

 上記の中でガス化技術は,多様で不均一な固体状物を応用可能性に富んだ各種ガスに変換する技術であり,廃棄物の処理でもあるという条件と関連づけて考える場合,総合的に優位性をもつ技術といえる。ただし,ガス化の効率向上だけでなく,主要成分とともに共存しガス利用上または環境上負荷となる成分の生成,生成ガスの利用を一般化するための条件整備などいくつかの課題もまだ存在している。

 ここでは,ガス化と改質という2つの主要工程を構成要素とし,かつ,すでに実用化されているプロセスより低温で操作するプロセスに着目する。そのための触媒適用技術に関し,その開発の現状と今後の課題などについて明らかにしたい。

2.2 ガス化および改質プロセスの基礎

 ガス化とは,石炭や石油などの固体,液体燃料を酸素,空気,水蒸気などのガス化剤と化学反応させることによりガス燃料や原料ガスに変換することである[2]。その操作温度は,ガス化の目的や反応方式などによるが,400℃程度から高温側は1,000℃近くに及ぶ。空気によるガス化はもっとも多く適用されるが,窒素ガスを同時に含むため生成ガスの熱量は4〜6MJ/m^3_N程度と低くなる。この点,酸素をガス化剤に用いるならば10MJ/m^3_N以上の高熱量のガスが得られる。

---

 * Katsuya Kawamoto (独)国立環境研究所 資源循環・廃棄物研究センター
    研究副センター長

第4章 ガス化技術

しかし,現実には酸素の製造に多大なコストを要し,しばしば課題となる。一方,水蒸気ガス化ではH_2およびCOをはじめ各種炭化水素を含むガスが得られ,利用可能性が広い。また,水蒸気ガス化にとどまらないが,ガス化プロセスからは固体チャーやガス状／液状タール成分が生成し,装置の腐食や触媒の被毒につながることも多い。

ガス化反応においては,熱分解反応(1)により無機,有機の各種反応生成物が生じる。

$$C_aH_bO_c \rightarrow CO + H_2 + CO_2 + H_2O + C_nH_m \tag{1}$$

この過程において,複雑なバイオマスは,タール成分や揮発性有機成分などの比較的小さな化学種に分解される。この後あるいは同時に,以下の諸反応が条件に応じて生じる。

燃焼: ΔH

$$C + O_2 \rightarrow CO_2 \qquad -394 \text{kJ/mol} \tag{2}$$
$$H_2 + \tfrac{1}{2}O_2 \rightarrow H_2O \qquad -242 \text{kJ/mol} \tag{3}$$

部分酸化:
$$C + \tfrac{1}{2}O_2 \rightarrow CO \qquad -111 \text{kJ/mol} \tag{4}$$

水性ガス化:
$$C + H_2O \rightarrow CO + H_2 \qquad 131 \text{kJ/mol} \tag{5}$$

メタン生成:
$$C + 2H_2 \rightarrow CH_4 \qquad -75 \text{kJ/mol} \tag{6}$$

シフト反応:
$$CO + H_2O \rightleftharpoons CO_2 + H_2 \qquad -41 \text{kJ/mol} \tag{7}$$

上記反応のうち,(2)～(4)はかなりの発熱反応であるため物質の分解を促進し,反応熱は反応の継続に利用可能である。一方,水性ガス化反応(5)は吸熱反応であることから,温度維持への対応が必要となる。

水蒸気の導入は改質反応,シフト反応の促進と水素の生成増に効果が見込まれる。なお,上記の諸反応は温度,水蒸気量,酸素の共存（通常ER比で表わされる）などの諸因子によって影響を受け,その結果生成するガスの組成も異なる。

ガス化においては,タールの生成による各種障害への対策が重要課題の一つである。タールは一般に複合成分であるが,ガス化工程の後段で低温になると凝縮し,フィルターの目詰まり,配管やバルブなどの詰まりを生じ,トラブルの原因となる。タールとは,一つの定義によると沸点が200℃以上の多環芳香族化合物の集合である[3]。また,バイオマスの熱分解によって得られるタールは反応温度域で3通りに分類され,400～700℃では含酸素化合物を多く含み,700～850℃ではフェノール類やアルケン類が多く含まれ,850℃以上では芳香族化合物が多く含まれる[4]。これらのことから,タールの除去または抑制に関しては,ガス化炉の反応条件をよく理解した上で,反応器内での制御や触媒使用による低減,ガス化後段における高温の改質工程での分

解,触媒充てん層を用いた分解などの対策をとる必要がある。

2.3 実用されるガス化技術

ガス化および改質プロセスが実際の廃棄物の処理またはガス回収に適用された事例について,2つの例をみることができる。一つは,サーモセレクト方式の焼却施設といわれるものであり,他はEUPプロセスと呼ばれる。

サーモセレクト方式は,図1[5]に実際の施設でのプロセス例として示すように,400～500℃で操作するガス化(脱ガスチャンネル)工程と,1,300℃以上の高温反応炉(改質工程)を主体に,さらに固形物のスラグ化を行う均質化炉,ガス急速冷却・酸洗浄設備,水処理設備などで構成される。回収されたガスは燃料ガスとしてコンビナートで利用され,金属を含む無機成分はスラグ,メタルおよび塩となってそれぞれ利用される。一方,高温反応炉下部に酸素ガスを用いることや各種設備のため,かなりの運転コストを要するのが現実的な課題となっている。

EUPプロセスは,昭和電工㈱川崎事業所において,廃プラスチック類を原料にした水素合成および化学原料化としてのアンモニア合成に利用され,2003年4月から稼働が続いている[6]。このプロセスは,流動床方式の低温ガス化炉(600～800℃)と高温(1300～1500℃)の旋回溶融ガス化炉からなる二段構成となっている。容器包装リサイクル法に則って収集された195t/日の廃プラスチック類を対象に,これがまずRPFに加工され,図2に示すようなプロセスを経てガス洗浄による精製,CO転化工程後にH_2濃度40-45vol%の合成ガスが製造される。プラスチックという高熱量の原料が用いられ,熱量収支面では有利な条件といえる。しかし,廃プラスチックを量的に安定して調達することに課題があるようである。

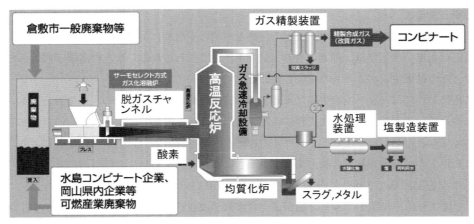

図1 廃棄物処理へのガス化および高温改質プロセス適用の例
(設備名について筆者により追加)

第4章　ガス化技術

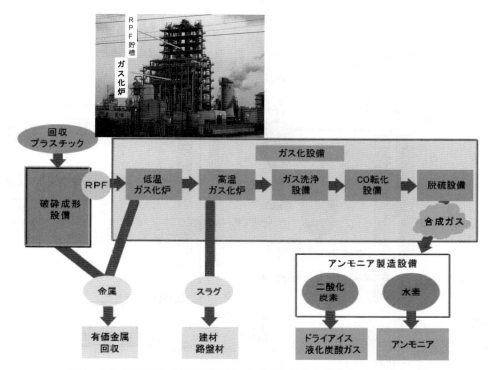

図2　水素ガス回収と工業原料利用へのガス化および改質プロセス適用の例

2.4　触媒を適用したガス化および改質からのガス回収
2.4.1　無触媒でのガス化

　前節において，実用化されるガス化および改質プロセスによる施設においては，いずれもガス化の後段に1,300℃以上という高温の反応（改質）工程を備えるほか，高度な水処理設備などを備える構成である。このため，原料のもつエネルギーを反応系の温度維持などに相応に費やすこととなり，また燃料や酸素ガスを別途供給することも必要となってエネルギー回収の効率において，さらにコスト面において課題のあるシステムとみなされるのが現状である。

　これに対し，より低温で全工程の操作を行えば，バイオマス原料のもつエネルギーポテンシャルをより有効に利用することができる。しかし，2.2項で述べたようにガス化とともに生成するタールの効果的な制御を考えなければならない。

　ガス化において主要な影響因子となるのは，原料の種類と組成，ガス化温度，ガス化剤の種類，水蒸気ガス化の場合に注入する水蒸気量すなわち水蒸気／炭素モル比（S/C ratio），注入する酸素量すなわち必要理論酸素量に対する実際の注入酸素量比（ER: Equivalence ratio, 酸素当量比），およびガスの反応器内滞留時間などである。これら因子の中で，とくに温度は，ガス生成の収率だけでなくプロセス全体のエネルギー収支にも影響する。図3[7]は，筆者らが用いた実験室規模のガス化および改質プロセス試験装置の構成である。反応管は内径35ないし50mm，長さ1m程

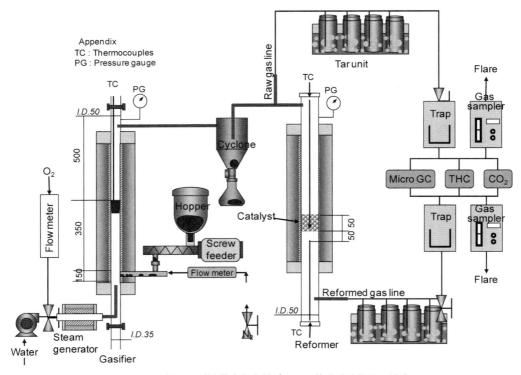

図3 ガス化および触媒適用改質プロセス基礎試験装置の構成

度の大きさである。図中の改質反応管は，実験条件によって触媒などを充てん可能な構造となっている。木質（建築廃木材）を用い，無触媒で行った実験結果からは，温度の影響が大きく，800℃ないし850℃以上になるとH_2やCOが高濃度で得られ，一方CH_4や炭化水素は少ない。図4[8]は，この場合の生成ガスの組成例である。S/C比1.91，ER：0の条件においてH_2約55％，CO30％を得ており，このときの単位原料当たりのH_2回収量は$1.4m^3/kg$（57mol/kg）に達した。なお，無触媒ではあるが装置構成上反応管2連であるため後段は改質管の機能を果たしている。同じ装置でガス化，改質の温度を750℃とするとH_2の組成は45～50％程度であるが，回収量は$0.3m^3/kg$以下とかなり低下する。S/C値が小さいと固体状炭素やCH_4が生成しやすく，また大きくなるとこれらの成分がCOやH_2に変換される。ER値が大きくなると燃焼が進行するため，炭化水素が減少しCO_2が増加する傾向となる。図4のRun23と24の違いにそれが観察される。

2.4.2 担持貴金属触媒を用いたガス化・水素生成

担持貴金属触媒は，水素化・脱水素反応において主たる触媒として用いられ，中でも，パラジウム（Pd）はもっとも広範囲に用いられる水素化触媒であり，ロジウム（Rh）はアルケン類や芳香環の水素化に高活性を示す。また，白金（Pt）は水素化反応，脱水素反応両方に重用される。

第4章　ガス化技術

　これらの担持貴金属触媒をバイオマス試料のガス化に応用する研究が行われてきた。一例として，セルロースをガス化原料とし，SiO_2，Al_2O_3，CeO_2などを担体に用いた場合の生成H_2およびCOガス生成特性を比較した結果を図5に示す[9]が，水素発生に対する触媒の効果について中でもRh触媒の促進効果が明瞭にみられる。また，バイオマスを比較的低温（600℃前後）で熱

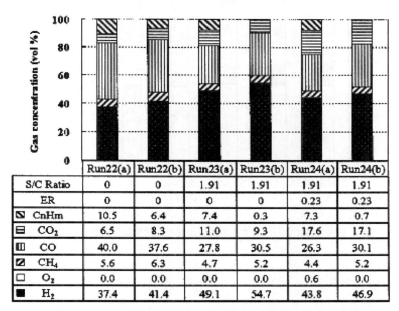

図4　木質バイオマスのガス化(a)および無触媒改質(b)後のガス組成
（装置は図3と同じ。ガス化温度950℃，改質温度900℃，木質供給速度2.4g/min）

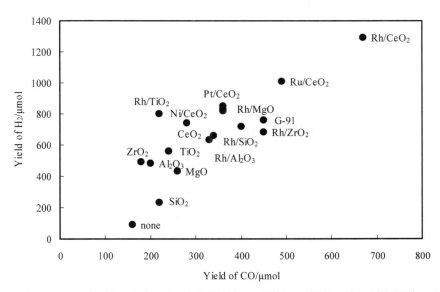

図5　セルロースのガス化によるH_2とCO生成に対する触媒および担体の効果の例（温度823K）

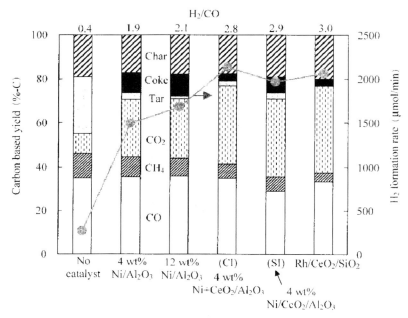

図6　各種触媒によるタールの水蒸気改質反応試験結果の例（温度873K）

分解するプロセスで生成するタールについて，水蒸気改質反応によって水素と合成ガスに変換する高性能触媒の開発を目指した一連の研究例によると[10]，Ni触媒へのCeO_2の添加効果の活用，微量金属による修飾効果およびMgO添加効果の活用が有効と考えられる。図6には，各種触媒を用いた水蒸気改質の効果について，無触媒の場合を対照として示されており，無触媒ではタールとして残留する炭素が多いのに対し，4wt％Ni/Al_2O_3を触媒に用いると，タールが減少しガス生成が顕著に増加している。ただし，炭素の析出はある程度みられる。さらに，共含浸法で調製した4wt％$Ni+CeO_2/Al_2O_3$を用いると，炭素転化率および水素生成速度がともに増加し，炭素析出量が減少する効果がみられる。CeO_2の効果については，その高い酸素吸蔵・放出能に鍵があると考えられている。さらに，Niに対し微量の白金が修飾効果を示すといった貴金属と活性種との相乗効果の存在，触媒活性の再生にMgOの共存が有効に作用し，析出炭素を燃焼除去した後に再利用可能とすることや凝集した微粒子を再分散させる自己修復機能を備えた触媒系の可能性が示されている[10]。

2.4.3　触媒および補助的材料の適用によるガス化ガスの改質

前項の担持貴金属触媒は，高い触媒効果をもたらす構成として期待されるが，貴金属であるため一般にコストが高い。廃棄物系バイオマスに関しては大量処理となるのが通常であり，また生成物の利用が化石燃料の代替ということから実用的にはより低コストの触媒を探索することが重要である。

水蒸気改質触媒として従来からNi含有触媒が用いられることから，筆者らは市販のNiを含む

第4章 ガス化技術

触媒を廃棄物系バイオマスのガス化および改質プロセスに適用する検討を重ねてきた。用いた装置は図3のものであり，触媒には表1に示す3種類を用いた。いずれもAl_2O_3を担体とし，Niのほかにアルカリ土類・アルカリ金属酸化物のCaOまたはK_2Oを含んでいるが形状などはかなり異なる。建築廃材である木質を用いて，温度750℃でガス化，およびこれらの触媒を充てんした改質を行った結果，得られたガスとくに改質ガスに関するガス収率，ガス中水素の割合などに着目すると（表2），Niを11wt％，CaOを13wt％含んだ触媒（G90-LDP：現在の名称はReforMax 330 LDP）がもっとも性能の優れた触媒であった[7]。また，タールの生成抑制能に関しても効果が高かった。

このような効果に関しては，CaOがもつ触媒機能のほかに二酸化炭素吸収能が寄与していると考えられる。そこで，CaOを補助的材料としてNi触媒とともに改質反応管に充てんする適用方法が考えられる。図7に，触媒およびCaOを用いたガス化－改質による木質からの水素ガス回収結果の例を示す。改質反応器内で触媒層の前段にCaOを充てんして試験を行ったものであり，触媒に対しCaOの適用量を増すと得られるガス中水素濃度が高くなっていることがわかる。タールに関しても，CaOの適用によって低減効果がみられるデータを得ている[11]。

一方，この補助的材料としては多孔質性のシリカについても効果を検討した[12]。それによると，多孔質シリカ材料にもガス化の促進効果およびタール低減効果があること，木質を原料とした場合の結果によると，タールの低減効果はむしろCaOより高いことが示された。触媒としての機能とともに，ある程度の比表面積をもつことが寄与していると思われる。

このように，触媒および補助的材料を用いた改質プロセスを活用することで，水素をより高濃度で得てタールなどの負荷物質を低減し，さらに触媒の再生にもとづく実用性を確立しなければならない。そのための検討例として，筆者らは廃木材試料を対象に，1回4時間程度の実験を1

表1 触媒の属性

触媒	化学組成	形状と大きさ	外観
C11-NK	Ni：20.0wt％，K_2O：6wt％，Al_2O_3：balance	Ring, 16×16×6.4mm	
ISOP	Ni：19wt％，CaO：6wt％，Al_2O_3：balance	7 holes ring, 19×12mm	
G90-LDP*	Ni：11.0wt％，CaO：13wt％，Al_2O_3：balance	10 holes ring, 19×16mm	

*試験適用時の名称で現在の商品名は，ReforMax 330LDP。

表2 G-90LDP触媒を用いて得られた結果

	ガス化ガス					改質ガス				
S/C 比(mol/mol)	0.9	1.7	2.5	3.3	4.1	0.9	1.7	2.5	3.3	4.1
H_2 (vol%)	24.7	28.5	35.2	36.3	44.3	54.0	57.1	51.1	49.1	52.9
CH_4 (vol%)	8.4	9.0	6.4	6.9	5.5	5.3	4.3	4.5	4.2	5.0
CO (vol%)	34.5	29.3	27.8	25.8	22.6	12.9	13.7	17.0	15.6	16.3
CO_2 (vol%)	14.4	17.6	17.1	17.9	14.7	21.6	15.8	20.2	24.3	18.1
C_nH_m (vol%)	17.9	15.6	13.6	13.1	13.0	6.2	9.1	7.2	6.8	7.8
ガス収率 (m^3/kg)	0.5	0.5	0.4	0.4	0.4	1.16	1.49	1.21	1.10	1.01
熱量推算値 (kJ/kg)	21000	9200	6800	6700	6600	14000	21000	16000	11000	14000
炭素転換率 (%) (C in gas/C in feedstock)	44.6	47.2	35.8	35.9	27.0	64.4	82.4	72.2	67.5	59.0
水素転換率 (%) (H in gas/H in feedstock)	17.1	22.4	23.3	24.6	25.2	96.4	130.9	95.2	83.1	82.2
水素転換率 (%) (H in gas/H in feedstock and steam)	7.6	6.6	5.1	4.3	3.7	42.6	38.3	20.8	14.4	11.9
酸素転換率 (%) (O in gas/O in feedstock)	50.9	58.7	47.6	48.4	34.3	116.2	120.5	124.1	126.3	94.5
酸素転換率 (%) (O in gas/O in feedstock and steam)	20.7	15.4	9.2	7.4	4.4	47.2	31.7	24.1	19.4	12.0

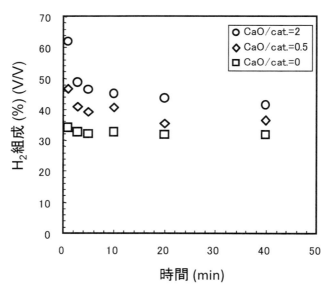

図7 触媒およびCaOを用いたガス化-改質による木質からの水素ガス回収結果の例
(改質温度：750℃, S/C＝1.6-2.2, 空気比＝0.3, 触媒重量＝250g, SV（生成ガス基準-dry stp）：約2,200h^{-1}, 触媒にはG-90LDP使用)

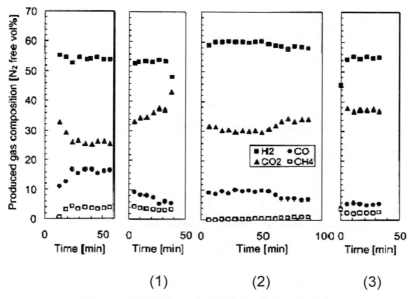

図8　触媒再生試験での生成水素ガス濃度などの変化
((　)内は触媒再生適用の回数)
原料廃木材試料供給速度：0.18kg/h，温度：850℃，S/C：2.1，ER：0.12，
触媒充てん量：100g，CaO充てん量：107g，SV：7800 h^{-1}

日に1回行って累積で24時間のガス化を行った結果，生成ガス中窒素と水蒸気を除外した水素濃度として，50〜60％の値が継続して得られることを確認した。図8は，改質に触媒適用後，空気酸化を行って再生し，4回繰り返して改質に用いた結果の例である[13]。このときのガス化および改質温度は850℃であり，ニッケル系触媒とともにガス流れ前段にCaOを充てんした。図のように，水素濃度はほとんど減少することなく50〜60vol％の範囲にあったほか，生成水素量は50mol/kg-原料前後に達し，再生による触媒能の劣化はおおむね防げている。しかし，比較的低濃度である炭化水素類とくにメタンの濃度が，再生後の適用において増加する現象もみられた。これらの結果から，より長期の触媒系の耐性を得ること，大規模装置での適用試験から実用に耐える知見を蓄積する必要があると考えられる。実験前後での触媒表面についてX線回折法で分析したところ，図9に示すように，再生を繰り返し行った触媒であっても金属ニッケル結晶の成長が観察され，触媒活性の発現との関連性が推察された。

2.5　触媒ガス化システムの展望

ガス化および改質プロセスによってガスを得るシステムでは，ガスを利用するとともに各工程（熱分解ガス化は吸熱反応）を維持するために熱を供給しなければならない。原料バイオマスの部分酸化によってこれを賄うのが通常の考え方であるが，ガス化における固体生成物のチャーをこれに利用することが適当と考えられる。例えば，二塔式循環流動層ガス化プロセス[14]におい

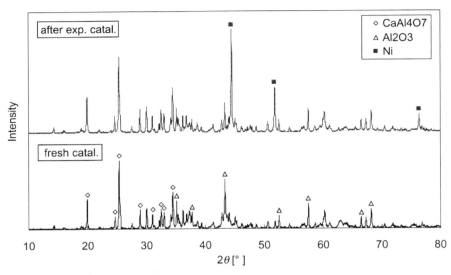

図9　使用前および使用後触媒のX線回折パターンの違い

ては，流動床反応器を二塔用い，吸熱反応のガス化と発熱反応の燃焼を別々に行う方式が提案されている。ガス化工程で生成するチャーについて，塔の間を循環する流動媒体によって燃焼炉へ送り，燃焼させる。チャーのガス化には水蒸気注入などでエネルギーや素材の投入を要することから，それを行わずに燃焼して熱源とすることが企図される。さらに，流動媒体にタール吸収能をもつ多孔質粒子（γ-アルミナ）を用い，媒体として反応系内に長く留めることによってタールの改質を促進するねらいとなっている。

　ガス化は，生成するガスをどのように利用するのかという現実的なニーズと一体であるべきである。発電はもっとも基本的なガス利用用途である。工業的なニーズでは，2.3項で述べたガス化によって生成する水素ガスを化学合成原料としてアンモニア合成に利用する例がある[5]。また，研究開発の段階であるが，木質バイオマスを用い空気をガス化剤とする循環流動床ガス化プロセスで，ガス化後段に高温耐性のセラミックフィルターおよびタール改質触媒を備え，得られた合成ガスを従来法より低圧で稼働するメタノール合成プロセスに供給し，純度95wt％程度のメタノールを得るシステムが実証されている[15]。

　バイオマスの多くが廃棄物として発生しているという現状のもと，開発されるガス化プロセスは，廃棄物処理技術でもあることが認識されなければならない。エネルギー収支上の効率を向上させ，タールの抑制を図り，さらに他の環境負荷物質やガス利用阻害物質の抑制を図るために，触媒の果たす役割は大きい。循環型社会および低炭素社会という概念で今後の廃棄物処理とエネルギーなどの持続的供給の社会的制度を真に設計するならば，ガス化またはガス化および改質の技術的プロセスを確立するとともに，有効に活用する枠組みを作り上げなければならないであろう。

第4章 ガス化技術

文　　献

1) 末松広行,「バイオマス・ニッポン総合戦略」とバイオマス利活用の促進―国産バイオ燃料の大幅生産拡大に向けた取り組みとバイオマス利活用のさらなる加速化―, 廃棄物学会誌, Vol.18, 138-147 (2007)
2) (社)日本機械学会, 機械工学事典, p.218, 丸善, 東京 (1997)
3) 湯川英明監修, バイオマスエネルギー利用技術, pp.29-87, シーエムシー出版, 東京 (2006)
4) (有)ブッカーズ企画・編集, バイオマスからの気体燃料製造とそのエネルギー利用, エヌ・ティー・エス, pp.48-61 (2007)
5) http://www.ecotown-okayama-kurashiki.jp/ecoworks.html (2011.2月)
6) http://www.sdk.co.jp/kpr/about_kpr.html (2011.2月)
7) K. Kawamoto, W. Wu, H. Kuramochi, Development of gasification and reforming technology using catalyst at lower temperature for effective energy recovery: Hydrogen recovery using waste wood, *Journal of Environment and Engineering*, Vol.4, 1-13 (2009)
8) W.Wu, K. Kawamoto, H. Kuramochi, Hydrogen-rich synthesis gas production from waste wood via gasification and reforming technology for fuel cell application, *J. Mater Cycles Waste Manag*, Vol.8, 70-77 (2006)
9) 川本克也, 倉持秀敏, 呉 畏, 熱分解ガス化―改質によるバイオマス・廃棄物からの水素製造技術の現状と課題, 廃棄物学会論文誌, Vol.15, 443-455 (2004)
10) 冨重圭一, バイオマスからの水素・合成ガス製造：タール水蒸気改質用高性能触媒の開発, ファインケミカル, Vol.39, No.6, 5-12 (2010)
11) 小林潤, 川本克也, RPF・木質バイオマス混合物の熱分解ガス化・水蒸気改質特性, 第21回廃棄物資源循環学会研究発表会講演論文集 2010, 371-372 (2010)
12) 小林潤, 呉畏, 川本克也, 廃棄物ガス化改質におけるニッケル系改質触媒の耐久性能評価, 廃棄物資源循環学会誌, Vol.20, 352-360 (2009)
13) J. Kobayashi, K. Kawamoto, Catalyst durability in steam reforming of thermally decomposed waste wood. *J. Mater. Cycles Waste Manag.*, Vol.12. 10-16 (2010)
14) 倉本浩司, バイオマスを利用した高効率水素・クリーンガス製造プロセスの開発～産総研における流動層技術からのアプローチ～, (独)国立環境研究所の技術開発討論 廃棄物系バイオマス利活用技術研究開発の最前線―エネルギー―講演集, 18-23 (2009)
15) 中村一夫, 堀寛明, 井藤宗親, 山崎裕貴, 京都バイオサイクルプロジェクト ガス化メタノール合成技術開発 (第2報), 第32回全国都市清掃研究・事例発表会講演論文集, 134-136 (2011)

3 バイオマスタールの水蒸気改質触媒の開発

冨重圭一*

3.1 緒言

バイオマスのガス化による水素及び合成ガス製造は，副生するタールの残留量を少なくするために高い温度（＞1000℃）で行われることが多い。ガス化して得られたガス中に含まれるタールは，生成ガスを利用するガスタービン，ガスエンジン，化学変換用反応器において悪影響を及ぼすため，除去することが望まれている。タールを除去する方法として，触媒を用いてタールを水蒸気改質し，合成ガス（COと水素の混合ガス）への変換がある[1]。ここでは，木質系バイオマスである杉を低温（823-923K）で熱分解して生成したタール（凝縮した状態では熱分解オイルやバイオオイルと呼ばれる）を水蒸気改質反応により合成ガスへと変換する触媒の開発について述べる。

タールの水蒸気改質触媒については，ドロマイトのような安価な材料を用いることも多いが，ニッケル系触媒についても検討されてきた。これは，ニッケルが天然ガスや石油系炭化水素の水蒸気改質反応の触媒活性種として用いられてきたことと関連している。バイオマスのガス化触媒やタールの水蒸気改質反応においても，ニッケル系触媒の長所として貴金属触媒に匹敵する高い活性を示す一方で，貴金属触媒と比較して炭素析出による活性劣化が顕著であることが問題点としてあげられている。ここでは担持ニッケル触媒における担体の効果及びアルミナ担持ニッケル触媒についてCeO_2及びFeで修飾した触媒について述べる。

3.2 水蒸気改質

3.2.1 熱分解タールの水蒸気改質

木質バイオマスを熱分解すると，セルロース及びヘミセルロース分は主にタールを与え，リグニン分がチャー（固体炭素）を与える。チャーは酸素には十分な反応性を示すのに対して，水蒸気に対して反応性が低く，非常に高い反応温度を必要とする。チャーは触媒と接触した場合，反応により触媒表面から除去できない場合，活性サイトを物理的に覆ってしまい，活性を低下させてしまう。そのため，熱分解のためのベッドを触媒層と分離することで，チャーは触媒に接触させず，タール分のみを触媒層に導入し，触媒上でタール分の水蒸気改質が進行する。本研究で用いた反応器の概略図を図1に示す。

3.2.2 担持ニッケル触媒[2]

担体としてAl_2O_3，ZrO_2，TiO_2，CeO_2，MgOを用いて，硝酸ニッケルを前駆体として含浸法によりNiを担持した。Ni担持量は，12wt％とした。表1に触媒調製時の担体処理条件及び触媒の物性値を示す。BET表面積は，8-16m^2/g程度になっており，Ni金属粒子径も20-60nm程

---

* Keiichi Tomishige 東北大学 大学院工学研究科 応用化学専攻 教授／㈱科学技術振興機構

第4章 ガス化技術

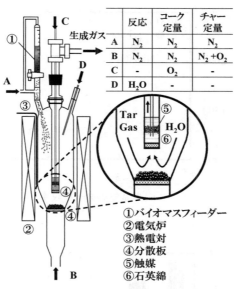

図1 反応器の概略図

表1 担持Ni触媒の物性値

触媒[a]	担体焼成温度・時間 /K, /h	BET表面積 /m²/g	水素吸着量 /10^{-6}mol gcat^{-1}	TPRからの還元度/%	分散度[b] /%	Ni金属粒子径/nm 水素吸着量[c]	Ni金属粒子径/nm XRD[d]
Ni/Al$_2$O$_3$	1423, 1	8	27	106	2.7	36	31
Ni/ZrO$_2$	1073, 3	10	30	96	3.0	31	29
Ni/TiO$_2$	1173, 3	16	28	97	2.8	34	21
Ni/CeO$_2$	1073, 3	12	17	106	1.7	56	58
Ni/MgO	—[e]	12	3	20	0.3	381	n.d.

a) Ni担持量：2.0×10^{-3}mol gcat^{-1}
b) 2×(水素吸着量)/(Ni担持量)/(還元度)×100
c) (97.1nm)/(分散度%)
d) 半値幅からシェラーの式で算出
e) 未焼成で使用

度であることが読み取れる。これらの触媒を773 Kで水素還元前処理を行い，杉の熱分解タールの水蒸気改質反応に用いた。反応試験結果を図2に示す。図2(a)は，タール収率を横軸にとり，可燃性ガス生成速度（CO＋H$_2$＋4CH$_4$）の関係を示し，図2(b)は，触媒表面上に析出したコーク析出量を示している。ここで，メタンの副生はCO＋3H$_2$→CH$_4$＋H$_2$Oに起因するため，ファクターを4としている。可燃性ガス生成速度は残留するタールや副生するコークが減少するほど増加し，それは様々な触媒で良い相関を与え，Ni/Al$_2$O$_3$触媒では高活性で可燃性ガス生成速度が速いが，一方でコーク析出量が多いことが分かる。また，Ni/CeO$_2$はそれほど高活性ではないが，コーク析出に高い耐性を持つという結果が得られた。

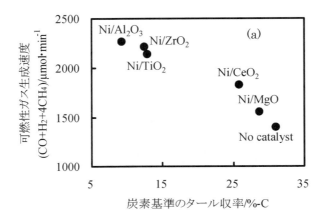

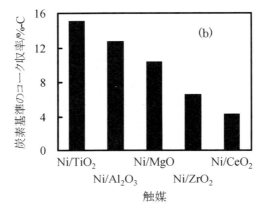

図2　担持Ni触媒を用いた杉の熱分解タールの水蒸気改質試験結果
反応条件：バイオマス供給速度；60mg/min（H_2O 9.2％, C 2320μmol/min；H3220μmol/min；O 1430μmol/min）；N_2流速100ml/min；(added H_2O)/C＝0.50（水蒸気流速1110μmol/min），反応時間；15min，H_2還元773K，30min，触媒重量；1.0g，Ni担持量12wt％，反応温度823K。
(a)タール収率＋コーク収率vs可燃性ガス生成速度（CO＋H_2＋4CH_4）
(b)コーク析出量

3.2.3　CeO_2添加Ni/Al_2O_3触媒[3〜7]

前項の結果を受けて，Ni/Al_2O_3触媒のコーク析出耐性の向上を目指してCeO_2添加を検討した。添加方法として，CeO_2を導入した後にNiを導入する逐次含浸法と，NiとCeO_2を担体上へ同時に導入する共含浸法とを比較した結果，共含浸法の方を採用した。CeO_2の添加量依存を検討した結果，低添加量領域ではCeO_2の添加量が増加するにつれて，残留タール量やコーク析出量が減少し，性能向上が観測された。一方で添加量がある領域を超えると負の添加効果を持つことも分かり，CeO_2の添加量に最適値があることが分かる。図3に最適量のCeO_2を添加したNi＋

第4章　ガス化技術

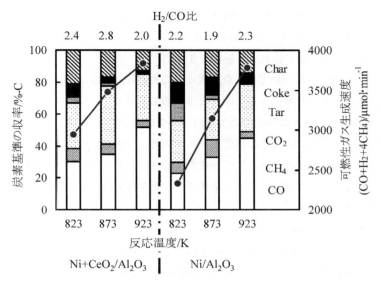

図3　Ni＋CeO₂/Al₂O₃（4wt％ Ni，30wt％ CeO₂）及び4 wt％ Ni/Al₂O₃触媒を用いた杉の熱分解タールの水蒸気改質試験結果：反応温度依存性
反応条件：バイオマス供給速度；60mg/min（H₂O 9.2％，C 2320μmol/min；H 3220μmol/min；O 1430μmol/min）；N₂ 流速60ml/min；（added H₂O）/C＝0.50（水蒸気流速1110μmol/min），反応時間；15min，H₂還元773K，30min，触媒重量；1.0g，Ni担持量4wt％。

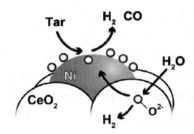

図4　Ni＋CeO₂/Al₂O₃触媒におけるCeO₂の添加効果

CeO₂/Al₂O₃とNi/Al₂O₃の活性の温度依存性を示す。Ni＋CeO₂/Al₂O₃触媒は，より低温で高い活性を示し，高性能なNi＋CeO₂/Al₂O₃触媒ではEXAFS，XRD，TEM等による構造解析をあわせて考えると，小さなNi金属微粒子（粒子径～7nm）とCeO₂微粒子（粒子径～8 nm）からなるナノコンポジットが形成されていることが示唆されている。また，水素吸着量を用いた表面ニッケル原子数の測定から，Ni＋CeO₂/Al₂O₃上のニッケル原子数はNi/Al₂O₃触媒のものと比較して，半分程度であることがわかり，ナノコンポジット形成が水蒸気改質反応のターンオーバー頻度を顕著に向上させていることが分かる。CeO₂が高い酸素吸蔵・放出能（2CeO₂ ↔ Ce₂O₃＋1/2O₂）を持つことを踏まえると，図4に示すようにCeO₂添加効果は説明される。Ni金属表面で分解されたタールは，反応中間体として表面炭素種を与え，Ni金属—CeO₂酸化物界

面においては，CeO_2の酸化物イオンがNi表面上の炭化水素種へと供給されてCOへと変換される。ここで消費した酸化物イオンがH_2Oから供給される。このような助触媒効果がナノコンポジット構造の形成により顕著に表れたと解釈できる。

Ni＋CeO_2/Al_2O_3系触媒については，貴金属成分で表面修飾することで高性能化・高機能化を図るという研究も行われ，比較的少量で顕著な添加効果が出ること，改質活性の向上，還元性の向上，炭素析出抑制など様々な側面で添加・修飾が有効であることが分かっている。特にRu，Rh，Pdと比較してPtを用いた場合に残留タールが顕著に減少し，触媒のキャラクタリゼーションから，添加されたPtはNiとの合金化が観測されている。また，前処理水素還元をせずに試験を行ってもタールと水蒸気のみが存在する条件下で触媒が自動的に還元され，高い活性を示す触媒であることも示されている。

3.2.4　Fe添加Ni/Al_2O_3触媒[8]

上で述べたようにNi金属表面上でタールの分解により生成した表面炭化水素種に対して，近接するサイト（例えばCeO_2）から酸素原子を供給することで活性向上や炭素析出耐性が付与できることが示唆されてきた。Ni＋CeO_2/Al_2O_3触媒では，Ni金属粒子とCeO_2粒子がナノコンポジット構造を形成することで効率よく境界面が形成できることが特徴といえる。この考えを進めていくと，酸素原子を供給するサイトをさらにNiに近づけることができれば，性能向上が期待できる。そこで，Feのように金属状態で容易にNiと合金を形成し，Niと比較して酸素親和性が高い物質を利用することを検討した。

Ni-Fe触媒は，硝酸ニッケルと3価の硝酸鉄の混合水溶液を用いて共含浸法により調製した。反応装置としては，図1に示したものを用いている。図5にNi-Fe触媒におけるタール水蒸気改質反応へのFe添加量依存性を示す。CeO_2の場合と類似して，触媒性能はFeの添加量に対して極大をとり，最適値Fe/Ni＝0.5を持つことが見て取れる。重要なこととして，Ni-Fe/Al_2O_3（Fe/Ni＝0.5）触媒が，単独成分のNi/Al_2O_3触媒及びFe/Al_2O_3触媒と比較して極めて高い活性を示す点が上げられる。この結果はNiとFeのシナジー効果によると解釈される。

表2に触媒のキャラクタリゼーションの結果についてまとめたものを示す。触媒活性の重要な指針となる水素吸着量は，Feの添加量に対して単調に減少するため，活性向上は表面Ni原子数の向上ではないことが分かる。図6に還元後のXRDパターンを示す。NiとFeが相互作用して形成したNi-Fe合金の形成が観測される。一方で，TEM観測及びエネルギー分散型X線分析の結果から，Ni-Fe/Al_2O_3（Fe/Ni＝0.5）触媒では，平均粒子径として22±2nmの粒子が観測され，それらの粒子の中の組成として，Fe/（Ni＋Fe）は，0.06から0.72という非常に広い分布を持っていることが分かった（仕込の組成は，Fe/（Ni＋Fe）＝0.33）。さらに，22±2nmの金属微粒子は，分散度で4％程度に相当するが，これは表2に中のFe/Ni＝0.5の分散度0.7％と比較して大きく，水素分子の吸着が阻害されていることが分かる。貴金属－Fe合金触媒でも，Feとの合金化による水素吸着の抑制が報告されており，これらと類似した挙動をとっていることが分かる。次に表3にNi-Fe/Al_2O_3（Fe/Ni＝0.5）触媒のNi及びFe K-edgeのEXAFSスペクトル

第4章 ガス化技術

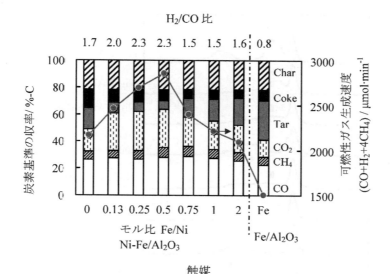

図5 Ni-Fe/Al$_2$O$_3$触媒を用いた杉の熱分解タールの水蒸気改質試験結果
反応条件：バイオマス供給速度；60mg/min（H$_2$O 7.22％，C 2358μmol/min；H 3351μmol/min；O 1454μmol/min），N$_2$ 流速；60ml/min，(added H$_2$O)/C＝0.47（水蒸気流速 1110 μmol/min），反応時間；15min，H$_2$還元773K，30min，触媒重量；0.75g，Ni担持量 12wt％，反応温度 823K。

表2 Ni-Fe/Al$_2$O$_3$触媒の物性値

触媒	Fe/Ni	含有量 /mmol·g^{-1}－cat		TPRでの水素消費量[a] /mmol·g^{-1}-cat	Niベースの還元度[b] /％	還元Fe量 /mmol·g^{-1}－cat[c]	水素吸着量 /10^{-6}mol·g^{-1}－cat	分散度[d] /％
		Ni	Fe					
Ni/Al$_2$O$_3$	0	2.0	0	1.9	94	0	44	4.3
Ni-Fe/Al$_2$O$_3$	0.13	2.0	0.27	2.3	113	0.17	23	2.1
	0.25	2.0	0.51	2.8	139	0.50	21	1.7
	0.50	2.0	1.0	3.7	170	1.1	11	0.7
	0.75	2.0	1.5	3.8	180	1.2	9.3	0.6
	1	2.0	2.0	4.2	206	1.4	8.8	0.5
	2	2.0	4.1	4.3	225	1.5	7.5	0.4
Fe/Al$_2$O$_3$	―	―	1.0	0.5	―	―	―	―

[a] 773K以下の水素消費量
[b] H$_2$消費量/Ni，Ni還元の量論 Ni^{2+}＋H$_2$→Ni^0＋2H$^+$
[c] Fe還元の量論 2Fe^{3+}＋3H$_2$→2Fe＋6H$^+$
[d] H/(Ni^0＋還元Fe量)

のカーブフィッティングの結果を示す。還元状態の触媒と比較して100℃で触媒をマイルドに酸化した場合，Ni K-edgeにおけるNi-Ni or Feの配位数は，11.5から11.2へと若干減少するのに対して，Fe K-edge におけるFe-Ni or Feの配位数は，9.8から7.7へ顕著に減少する。これ

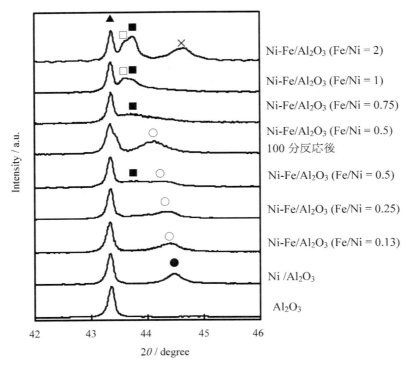

図6 Ni-Fe/Al$_2$O$_3$ 及び Ni/Al$_2$O$_3$ 触媒の XRD パターン
還元状態：773 K 水素還元，反応後：100 分反応後
●＝Ni，○＝Ni-rich Fe-Ni fcc alloy，▲＝Al$_2$O$_3$，■＝NiFe (tetragonal)，
□＝Fe-rich Fe-Ni fcc alloy，×＝Fe-rich Fe-Ni bcc alloy or α-Fe

表3 Ni-Fe/Al$_2$O$_3$ 触媒の EXAFS 解析結果

吸収端	処理	結合	配位数	結合距離/ 10^{-1}nm
Ni K-edge	還元	Ni-Ni(or-Fe)	11.5	2.45
	酸化(378K)	Ni-Ni(or-Fe)	11.2	2.45
Fe K-edge	還元	Fe-Ni(or-Fe)	9.8	2.50
	酸化(378K)	Fe-O	1.1	1.99
		Fe-Ni(or-Fe)	7.7	2.50

は，Fe の方が酸化を受けやすい構造になることを示しており，Ni-O の寄与は観測されないのに対して，Fe-O の寄与が観測される結果もこれを支持している．さらに，還元後の触媒におけるNi-Ni or Fe の 11.5 という配位数に対して，Fe-Ni or Fe の配位数が，9.8 という点も併せて考えると，Ni-Fe 合金の中で Ni 原子と比較して Fe 原子の方が金属微粒子表面に偏在していることが示唆される．

構造解析の結果得られたモデル構造及び反応機構のイメージを図7に示す．Ni-Fe 合金表面上では，Fe は Ni と原子レベルで近接しているため，Ni 上の表面炭化水素へより迅速に酸素原子を

第4章　ガス化技術

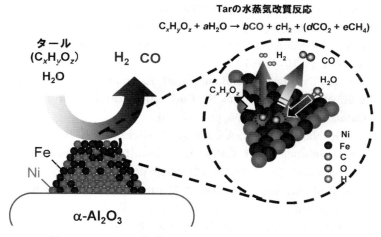

図7　Ni-Fe/Al$_2$O$_3$触媒のモデル構造と水蒸気改質反応機構

供給でき，これにより活性と炭素析出耐性が向上していると考察している。炭素析出耐性の向上は，長寿命化と関連し，触媒開発において重要な特性である。

3.3　まとめ

バイオマス，特に木質バイオマスを原料として水素や合成ガスを製造する方法として，低温熱分解により生成したタールを，高性能触媒により低温で水蒸気改質する方法は，ガス化プロセスにおいて極めて高温になる部分を全く持たないため，効率の向上が期待できる。外部熱供給式の水蒸気改質装置については，より低温で反応できることは反応器の部材や熱供給速度の上でも有利であると考えられると同時に，高活性触媒は反応装置の小型化を可能にする。触媒を用いる場合には，コストを抑えるために長寿命や再利用可能であることが求められる。高性能化，多機能化のための助触媒に関する研究は，触媒の開発において極めて重要な課題である。

文　　　献

1) C. Xu, J. Donald, E. Byambajav, Y. Ohtsuka, "Recent advances in catalysts for hot-gas removal of tar and NH$_3$ from biomass gasification", *Fuel*, **89**, 2010, pp.1784-1795.
2) T. Miyazawa, T. Kimura, J. Nishikawa, S. Kado, K. Kunimori, K. Tomishige, "Catalytic performance of supported Ni catalysts in partial oxidation and steam reforming of tar derived from the pyrolysis of wood biomass", *Catal. Today*, **115**, 2006, pp.254-262.
3) T. Kimura, T. Miyazawa, J. Nishikawa, T. Miyao, S. Naito, K. Okumura, K. Kunimori, K. Tomishige, "Development of Ni catalysts for tar removal by steam gasification of

biomass", *Appl. Catal. B: Envrion.*, **68**, 2006, pp.160-170.
4) K. Tomishige, T. Kimura, T. Miyazawa, J. Nishikawa, K. Kunimori, "Promoting effect of the interaction between Ni and CeO$_2$ on steam gasification of biomass", *Catal. Commun.*, **8**, 2007, pp.1074-1079.
5) J. Nishikawa, T. Miyazawa, K. Nakamura, M. Asadullah, K. Kunimori, K. Tomishige, "Promoting effect of Pt addition to Ni/CeO$_2$/Al$_2$O$_3$ catalyst for steam gasification of biomass", *Catal. Commun.*, **9**, 2008, pp.195-201.
6) J. Nishikawa, K. Nakamura, M. Asadullah, T. Miyazawa, K. Kunimori, K. Tomishige, "Catalytic performance of Ni/CeO$_2$/Al$_2$O$_3$ modified with noble metals in steam gasification of biomass", *Catal. Today*, **131**, 2008, pp.146-155.
7) K. Nakamura, T. Miyazawa, T. Sakurai, T. Miyao, S. Naito, N. Begum, K. Kunimori, K. Tomishige, "Promoting effect of MgO addition to Pt/Ni/CeO$_2$/Al$_2$O$_3$ in the steam gasification of biomass", *Appl. Catal. B: Environ.*, **86**, 2009, pp.36-44.
8) L. Wang, D. Li, M. Koike, S. Koso, Y. Nakagawa, Y. Xu, K. Tomishige, "Catalytic performance and characterization of Ni-Fe catalysts for the steam reforming of tar from biomass pyrolysis to synthesis gas", Appl. Catal. A: Gen., **392**, 2011, pp.248-255.

4 バイオマスの熱分解ガス化技術と導入の実際

笹内謙一*

4.1 はじめに

　最近の10年間，わが国ではバイオマスの熱分解ガス化技術が大きく進展した。それまではヨーロッパを中心に研究開発・実証が進められていたが，NEDOなどの支援の下，実証設備や実機がつぎつぎに導入され，運転が行われた。その結果，色々な課題が浮かび上がり，その解決に向けて努力がなされている。研究開発の初期段階ではさまざまな技術が乱立するが，開発・実証が進むにつれて淘汰され，いくつかの技術に集約していく。その分かれ目になるのは研究開発・実証で明らかになった課題を解決できるか否かである。したがってそれらを解決できずに，研究開発を中止あるいは休止した技術もいくつか存在するが，課題を乗り越え実用化に至ったものもある。

　本稿では現在日本で稼働している多種多様な熱分解ガス化技術を紹介し，その課題，とりまく環境，将来性について述べたい。

4.2 バイオマス発電の特徴

　再生可能エネルギーには，バイオマスの他，風力，水力，太陽光，地熱などがあり，これらは主に発電利用されている。対してバイオマスは，発電のみならず，液体燃料，固体燃料，化学製品などにも展開が可能で，石油代替として多種多様な分野での可能性がある。発電という観点から他の再生可能エネルギーを見てみると，例えば太陽光発電は天候に左右される結果，稼働率でみるとこの12％程度しか能力を発揮しない。また風力は事前の風況調査で条件をクリアーしたものでも計画通り稼働していないケースが多く，稼働率はその能力の18～22％程度である。日本の風力発電は計画時の見込みが甘く，その6割が当初計画の発電量すら達成できていないと言われている。

　一方バイオマス発電における稼働率のポイントは，原料を計画通り集められるかどうかにかかっている。原料さえ集めることができれば自然条件に左右されることはなく，メンテナンス時を除けば稼働率は80～90％が維持できる。したがって稼働率を加味すれば，バイオマス発電200kwの能力は太陽光の2,000kwのパネル導入に匹敵することになるが，原料が計画通り集まらなければそうはいかない。1年365日，バイオマス原料を安定してプラントまで持ってくることができるかどうかが導入の最大のポイントである。

　実際の導入状況を見てみると表1に示すように平成20年度までの10年間に29の導入事例があった。このうち平成13年度から始まったNEDOによるバイオマス等未活用エネルギー実証試験事業が半数を占めており，官民あげて本分野での技術開発が推進されたことがわかる。その後，NEDOの地域システム化実験事業や，農水省，林野庁，経産省，環境省の事業で実機の導入が

---

　*　Kenichi Sasauchi　中外炉工業㈱　開発センター　バイオマスグループ長

バイオマスリファイナリー触媒技術の新展開

表1 国内の主な木質バイオマス・ガス化発電プロジェクト

No.	場所	メーカー	位置付け	事業主体	運転開始	発電出力 kW	使用バイオマス量 (T/日)	炉形式	発電方法	技術導入先等	補助金等
1	岩手県 葛巻町	月島機械	NEDO・FT	月島機械	05年度	130	3	ダウンドラフト	ガスエンジン (MAN)	EXUS/アイルランド	NEDO
2	岩手県 衣川村	日立造船	実機	衣川村	04年度	25	0.3	2段階ガス化ダウンドラフト	ガスエンジン (SDMO)	TKエナジー/デンマーク	環境省
3	岩手県 衣川村	ヤンマー	実機	奥州市	10年度	25	0.3	ダウンドラフト	BDF混焼ガスエンジン	自社	環境省
4	山形県 立川町	西島製作所 (松井鉄工)	NEDO・FT	西島CSセンター/立川CSセンター	04年度	50	0.8	アップドラフト	BDF混焼ガスエンジン (MHI)	三重大学	NEDO
5	山形県 村山市	JFEエンジ	実機	やまがたグリーンパワー	06年度	2000	60	アップドラフト	ガスエンジン (イェンバッハ)	フェルント/デンマーク	経産省新エネ事業者支援
6	秋田県 仙北市	月島機械	実機	仙北市	10年度	300	12.5	アップドラフト	ガスエンジン (MAN)	EXUS/アイルランド	林野庁・総務省
7	福島県 いわき市	ダイヤモンドエンジニアリング	実機	トラスト企画	06年度	120	2.4	外熱式キルン	BDF混焼ディーゼルエンジン (省電)		環境省まほろば事業
8	埼玉県 秩父市	月島機械	実機	秩父市	06年度	150	2.2	ダウンドラフト	ガスエンジン (MAN)	EXUS/アイルランド	林野庁
9	千葉県 柚ヶ浦市	任鮫製作所	文科省FT	任鮫製作所	04年度	80	?	内部循環流動床	ガスエンジン (自社製)	自社	文科省
10	千葉県 市原市	三井造船	NEDO・産業技術実用化開発	三井造船	06年度	352	3.6	移動床ダウンドラフト	軽油混焼ダウンドラフト	自社	NEDO
11	石川県 金沢市	明電舎	NEDO・FT	明電舎	05年度	36	0.1	アップドラフト	ロータリーレシプロ (マツダ)	自社	NEDO
12	石川県 宝達志水	JFEエンジ	実機	石川グリーンパワー	07年度	2200	60	2段階ガス化ダウンドラフト	ガスエンジン (新潟原動機)	フェルント/デンマーク	経産省新エネ事業者支援
13	岐阜県 高山市	中外炉工業	農水省FT	農工研	09年度	50	1	ダウンドラフト	ガスエンジン (シュミット)	CCE/南アフリカ	農水省
14	滋賀県 長浜市	川崎重工	NEDO・FT	輸永ハウス	05年度	175	5	ダウンドラフト	ガスエンジン (シュミット)	自社	NEDO
15	大阪府 大阪市	川崎重工	経産省	越井木材	08年度	175	5	ダウンドラフト	ガスエンジン (シュミット)	自社	—
16	大阪府 堺市	中外炉工業	NEDO・転換要素技術開発	中外炉工業	07年度	50	0.5	ダウンドラフト	ガスエンジン (日産)	自社	NEDO
17	兵庫県 尖楽市	関西産業	NEDO・FT	関西産業 (旧一咨町)	03年度	30	0.4	アップドラフト	ガスエンジン (日産)	自社	NEDO
18	兵庫県 明石市	川崎重工	NEDO・国際環境技術提案	川崎重工	04年度	70	2.4	ダウンドラフト	ガスエンジン (シュミット)	CCE/南アフリカ	NEDO
19	兵庫県 明石市	川崎重工	NEDO・高効率転換技術開発	川崎重工	04年度	80	5	加圧循環流動層	自社製ガスタービン	自社	NEDO
20	奈良県 五條市	日本工営・ヤンマー	NEDO・FT	トリミ集成材	05年度	300	4.7	噴流床	BDF混焼ガスエンジン (ヤンマー)	自社	NEDO
21	徳島県 阿南市	宇部テクノ	NEDO・FT	八木建設	05年度	30	1	循環流動層	ガスエンジン (MAN)	DM2/ドイツ	NEDO
22	高知県 仁淀川町	カワサキプラント	NEDOシステム化実機	仁淀川町	06年度	150	10	加圧循環流動層	自社製ガスタービン	DM2/ドイツ	NEDO
23	島根県 平田市	宇部テクノ	実機	ライト工業	06年度	48	1.4	ダウンドラフト	ガスエンジン (MAN)	キシロワット/バイド	環境省まほろば事業&平田市
24	広島県 西条市	サタケ	自社試験装置	サタケ	04年度	30	0.8	ダウンドラフト	軽油混焼ディーゼルエンジン (デンヨー)	自社	—
25	山口県 山口市	中外炉工業	NEDO・FT	中外炉工業	03年度	180	5	外熱式キルン	ガスエンジン (MAN)	自社	NEDO
26	山口県 岩国市	中外炉工業	NEDOシステム化実機	岩国市	06年度	180	8.6	外熱式キルン	ガスエンジン (MAN)	自社	NEDO
27	山口県 下関市	宇部テクノ	デモ機輸入	宇部テクノ・西海産業	05年度	15	0.16	ダウンドラフト	ガスエンジン (フォード)	AHT/ドイツ	NEDO
28	長崎県 諫早市	長崎総科大/リューセン	農林3号	農水省ほか	04年度	50	0.4	噴流床	ガスエンジン (キャタピラ)	長崎総科大	農水省
29	熊本県 阿蘇市	中外炉工業	NEDOシステム化実機	阿蘇市	06年度	180	8.6	外熱式キルン	ガスエンジン (MAN)	自社	NEDO

注記 報道、論文資料など公開データーより調査 順序は北からの都道府県順 使用バイオマス日量が不明の案件は、最大量を1日8時間稼働で換算 発電装置付帯の設備であり、ガス化のみの設備は除く

第4章 ガス化技術

表2

実施者	補助金メニュー	ガス化方式及びメーカー	事業内容
BFTD（秋田県）	農水省, 2/3 地域資源利用型産業創出緊急対策事業	2段階ガス化CGS法 東産商	原料：木材チップ 24t/d 軽油代替燃料製造及び発電
長崎中央環境	農水省, 2/3 地域資源利用型産業創出緊急対策事業	噴流床ガス化炉, 農林バイオマス3号	原料：建築廃材 発電：250kW
群馬県太田市	農水省, 2/3 地域資源利用型産業創出緊急対策事業	噴流床ガス化炉, 農林バイオマス3号	原料：木材チップ 軽油代替燃料製造
京都府宮津市	農水省, 2/3 地域資源利用型産業創出緊急対策事業	噴流床ガス化炉, 農林バイオマス3号	原料：竹, 1t/d メタノール製造及び30kW発電
新出光（大牟田市）	農水省, 2/3 地域資源利用型産業創出緊急対策事業	循環流動ガス化炉 ブルータワー 日本計画機構・日立造船	原料：木チップ, 15t/d 水素製造
古屋製材（山梨県）	農水省, 2/3 地域資源利用型産業創出緊急対策事業	固定床ダウンドラフト炉 ヤンマー	原料：間伐材チップ, 250kg/h 発電：290kW

図られ，最大で2500kWの商用機が登場するなど規模の拡大もみられる。

表2に示すように23年度以降では農水省の事業を中心に6基のガス化設備が完成，もしくは計画中である。その用途も発電のみならず，BTL技術を利用した液化などが試みられている。

4.3 バイオマスのガス化とは

バイオマスのガス化にはメタン発酵と熱分解があり，一般的にバイオガスというとメタン発酵ガスをさすことが多い。表3にメタン発酵と熱分解ガス化の違いを示す。エネルギー転換効率はメタン発酵が85％，熱分解が65〜85％であまり大差はない。異なるのは残さ率で，ガス化した後の残さの量に30倍もの差があり，メタン発酵の場合は発酵後の残さが多く残る。国土の狭い日本の場合はこの残さの捨て場所の確保が課題で，メタン発酵がなかなか広がらない理由の一つである。メタン発酵で得られるガスの発熱量は$1m^3$あたり25MJ程度あり，比較的高い発熱量のガスが得られるというメリットがある。比較的土地の広い北海道などでは残さは液肥として大地に帰しているが，メタン発酵に使用するバイオマスは糞尿などの動物性バイオマスが多く，土壌が窒素過剰になってしまうという問題が生じている。したがって液肥利用が困難な場合は，排水処理施設を設け処理する必要が生じる。

一方の熱分解ガス化は比較的乾いたバイオマスに向いていることから木質チップなどの乾燥系バイオマス原料に向いているが，熱分解は燃焼と同じような処理となるため残さは無機分である灰分のみとなり，またその灰分に含まれているリンやカリウムなど微量成分は肥料として利用することも可能である。このように違いはあるが，生ゴミなど水分の多いバイオマスにはメタン発

表3

	熱分解ガス化	メタン発酵ガス化
エネルギー転換効率	65％～85％	最大85％
残渣率	0.5％	15％
発生ガスの発熱量	約12.6MJ/m^3	約26.1MJ/m^3
その他設備への負荷	なし	投入量と同等以上の容量の水処理が必要 15,000ppm→30ppm
残渣の用途	植物が必要とする微量元素を含むため肥料として利用可	液肥として利用可 但し，窒素過剰の留意が必要

酵の方が適しており，どちらも一長一短といえる。

バイオマスのエネルギーへの変換方法としては，原料の性状で適正な技術を選ばなければならない。乾燥系（ドライバイオマス）と含水系（ウエットバイオマス）という分類でいくと熱分解ガス化はドライバイオマスが対象となる。ウエットバイオマスを熱分解ガス化するためには広い面積が必要な天日乾燥は難しいため，工業的に扱うためには水分を蒸発させるためのエネルギーが余分に必要となる。

4.4　直接燃焼発電とガス化発電

単純な燃焼利用はすでに昔から技術が確立されているが，今は固形燃料化することが一般的に行われており，燃料として扱いやすいようにバイオマスをペレット状に加工してペレットストーブやペレットボイラーで利用している。木質チップの比重は0.25程度しかないため，ペレット化で圧縮成型して比重を1.0近くにし，エネルギー密度，すなわち燃料を運ぶ際の輸送効率を上げようということである。また，既存技術である直接燃焼式の発電では，バイオマス発電専業の会社がこの数年で木質バイオマス専焼発電所を全国数カ所に相次いで立ち上げ稼働させている。それぞれ出力1万kW以上の規模で，循環流動層ボイラーを使った発電で商用運転を行っている。原料は建築廃材などの廃棄物で，処理費用をもらって廃棄物原料を受け入れ発電し，事業が成り立つというものである。ところが数年前の原油高騰時に木質バイオマスも燃料として有望だということで注目されてしまい，処理費用をもらうどころか原料の値段が上がって，当初の予定通りに進まなくなった。1万kWの発電を行うためには木質バイオマスが1時間当たり12ton，48m^3もの大量が必要で，事業の継続が困難となりいくつかの発電所は売却に出されたとも聞く。

直接燃焼式発電はいわゆる火力発電と同じ原理で，効率よくエネルギー化を行おうとするとある程度の大きな規模となり，燃料バイオマスも大量に必要となる。一方熱分解ガス化はガス化ガスをガスエンジンなどで使用することにより，小型でも大型の直接燃焼式発電と同じ程度の効率が得られるというのが最大のメリットである。バイオマスは大量の原料を安定して集めることが大変なため，小さな規模で高効率なものを分散して導入すれば，経済収支は大型のものと比べても遜色ないものになる。日本で動いているガス化プラントの発電効率は概ね20％程度である。設備導入にかかるコストについては，プラントの常識として大きくすればするほどコストメリッ

第4章　ガス化技術

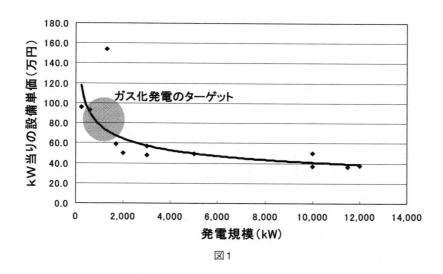

図1

トがでてくる。図1に示すように直接燃焼式発電所の1万kw規模では，1kwあたり40万円程度の設備コストであるが，プラントの規模を小さくするとその単価は上昇する。しかしながらガス化発電はまだまだ導入コストは高いというのが現状であり，我々が目標としているのは，直接燃焼式発電の2,000kwクラス以下と同じ単価とし，発電に必要なバイオマスは直接燃焼式の3分の1で済む，少ない原料で直接燃焼式発電と同程度の発電ができるということで，ガス化発電のメリットを生かそうとしている。

4.5　熱分解ガス化用バイオマス原料における留意点

熱分解ガス化原料の留意点をまとめると，①原料の水分が多くなると，重量あたりのエネルギーは少なくなる。仮に含水率70％だと，実際にエネルギー化できる部分は灰分がないとしても30％しかない。②原料サイズはガス化炉の種類によって投入可能なサイズや形状が異なる。とにかく木質バイオマスがあればエネルギー化できると思って導入したが，この原料の状態ではだめだというケースがある。導入前に予定している原料とプラントの相性をちゃんと確認しておくことが重要であり，その確認を怠ると原料の前処理に手間がかかり事業の採算性が悪化する。

③不純物の問題もある。バイオマスはピュアな原料だと考えがちであるが，決してそうではない。単価の安いものほど，石，砂，土などの異物やゴミまで混入してくる。例えば草を熱分解ガス化している阿蘇市では原料の草が火山灰を被っていて大量の硫黄が含まれている。この硫黄は腐食性分なのでプラントに悪影響を与える。硫黄，カリウム，塩素などの含有量を事前にしっかり調べてプラント側で対応する必要がある。④バイオマス原料のかさ比重も様々である。草などは0.04と空気のように軽く，圧縮してロールにしてやっと0.2程度であり，プラントまでの輸送を考えるとできるだけ密度を上げることや，乾燥などの前処理をどこでするかも考えないといけない。原料の受け入れシステムの構築が大切となる。

4.6 ガス化炉の種類とガス化発電の実際

表4に各種ガス化炉の特徴をまとめた。ガス化炉は種類が多いが，最も簡単なのが筒型の固定床ガス化炉である。さらに固定床には2種類あってアップドラフト型ガス化炉，ダウンドラフト型ガス化炉に大別される。この2つは見た目には似ているが，下から上にガスが流れるのがアップドラフト型，上から下に流れるのがダウンドラフト型と呼ぶ。ガス中のタール分は圧倒的にダウンドラフト型のほうが少なく，アップ型の100分の1くらいと言われている。日本では色々な方式のガス化炉が動いており，国産や海外技術のものなど様々であるが，海外技術のものは日本と原料の収集システムが異なるため，原料条件に制約があるものが多く原料の調達コストに影響を与えているものが多い。

実例を紹介する。山形県にあるアップドラフト型ガス化発電設備では，出力2,000kwと世界でも最大規模の商用のガス化発電設備である。デンマークの技術を導入している。アップドラフト型のためタールは多いが，湿式の除塵機で除き，油として回収するという非常にユニークな発想をしている。タールを除いたガスをガスエンジンに送って発電利用している。また秋田県ではダウンドラフト型が稼働している。こちらはアイルランドの技術を導入したもので原料は間伐材から作った切削チップを使用している。国産では高知県で稼働中の加圧循環流動層ガス化炉がある。循環流動層でガス化して，ガス中のタールは温度の高い時に一気にガスタービンの燃焼炉に送ってしまう。そうすればガスもタールも一緒に燃やせるわけでタールの問題は生じない。しかも系内を0.6MPaという高い圧で運転しているためプラントもコンパクトである。

表4

ガス化方式	直接式			間接式		
炉型	アップドラフト	ダウンドラフト	加圧循環流動層	噴流層	ロータリーキルン	循環流動層
原料	湿チップ定形	乾チップ定形	乾チップ定形	粉体（乾）	乾～湿チップ定形～不定形	乾チップ定形20mm以下
異物	大きなものは不可	大きなものは不可	絶対不可	絶対不可	50mmまでOK	大きなものは不可
ガス (kcal/m³N)	CO主体 1000～1200			H_2主体 2000～2500		
発電規模(kW)	30～2500	30～350	150～	50～250	50～1000	35～
設備構成	単純	単純	複雑	複雑	複雑	複雑
タール除去方式	湿式除じん機 触媒改質（西島）	炉内で改質＋スクラバー	無関係	炉内で水蒸気改質＋スクラバー	炉外で酸素改質＋スクラバー	炉内で水蒸気改質
廃棄物	チャーアッシュ・廃水（多）	チャーアッシュ・廃水（小）	灰	灰・廃水（多）	灰	灰 廃水？
メーカー	JFE 西島	川重 月島 ヤンマー サタケ	川重	バイオマスエナジー社 ※（ライセンス）	中外炉 ダイヤモンドエンジ 東芝	日本計画機構 ※（ライセンス） タクマ

第4章　ガス化技術

　同じく国産で農水省が中心となって開発した「噴流床式ガス化・農林バイオマス3号」というものもあるが本書の別項で詳しく紹介されているのでここでは割愛する。

　筆者らが開発したものは間接ガス化式キルン炉で、バイオマスを反応筒に入れて、外から熱してやる。外から加熱するため、出てきたバイオマスの半分がガスで残り半分がチャー（炭）に分かれ、その炭を燃焼することで、外から熱する熱源にしている。ガス中にはタール分があるため、後段のガス改質炉でタールを除去している。ロータリーキルンは、原料を試験管のような反応筒にいれるだけなので原料の受け入れ幅が広いという特徴がある。異物にも強い。実際、木チップからおが粉、ピンチップ、バーク、石や砂が混じった草まで様々な原料をガス化し発電している。

　以上をまとめると、ガス化には直接式と間接式があり、炉の形式にはアップドラフト、ダウンドラフト、噴流床、ロータリーキルンなどがある。各方式は一長一短で、原料との相性もあり一言でどれがよいとは言えない。

　またガス化して単純にガスを利用するという商用プラントもすでに稼働しており、製紙会社の工場で廃材をガス化、そのガスで既設のボイラーを稼働、またタールもボイラー燃料代替で使っている。発電用のガスエンジンがないのでコスト的にも安くでき、またメンテで大きな割合を占めているエンジンのメンテナンスコストも必要ない。

　熱分解ガス化というとガス中のタール分をどう処理するかという点がいつも問題として言われているが、これまで様々な技術開発が行われてきた結果、最近動いているプラントではタールはほとんど問題にならないレベルにまで解決されている。

4.7　導入の留意点

　熱分解ガス化発電導入の際にどんなことを考えなければならないのか。原料の性状については既に述べたようにプラントメーカー側と導入ユーザー側の期待がミスマッチを起こすという事例が多く発生している。

　原料のストックの量も大切である。土日にも原料をプラントに搬入できるかどうかでストック量を2日分持つ必要が生じるが、バイオマスはエネルギー密度が低く嵩張るので無視できないものとなる。

　また原料投入をどこまで自動化するかも留意する必要がある。夜間は人がつかないとなるとストックされた原料を無人で安全に安定的にガス化炉に投入するシステムが必要である。さらに出てきた灰は、畑や林地に戻すシステムがあればいいが、そのままでは産業廃棄物となり処理費用がかかる。

　廃水の問題もある。原料中の水分は熱分解ガス中で飽和凝縮するため廃水のまったく出ないガス化システムはほとんどない。ガス中には微量ではあるがタール分も入っているため、けっしてきれいな水ではない。当社のシステムでは、炭を燃焼している炉の上で水を蒸散して無排水化しているが、現状廃水処理を考えていないガス化システムがほとんどである。

発電した電力は電力会社の系統につながないと基本的に使えない。しかしながら系統につなぐとなると保安基準に則った電気機器を色々と追加しないといけない。電気の需要変動と発電設備の能力のマッチングもよく検討しておく必要がある。系統に売電，すなわち逆潮流するためには経産省のガイドラインに沿った様々な保安機器が更に必要となり導入コストに跳ね返る。電気主任技術者など有資格者の配置が必要な場合もある。

　またコジェネなので得られる熱のエネルギー分の利用先があるかないかで採算性は変わる。既設ボイラーなどの重油代替で使えれば，導入効果は上がる。

　プラントのメンテナンスも必要である。できるだけ稼働率を上げるためにはメンテナンスは必須であるが，メンテナンス費用を削減したいがためにこれを怠ってトラブルが生じ稼働率が下がってしまっては本末転倒となる。このように，ガス化プラント自体の中身もさることながら，周辺をきっちり考えないと導入してから問題が起きることになる。

4.8　まとめ

　熱分解ガス化発電は小規模に向いているが安価な原料を扱うあるいは安価に原料を入手できるシステムを構築する必要がある。使用する原料とプラントとのマッチングは事前に慎重に検討しておかなければならない。また廃水や灰の処理などプラントから発生する副産物は，木酢液や肥料として有償処理することが望ましい。

　バイオマス基本法は施行されたが，実行計画はこれからである。まだまだ未熟な環境下にあり，この技術が普及するかどうかは政策次第というところもあるが，技術的には実証を終えほぼ完成されたものとなっている。今後は熱分解ガス化の利点を生かしたビジネスモデルを作り成功事例を示していきたいと考えている。

第5章　発酵法によるガス化技術

1　*Megasphaera elsdenii* による簡便な水素発酵システムの可能性

大西章博*

1.1　はじめに

　水素は無尽蔵とはいえ地球上では何らかの化合物から生産される2次エネルギーである。このため，実用化に向けた水素生産技術が様々な分野で研究されている[1,2]。「水素発酵」は，有機物を基質として微生物が嫌気的にエネルギーを生産する過程で水素が発生する現象である[3]。他の水素生産技術と比べると，比較的穏やかな条件下で反応が進行することや，食品廃棄物などの複雑な廃棄物系バイオマスを原料として利用可能である点が特徴である。このため，安全性が高く簡便で小規模な水素生産システムを構築可能であり，分散型エネルギーシステムを形成する手段の一つとして期待されている。通常，水素発酵ではその主役を担う微生物として *Clostridium* 属の菌種が用いられているが，いくつかの問題点も指摘されており，これを補うことができる微生物の探索が重要な課題である[4]。

　本稿では，まず水素発酵の水素生産技術としての特徴を整理し，次に現在の運用技術における微生物学的な側面とその問題点について整理した。また，*Megasphaera elsdenii* を中心とした特徴的な水素発酵微生物群と，食品廃棄物の簡便な水素発酵システムモデルに関する研究についても紹介する[5]。

1.2　水素生産技術における水素発酵の位置づけ

　水素生産における主な原料と技術論の概略を図1に示した。水素を生産するための原料として利用される化合物は，石油，石炭，天然ガスなどの化石資源としての炭化水素，バイオマス資源と呼ばれる動植物やこれらに由来する有機化合物，そして水である。原料や技術論およびその組合せによって特徴が異なり，それぞれの長所を活かし短所を補うための技術開発が現在の課題である。

　石油・石炭・天然ガスなどの炭化水素を原料とする場合，水蒸気改質や部分酸化で効率的に水素を抽出できるが，最終的な資源枯渇の懸念を拭うことは出来ない。水は豊富な資源であり，水を原料とする場合は主に電気分解で水素を得ることができる。風力および太陽光発電は再生可能エネルギーとして注目されており，発生した電力（電気エネルギー）を水素（化学エネルギー）に変換することでエネルギーの貯蔵と輸送面に利点が生まれる。しかしながら，風力や太陽光で安定した電力を確保するには気象や立地条件に大きな制約がある。原子力発電では水の電気分解

---

*　Akihiro Ohnishi　東京農業大学　応用生物科学部　醸造科学科　助教

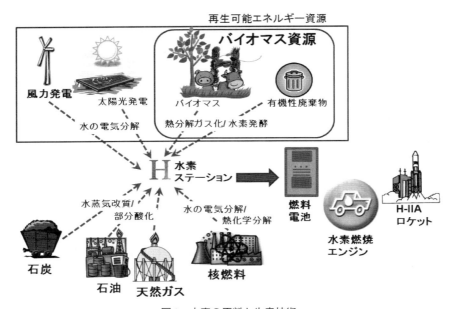

図1 水素の原料と生産技術

だけでなく高温ガス炉で発生する熱を使った熱化学分解も有望視されている。電力と熱の安定供給面で利点はあるものの，安全性や大量に発生する放射性廃棄物にも未だ大きな問題が残っている。生物由来のバイオマス資源を原料とした熱分解ガス化や水素発酵は，これらの問題点を補う特徴を持つ技術論といえる[6]。

バイオマス資源は多くの地域で様々に形を変えて存在し，収集・貯蔵・輸送が容易である。バイオマス資源のエネルギー利用は「バイオマス・ニッポン総合戦略」の大きな目標の一つであり，循環型社会形成，戦略的産業の育成，農山漁村の活性化に寄与する重要な道筋といえる。また，2010年に閣議決定された「バイオマス活用推進基本計画」では，炭素量換算で約2,600万トンのバイオマスを活用する等，具体的目標値を基にした枠組み作りが進められており，将来に向けて大きな展開が期待される。

一般的に，バイオマス資源は廃棄物系（生ごみや下水汚泥，畜産廃棄物など）と栽培物系（トウモロコシ，木材など）に大別されるが，水素生産の技術的な側面を考慮すると含水率に基づいて区別する必要がある。含水率が高いバイオマス資源（生ごみやトウモロコシ，畜産廃棄物などは50〜80％程度）から熱分解ガス化で水素を得る場合，投入エネルギーが得られる水素の価値を上回る懸念があり，逆に含水率が低いバイオマス資源（乾燥木材などは10％程度）を水素発酵に用いるためには加水や糖化などの前処理が必要である。このため，通常は含水率の低いバイオマス資源を熱分解ガス化，含水率の高いものを水素発酵により処理することが望ましい。特に，水素発酵は食品廃棄物のように成分の複雑な廃棄物系バイオマスも発酵基質として利用できることから，原料コストのメリットを最大に活かすことができる。また，600℃を超える高温状態の

第5章 発酵法によるガス化技術

維持が必要な熱分解ガス化に比べて穏やかな条件（30〜60℃）で反応が進行するため[7]，小規模な施設でも実現可能である。このように，水素発酵はエネルギーの地産地消を目指した分散型エネルギーシステムを構築し，循環型社会の形成に寄与する技術といえる。

1.3 水素発酵の運用技術と問題点

水素発酵の理論については本誌に概説があり改めて述べる必要はないため，ここでは水素発酵を微生物学的観点から維持管理するための運用技術およびその問題点について整理する。これまでに様々な微生物から水素発酵能が見いだされているが，水素発酵の実用化に向けた研究ではその多くが嫌気性細菌の*Clostridium*属菌種を主なHPB（Hydrogen Producing Bacteria：水素生産微生物）とした複数の微生物で構成される水素発酵微生物群を用いており，他の微生物をHPBとして用いた研究は非常に稀である[8]。この理由として*Clostridium*属菌種の中温領域（30〜40℃）における高い水素生産能力だけに注意が集まっているように感じられるが，より重要な点として，現在の運用技術に適した特徴を有することを再度認識する必要がある。水素生産能力の指標には，主に水素生産速度や水素生産量および水素収率などが用いられている[9,10]。水素収率は投入もしくは消費された単位発酵基質あたりの水素生産量として算出され，微生物間の水素生産能力の比較に適している。人工的に合成した培地を発酵基質として用いる場合は糖類などの炭素源，廃棄物系バイオマスのような複雑な発酵基質の場合はVS（Volatile Solids：強熱減量）やCOD（Chemical Oxygen Demand：化学的酸素要求量）などが基準として用いられる。人工合成培地の場合，*Clostridium*属菌種の純粋培養系では2.4〜2.7mol H_2/mol hexose程の水素収率が得られる。水素発酵の理論収率としては1molのグルコースから最大4molの水素が得られることから，理論収率の60％程の生産能力を有することになる[5]。この値は系統の異なるHPBである*Enterobacter cloaceae*の値（2.2〜2.3 mol H_2/mol hexose）と比べて著しく大きいとは言えないが，*Clostridium*属菌種は，温度や薬剤など様々な環境ストレスに耐性を有する'芽胞（spore）'を形成し[11]，この能力が現在の水素発酵の運用技術に非常に適しているのである。

水素発酵には雑菌が混入することによる基質競合（主にグルコースなどの糖類の奪い合い）や水素消費，および酸素の混入による水素生産阻害が大きく影響するため，高い水素収率を得るためにはこれらを避ける必要がある。特に食品系廃棄物をはじめ環境試料中に多数含まれるLAB（Lactic Acid Bacteria：乳酸菌）は，基質競合と乳酸生産，さらには抗菌物質の生産により*Clostridium*属菌種の水素生産を妨げることが知られている[4]。廃棄物系バイオマスを利用する限りこのような要因を未然に防ぐ術は無く，システムの運用レベルで管理せざるを得ない。この点において*Clostridium*属菌種の芽胞は耐熱性が高い（80℃以上）ことから，発酵基質としての廃棄物系バイオマスおよび植種微生物（種菌）を熱処理（90〜110℃で30分程度）する，もしくは発酵プロセスの高温運転（60℃以上）のようなシステムの運用技術が非常に効果的である。LABや水素資化性菌などの雑菌は一般的に耐熱性が低いため[11]，熱処理や高温運転は雑菌を淘

汰してClostridium属菌種を集積するとともに，発酵初期の溶存酸素濃度を低下させることで水素発酵に適した嫌気的環境を形成する効果も期待できる。このようなことから，現在のClostridium属菌種を中心とした水素生産システムを安定的に維持管理する非常に優れた運用技術として熱処理は汎用されているのである。熱処理以外にも発酵基質の酸やアルカリ処理なども有効であるが[12]，いずれもClostridium属が持つ芽胞の高い耐性に基づいた技術であり，これらを単独もしくは複数組み合わせることで高い水素収率を達成できることが報告されている。Kimら[13]は雑菌の淘汰と発酵基質の加水分解を目的とし，植種微生物の熱処理（90℃）と生ごみ溶解液のアルカリ処理（KOHでpH 12.5に調整して嫌気的条件下で24時間撹拌処理）を組み合わせることで，最大80.9 ml H_2/g VS（VS 1gあたりの水素生産量）の水素収率を達成している。しかしながら，これらの運用技術は水素発酵の効率を向上させて安定性を付与する一方で，水素発酵の持つ利点を十分に発揮できない一つの要因にもなっている。すなわち，高い効率と安定性の維持のために新たな付帯設備や処理工程そしてエネルギー投入が必要であり，簡便かつ小規模施設で実現可能という本来の水素発酵の利点が損なわれる懸念がある。著者らはこのような観点から技術開発の焦点を水素発酵プロセスの簡便化に絞り，植種微生物や基質の前処理などを必要としない水素発酵微生物群の探索と実験室規模のシステムモデルによる評価を行うとともに，微生物学的なメカニズムを解析することで実用的な水素発酵システムの構築に寄与する技術論の可能性について検討した。以降にその概要について紹介する。

1.4　廃棄物系バイオマスの簡便な水素発酵システムモデル[5]
1.4.1　前処理を必要としない水素発酵微生物群の探索

　実験用の発酵基質にはレストランおよび学校給食センターから排出された生ごみを用いた。生ごみは破砕して水道水で固形物濃度を調整し，125ml容バイアルに充填して密封した。生ごみ溶解物の組成を表1に示した。これに土壌，堆肥，生ごみ，河川水など様々な環境試料から植種微生物を回収して個別に接種し，37℃で培養後のバイオガス（H_2とCO_2）発生量および水素濃度を評価した。この際，植種微生物の熱処理などの前処理は行わなかった。その結果，花卉園芸農家で作成されたバーク堆肥から，水素を含むバイオガスを生産する微生物群を見いだした。この微生物群を用いて実験室規模で回分実験を行った結果，48時間ごとに発酵基質を入れ換えることによって，生ごみ溶解物から最大約1800ml/lのバイオガス（水素濃度22.5％）を生産可能であった（図2）。このように，前処理を施さずに食品廃棄物から水素生産可能な微生物群を獲得した。

1.4.2　簡便な水素発酵システムモデルの構築

　1300ml（有効容積1000ml）の培養装置で簡便な水素発酵システムモデルを作成し，獲得した水素発酵微生物群を用いてその水素生産能力を評価した。水素発酵システムモデルの概要を図3に示した。発酵槽は回分式連続反応槽（Sequencing Batch Reactor）としてpH6.0，温度37℃，撹拌速度90rpmで管理した。pHは，NaOHの添加で自動的に制御した。発酵温度はヒーターと

第5章　発酵法によるガス化技術

表1　生ごみ溶解液の組成

測定項目	単位	値
蒸発残留物（TS）	%	8.0
強熱減量（VS）	%	7.1
炭水化物	TS%*	49.6
グルコース	TS%*	14.8
タンパク質	TS%*	21.1
pH		5.01
有機酸量	mmol/l	
酢酸		4.3
酪酸		3.0
乳酸		15.8
プロピオン酸		0.0
吉草酸		0.0

＊　TSを基準とした濃度

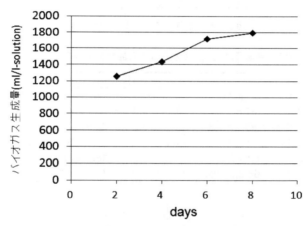

図2　HRT96時間におけるバイオガス生成量の変化

温度調節器を使用して制御した。発生したバイオガスはガスメーターで計測後，ガスバッグに回収した。本システムモデルの特徴は発酵基質や植種の前処理および嫌気性ガス（N_2やCO_2）置換などの処理を行わないところにある。また，システムの小型化と発酵プロセスにおける基質交換の手間を抑えるために，HRT（Hydraulic retention time：滞留時間）の制御は連続的な注入装置を用いず，発酵物の半量を一度に入れ換えることによって行った。生ごみなどの廃棄物系バイオマスが発生サイトから断続的に発生もしくは収集されることを想定すると，連続的に基質を投入することに比べて現実的な仕組みであると考えられる。

　HRT48時間の条件で発酵試験を行った結果，発酵を開始して約30日間はバイオガス中の水素濃度は約14％から42％，水素収率は13.9 ml H_2/g VSから31.1 ml H_2/g VSの範囲で大きく変化した。しかし，その後は安定した水素収率が得られたことから，本システムモデルに適した微

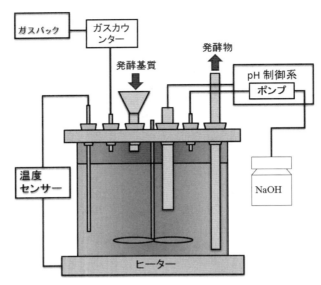

図3 水素発酵システムモデルの概要

表2 各滞留時間ごとの水素収率と発酵物中の有機酸組成

滞留時間	平均水素収率 (ml H_2/g VS)	有機酸濃度（mmol/l）				
		酪酸	酢酸	吉草酸	プロピオン酸	乳酸
HRT48	24.0 ± 1.6	87.8 ± 2.8	68.4 ± 4.9	39.1 ± 4.2	26.4 ± 4.0	4.2 ± 5.0
HRT24	18.9 ± 2.0	84.7 ± 2.3	81.3 ± 8.9	33.9 ± 4.7	24.0 ± 1.9	0.7 ± 1.6
HRT18	17.9 ± 1.9	85.2 ± 7.1	86.2 ± 11.1	16.8 ± 3.5	11.7 ± 2.5	2.2 ± 3.0
HRT16	15.8 ± 2.9	69.9 ± 11.3	92.3 ± 14.5	18.5 ± 3.7	18.3 ± 5.7	4.5 ± 5.5
HRT14	14.1 ± 4.2	66.2 ± 10.4	99.9 ± 13.4	17.5 ± 2.7	19.0 ± 7.1	7.3 ± 6.2

生物相が形成されたものと考えられた。安定的な水素生産が確認された期間の水素収率を表2に示した。次にHRTを48時間から段階的に14時間まで短縮してその影響を評価した。HRT24時間では半日，HRT14時間では7時間に1回の頻度で発酵物の半分量を一度に入れ換えながら，水素生産能力の安定性を30日以上に渡って評価した。その結果，水素収率はHRTの短縮に伴って不安定になる傾向を示したものの，水素生産はHRT14時間の条件でも継続的に維持された（表2）。このように，非常に簡便な仕組みで安定した水素生産を維持出来ることが示された。また，最も高い水素収率が得られたHRT48時間の運転期間の水素濃度と水素収率は各々23.3±2.9%，24.0±1.6ml H_2/g VSであった。この値は，Kimら[13]の最大値（80.9ml H_2/g VS）の1/3程度である。しかしながら，著者らが提案する水素発酵システムモデルは植種微生物や発酵基質の前処理および発酵を維持するための付帯設備を必要とせず，システムの運用が簡便である点で利点があるといえる。

1.4.3 水素発酵メカニズムの解析

HRT48時間における発酵物中の主な有機酸は，酢酸，酪酸，吉草酸，プロピオン酸であった

第5章　発酵法によるガス化技術

（表2）。多くの研究で酪酸産生経路が嫌気性水素発酵の主な代謝経路と考えられていることから[14,15]，本システムモデルにおいて示された高い酪酸濃度は，水素発酵を担う微生物群の活発な活動が実験中に維持されたことを示唆する。また，乳酸は発酵基質中に約16 mmol/l含まれたが，発酵後には消費されて減少する傾向を示した。このことは，LABに由来すると考えられる生ごみ中の乳酸が，水素発酵微生物群に利用される基質のうちの一つであることを示している。また，HRTを段階的に短縮する過程で，水素収率とともに発酵物中の酪酸と吉草酸の濃度も顕著に低下する傾向を示した。酪酸生産と水素生産の関連性については上述のとおりであるが，吉草酸生産との関連性については明らかにはなっていない。

発酵物からDNAを直接抽出して分子生物学的手法により発酵物中の主要な微生物相を解析した結果，合計8属14種の系統群が検出された（表3）。検出された各系統群の特徴を表4に示した。*Bifidobacterium boum*を除く8属13種は，HRTを48から14時間に段階的に変化させた場合でも常に存在することが示された。大部分の研究では，*Clostridium*属菌種が廃棄物系バイオマスを発酵基質とした中温（30〜40℃程度）での水素産生の主役を担うと報告しているが[8]，本水素発酵微生物群からは検出されなかった。このことは，非常に興味深い点である。また，分子生物学的手法で最も検出頻度が高かった系統群は*Lactobacillus*属と*Megasphaera*属の菌種であったことから，これらが発酵物中で特に優占的な微生物である可能性が示唆された。*Lactobacillus*属と*Bifidobacterium*属の菌種はLABであり，5菌種が常に検出された。また，*Atopobium*属，*Bifidobacterium*属，*Dialister*属，*Megasphaera*属，*Prevotella*属，

表3　発酵物中の主要な微生物相

類縁菌種	類似度（%）	HRT				
		48時間	24時間	18時間	16時間	14時間
Actinobacteria						
Atopobium rimae	97	＋	＋	＋	＋	＋
Atopobium vaginae	94	＋	＋	＋	＋	＋
Bifidobacterium boum	92				＋	
Bifidobacterium ruminantium	100	＋	＋	＋	＋	＋
Bacteroidetes						
Prevotella stercorea	94	＋	＋	＋	＋	＋
Firmicutes						
Dialister succinatiphilus	91	＋	＋	＋	＋	＋
Lactobacillus delbrueckii	99	＋	＋	＋	＋	＋
Lactobacillus fermentum	100	＋	＋	＋	＋	＋
Lactobacillus mucosce	97〜100	＋	＋	＋	＋	＋
Lactobacillus uvarum	96	＋	＋	＋	＋	＋
Megasphaera elsdenii	98〜100	＋	＋	＋	＋	＋
Selenomonas bovis	97	＋	＋	＋	＋	＋
Selenomonas ruminantium	100	＋	＋	＋	＋	＋
Veillonella parvula	97	＋	＋	＋	＋	＋

＋：発酵物中から検出された微生物種

表4 Bergey's Manual of Systematic Bacteriology[11]に基づく各属の特徴的な特性

属	酸素との関連性	主な炭素源	最終産物
Actinobacteria			
Atopobium	絶対的嫌気性	グルコース	乳酸，酢酸，蟻酸，少量コハク酸
Bifidobacterium	嫌気性	グルコース	酢酸，乳酸，蟻酸
Bacteroidetes			
Prevotella	絶対的嫌気性	グルコース	酢酸，コハク酸
Firmicutes			
Dialister	偏性嫌気性		酢酸，乳酸，プロピオン酸
Lactobacillus	通性嫌気性	炭水化物	乳酸，(酢酸，エタノール，CO_2，蟻酸，or コハク酸)
Megasphaera	嫌気性	グルコース，フルクトース，乳酸	酢酸，プロピオン酸，酪酸，吉草酸，CO_2，少量の水素
Selenomonas	絶対的嫌気性	炭水化物，乳酸	酢酸，プロピオン酸，CO_2，and/or 乳酸，少量の水素
Veillonella	嫌気性	ピルビン酸，乳酸，リンゴ酸，フマル酸	酢酸，プロピオン酸，CO_2，少量の水素

*Selenomonas*属，*Veillonella*属は嫌気性の系統群であり，これらの細菌は酸素の存在する環境下では増殖することができないが，*Lactobacillus*属は微好気性のLABであることから，発酵基質の交換時に混入する酸素はこれらの働きで消費されている可能性が考えられた[11]。

これまでに食品から検出された11属のLABに関しては，2つの発酵経路を有することが知られているが，いずれもH_2産生には関連がない[16]。また，既に述べたとおり，LABはHPBの水素生産を阻害するとされている。このこととは対照的に，本システムモデルでは様々なLABが常に存在するにも拘わらず継続的な水素産生が維持され，また乳酸の増加も観察されていない(表2)。これらの事実は，本システムモデルではLABによって生じる乳酸が，LUB (Lactate Utilizing Bacteri：乳酸資化性菌)によって消費されており，HPBの水素生産活性も維持されていることを示している。検出された嫌気性菌の*Megasphaera*属，*Selenomonas*属，*Veillonella*属は乳酸を資化するLUBであり，微量の水素を生産するHPBでもあることが報告されている(表4)。加えて，*M. elsdenii*は，主に炭水化物や乳酸から酢酸，酪酸，プロピオン酸および吉草酸を生産する[17〜19]。吉草酸生産能は他の菌種には無い特徴であった。吉草酸が本システムモデルの特徴的な代謝産物であったこと，分子生物学的手法でその優占性が伺える点から，*M. elsdenii*が本水素発酵微生物群における中心的なHPBであるものと考えられた。また，Kungら[20]は，反芻胃培養物への*M. elsdenii*の接種が乳酸の蓄積とpHの過剰な低下を防止することを報告している(*M. elsdenii*未接種の培養物では乳酸濃度が40mM以上に達したが，*M. elsdenii*を接種した培養物では2mMを超えなかった)。これらのことから，*M. elsdenii*はLUBとしても重要な役割を担っているものと考えられた。このように，LABとHPB間の協調によって水素生産が維持出来る点は，水素発酵の微生物学的なメカニズムに関する新たな見解であり，水素発酵の利点を支持する新たな技術論の可能性が考えられた。

第5章 発酵法によるガス化技術

1.4.4 *Megasphaera elsdenii* の分離と水素生産能の検証

HRT48時間で運転した発酵物を，希釈平板培養法により37℃で嫌気的に培養した。作業は全て嫌気性ガスにより酸素を除去したグローブボックス内で行った。細胞の増殖が確認された最上希釈段階の平板培地からコロニーを純粋に単離し，分離菌株RG1株を得た。RG1株は16S rDNA解析によって *M. elsdenii* （相同性99％）と同定された（図4）。そこで次にこのRG1株の純粋培養系における水素発酵能を評価した。125ml容バイアルに炭素源として糖を含む人工培地50mlを充填し，気相部を窒素置換して密封後オートクレーブ滅菌した。これに前培養したRG1株を純粋に接種し，24時間培養後のバイオガスおよび水素生成量を評価した。RG1株のバイオガスおよび水素生成量は各々68.0±11.3ml/50mlと29.6±2.5ml/50mlであった。水素収率は2.2±0.1 mol H_2/mol hexose（理論収率の55％）であった。また，糖を乳酸に変更した人工培地を用いた場合でも高い水素生産能を示した。

既報の *C. butyricum* の水素収率は約2.4～2.7 mol H_2/mol hexoseであることから，RG1株の水素生産能は十分に高いといえる[5, 21, 22]。しかしながらこれまで *M. elsdenii* は重要なHPBと

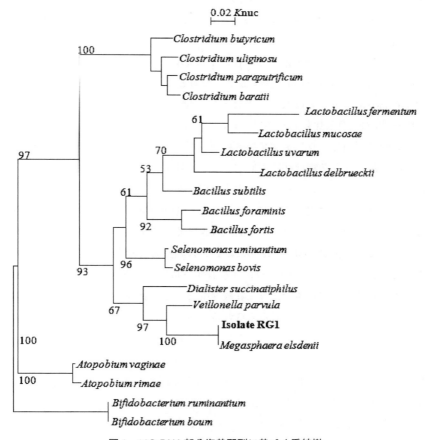

図4　16SrDNA部分塩基配列に基づく系統樹

表5 各水素発酵微生物の水素生産能力

微生物種	発酵基質	発酵温度 (℃)	水素収率 (mol H_2/mol hexose)
Clostridium butyricum	デンプン，グルコース	30-37	1.9-2.3
Clostridium fallax	グルコース	30	0.48
Clostridium pasteurianum	グルコース	34-37	1.9-2.4
Enterobacter aerogenes	デンプン加水分解物，グルコース	37-40	0.7-3.1
Enterobacter cloaceae	グルコース	36	2.2-2.3
Escherichia coli	グルコース	37	～2.0
Megasphaera elsdenii RG1	デンプン，グルコース	37	2.2

して報告されていない[8]。このことは，*Megasphaera* 属菌種が非胞子形成菌であり，その耐熱性が低いことに起因すると考えられる[11]。仮に植種微生物に *M. elsdenii* が含まれていたとしても，熱処理などの前処理を適用した水素発酵システムでは他の雑菌とともに *M. elsdenii* も淘汰されていると考えられる。このように *M. elsdenii* は高い水素発酵能力と乳酸資化性を持ち，前処理を必要としない簡便かつ安定的な水素発酵システムモデルで水素生産の主役を担う HPB であることが示された。

　Megasphaera 属の菌種は，系統的には現在の水素発酵で汎用されている *Clostridium* 属と同じく *Firmicutes* 門の *Clostridiales* 目に属するが，形質としてはグラム陰性の球菌で芽胞形成能を持たない点で *Clostridium* 属とは大きく異なる[11]。糖を炭素源とした場合における *M. elsdenii* の水素生産能を他の HPB と比較した結果を表5に示した。*Clostridium* 属菌種は芽胞を形成する嫌気性のグラム陽性桿菌であり，水素発酵過程の主な水素生成微生物として広く用いられる微生物である。*Enterobacter* 属菌種は芽胞を形成しない通性嫌気性のグラム陰性桿菌であり，グルコースなどの糖類以外にグリセロールからの水素生産能が高いことから，バイオディーゼルなどの廃液を原料とした水素生産に用いられている。また，通性嫌気性菌という性質から，施設の嫌気ガス置換などによる処置を軽減できるが，耐熱性が低く，殺菌を目的とした前処理により淘汰される懸念がある。今回の検討で *M. elsdenii* はこれらの HPB と同程度の水素生産能力を有することが明らかになった。さらに，乳酸の資化性を有する特性から水素発酵プロセスで LAB を殺菌するための工程を省くことが可能であり，乳酸発酵というこれまで水素発酵とは相容れない関係だったプロセスと連携できる可能性も考えられる。

1.5 おわりに

　水素発酵に関する研究分野では，微生物学的な視点で絶えず新たな着想が思考されているが，一方で実証段階を経て事業化レベルに到達したものはごく一部である。この要因の一つとして，これまでの研究開発の焦点が水素発酵プロセスの高効率化に偏っていたことがあげられる。手間を掛けた高度な技術論により実験室規模では高い水素収率を長期間維持することが可能である

第5章 発酵法によるガス化技術

が，システム自体が複雑で重装備になることや過大なエネルギー投入が問題となり，実証規模では非現実的なようである。実用的な技術確立を達成するためには建設コストや維持管理費用の軽減が大きな課題となるため，技術開発の焦点をシステムの簡便化とコスト低減にも向ける必要があるといえる。これには発酵システム自体の構造やプロセスの単純化と部品点数の削減が重要で，これは製造段階のコスト低減とともにプロセスの維持管理コストを抑えることにも役立つ。

著者らはこれまで水素発酵の要とされてきた菌種とは異なる *M. elsdenii* の高い水素発酵能を見いだした。*M. elsdenii* を中心とした特徴的な水素発酵微生物群を用いた簡便な水素発酵システムモデルは，前処理などの付帯設備や維持管理コストを軽減できる点で非常に有利であり，水素発酵の普及に寄与する重要な要素になると考える。現段階では先行研究の水素収率を下回るが，今後さらに微生物学的なメカニズムの理解を深めるとともに，実用化に向けた技術論の開発を計画している。

文　献

1) J. Bennemann, Hydrogen biotechnology progress prospects, *Nat. Biotechnol.*, **14**, 1101-3 (1996)
2) I. Eroglu *et al.*, Continuous dark fermentative hydrogen production by mesophilic microflora: principles and progress. *Int. J. Hydrogen Energy*, **32** (2), 172-84 (2007)
3) M. Momirlan *et al.*, Current status of hydrogen energy, *Renew. Sust. Energy Rev.*, **6**, 141-79 (2002)
4) T. Noike *et al.*, Inhibition of hydrogen fermentation of organic wastes by lactic acid bacteria. *Int. J. Hydrogen Energy*, **27**, 1367-71 (2002)
5) A. Ohnishi *et al.*, Development of a simple bio-hydrogen production system through dark fermentation by using unique microflora, *Int. J. Hydrogen Energy*, **35** (16), 8544-53 (2010)
6) 湯川英明ほか，バイオリファイナリー最前線，工業調査会，123-8 (2008)
7) 河本晴雄，バイオマスからの気体燃料製造とそのエネルギー利用，NTS, 23-33 (2007)
8) R. Y. Li *et al.*, Application of molecular techniques on heterotrophic hydrogen production research, *Bioresour. Technol.*, in press
9) Xiaoyu Huangほか，水素発酵微生物群の集積と菌相解析，環境技術，**36** (7), 501-8 (2007)
10) Xiaoyu Huangほか，複合微生物系による生ごみの水素発酵に関する研究，環境技術，**37** (6), 421-7 (2008)
11) P.D. Vos *et al.*, Bergey's manual of systematic bacteriology. In: The Firmicutes, Springer (2009)
12) C. Li *et al.*, Fermentative hydrogen production from wastewater and solid wastes by

mixed cultures, *Crit. Rev. Environ. Sci. Technol.*, **37** (1), 1-39 (2007)

13) S. H. Kim *et al.*, Optimization of continuous hydrogen fermentation of food waste as a function of solids retention time independent of hydraulic retention time, *Process Biochem.*, **43** (2), 213-8 (2008)

14) C. C. Chen *et al.*, Kinetics of hydrogen production with continuous anaerobic cultures utilizing sucrose as the limiting substrate. *Appl. Microbiol. Biotechnol.*, **57**, 56-64 (2001)

15) H. H. P. Fang *et al.*, Granulation of a hydrogen-producing acidogenic sludge. In: Proceeding Part 2 of 9th World Congress Anaerobic Digestion, **2**, 527-32 (2001)

16) M. E. Stiles *et al.*, Lactic acid bacteria of foods and their current taxonomy, *Int. J. Food. Microbiol.*, **36** (1), 1-29 (1997)

17) M. Marounek *et al.*, Metabolism and some characteristics of ruminal strains of Megasphaera elsdenii, *Appl. Environ. Microbiol.*, **55** (6), 1570-3 (1989)

18) C. S. Stewart *et al.*, The rumen bacteria. In: Hobson PN, Stewart CS, editors. The rumen microbial ecosystem. London: Blackie, 10-72 (1997)

19) B. Hodrava *et al.*, Interaction of the rumen fungus Orpinomyces joyonii with Megasphaera elsdenii and Eubacterium limosum. *Lett. Appl. Microbiol.*, **21** (1), 34-7 (1995)

20) L. J. R. Kung *et al.*, Preventing In vitro lactate accumulation in ruminal fermentations by inoculation with Megasphaera elsdenii, *J. Anim. Sci.*, **3** (1), 250-6 (1995)

21) F. Taguchi *et al.*, Efficient hydrogen production from starch by a bacterium isolated from termites, *J. Ferment. Technol.*, **73**, 244-5 (1992)

22) G. Davila-Vazquez *et al.*, Fermentative biohydrogen production: trends and perspectives, *Rev. Environ. Sci. Biotechnol.*, **7** (1), 27-45 (2008)

2 様々な発酵水素生産法

中島田豊[*1], 西尾尚道[*2]

2.1 はじめに

　水素は,燃焼しても水になるだけでCO_2を発生せず,気体なので従来のガス貯蔵・転送システムを利用可能である,燃焼熱が68.3kcal/molとプロパンの530kcal/molと比較すると小さいが,空気と混合した際の燃焼熱は0.87kcal/molとなり,プロパンの0.91kcal/molと大差ない。さらに,太陽エネルギーなどの再生可能エネルギーを利用して,水から無尽蔵に再生可能であるなど[1],石油・天然ガスに代わるクリーンエネルギーとして大きな期待が寄せられている。その中で,有機廃棄物や各種バイオマスを原料として水素を生産することができる微生物を用いた高効率水素生産に関する研究が進められている。

2.2 微生物の発酵水素生産経路

　多くの微生物は水素を生産する能力を持っている。それは,水素生成が生体活動で不可避に生じる電子を捨てるための手段だからである。人も含めて多くの生物は分子状酸素(O_2)を利用して生きている。これを通常,呼吸と呼ぶ。酸素は,有機物の酸化過程で放出された電子の受容体として働き,最終的に水になる。例えば有機物としてグルコースを考えると,その反応は以下のように表せる。

$$C_6H_{12}O_6 + 6O_2 \rightarrow 6CO_2 + 6H_2O \tag{1}$$

この反応は燃焼と全く同じである。ただし,燃焼ではグルコースの持つエネルギーは熱に変換されるが,生物の場合は生体合成や維持のために用いられる。

　酸素の無い環境下では,有機物の酸化中間代謝産物または水素イオンを電子受容体とする。酸化中間代謝産物を電子受容体とする例として,酵母は嫌気条件下でグルコースをまずピルビン酸にまで酸化する解糖系で生物共通のエネルギー源であるアデノシン三リン酸(ATP)を合成する。この時,電子輸送体であるニコチンアミドアデニンジヌクレオチド(NAD^+)2モルが$NADH_2$に還元される。

$$C_6H_{12}O_6 + ADP + Pi + 2NAD^+ \rightarrow 2CH_3COCOOH + ATP + 2NADH_2 \tag{2}$$

NAD^+の細胞内濃度は決まっているので,ピルビン酸をエタノールに還元することにより$NADH_2$はNAD^+に再酸化される。

[*1] Yutaka Nakashimada　広島大学　大学院先端物質科学研究科　分子生命機能科学専攻　准教授

[*2] Naomichi Nishio　広島大学　大学院先端物質科学研究科　分子生命機能科学専攻　教授

$$CH_3COCOOH + NADH_2 \rightarrow CH_3CH_2OH + CO_2 + NAD^+ \tag{3}$$

全体としては，

$$C_6H_{12}O_6 + ADP + Pi \rightarrow 2CH_3CH_2OH + 2ATP + 2CO_2 \tag{4}$$

エタノール発酵以外の乳酸発酵，ブタノール発酵も同様の意味合いをもつ。ここで，水素イオンを電子受容体とした時には水素が生成する。

2.2.1 偏性嫌気性菌

Clostridium などの偏性嫌気性微生物は，解糖系によりグルコースからピルビン酸を生成するのは酵母と同様であるが（式(2)），$NADH_2$ はフェレドキシン－NAD^+ 還元酵素［EC 1.18.1.3］によりフェレドキシン（Fd）を還元する[2]（図1）。

$$2Fd_{ox} + NADH_2 \rightleftarrows 2Fd_{red} + 2H^+ + NAD^+ \tag{5}$$

さらに，フェレドキシン依存性ピルビン酸脱水素酵素によりピルビン酸からアセチル CoA と還元型フェレドキシンを生成，最後にエタノール，酢酸，酪酸，ブタノールなどが生成する。酢酸が最終生産物の場合は，

$$C_6H_{12}O_6 + 8Fd_{ox} + 2H_2O \rightarrow 2CH_3COOH + 8Fd_{red} + 2CO_2 \tag{6}$$

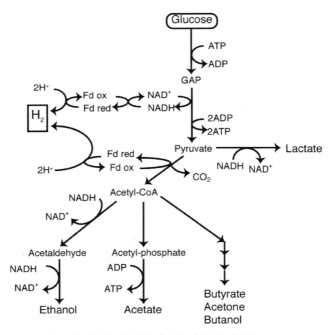

図1 偏性嫌気性菌の代表的水素生産経路（酪酸，アセトン，ブタノール生成経路は省略してある）

第5章　発酵法によるガス化技術

フェレドキシンは酸化還元電位が$-0.43V$と水素の酸化還元電位（$-0.42V$）に近いので，ヒドロゲナーゼに電子伝達を行うことによる水素生産が可能である。

$$2Fd_{red} + 2H^+ \rightleftarrows 2Fd_{ox} + H_2 \tag{7}$$

よって，

$$C_6H_{12}O_6 + 2H_2O \rightarrow 2CH_3COOH + 4H_2 + 2CO_2 \tag{8}$$

ただし，下式のように酢酸をさらに代謝して水素を作ることはできない。

$$CH_3COOH + 2H_2O \rightarrow 4H_2 + 2CO_2 \tag{9}$$

これは，式(9)が常温，常圧で自由エネルギーが正の吸エルゴン反応であるからである。従って，発酵水素生産におけるグルコース1モルからの最大水素収率は4モルとなる。実際には，酢酸以外にプロピオン酸，酪酸，乳酸などの有機酸や，エタノールなどのアルコール類を同時に副生するとともに，電子の一部は菌体構成成分に利用されるため水素収率は4モルより低い。発酵生産の場合，外部から光などのエネルギーが与えられないので反応は進行しないが，発酵水素生産以外のもう一つの生物的水素生産法である光水素生産では，光をエネルギー源として与えるので，酢酸からの水素生産は可能である。この場合，グルコースからの理論的水素収率は12mol/molである。

2.2.2　通性嫌気性菌

水素生産菌としては先に述べた水素収率の高い*Clostridium*属などの偏性嫌気性菌について検討が多く行われてきたが[3~6]，大腸菌や*Enterobacter*などの通性嫌気性菌は，最大水素収率は低いものの，一般的に毒性が少なく取り扱いが容易であり，また水素による阻害が少なく培養が非常に簡単であるという特徴を持っていることから，本菌による水素生産も検討されている。通性嫌気性菌はフェレドキシン-NAD^+還元酵素の活性が弱く，解糖系で還元された$NADH_2$からの水素生産は期待できない。かわりに，ピルビン酸からピルビン酸ギ酸リアーゼの作用によりギ酸とアセチルCoAが生成，ここで生成されたギ酸から水素が生成される（図2）。アセチルCoAからはエタノールまたは酢酸が生成する。グルコース1モルからエタノールと酢酸それぞれ1モル生成する時，2モルの最大水素収率が得られる。

$$C_6H_{12}O_6 \rightarrow CH_3CH_2OH + CH_3CH_2COOH + 2H_2 + 2CO_2 \tag{10}$$

しかし，偏性嫌気性菌と同様，ピルビン酸からは他に水素生成には関与しない，コハク酸，2,3-ブタンジオール，乳酸も副生するため，野生株における水素収率は通常0.5～1mol/mol-グルコースと理論値よりもかなり低い。

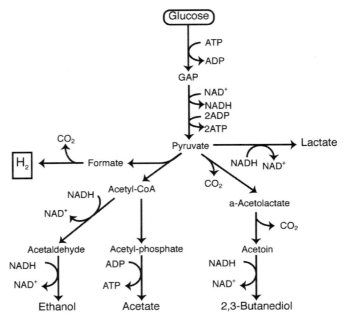

図2 通性嫌気性微生物 E. aerogenes によるグルコースの嫌気代謝経路

2.3 発酵水素生産速度の向上戦略

　筆者らはこれまでに，中温高速メタン発酵汚泥から高速水素生産菌として単離した Enterobacter aerogenes HU101株をモデルとして水素生産効率化に関する検討を行ってきた。筆者らは，まず，水素生産を低下させる要因である乳酸及び2, 3-ブタンジオール生産能を抑制または欠損させた変異株を取得することとした[7]。野生株を変異処理した後，有機酸生成に起因するpH低下により増殖を阻害するプロトン自殺法を用いて有機酸生成抑制変異株を取得し，水素収率の向上を確認した。さらに，アリルアルコール法を用い，アルコール類の合成に必要なアルコール脱水素酵素系を欠損，または抑制した変異株を選抜したところ，やはり水素収率は向上した。さらに，上記の選抜法を組み合わせた二重変異株AY-2株を作成したところ，水素生産収率は野生株の約2倍である1.5mol/molに向上した。ただ，これらの選抜法では，水素生成に同期するエタノール，酢酸生成も抑制してしまうことから，ダイアセチル，アセトイン検出法であるVoges-Proskauer（VP）法を用いて2,3-ブタンジオールのみをターゲットとして2,3-ブタンジオール非生成株を作製したところ，その中で2, 3-ブタンジオールのみならず同時に乳酸を生成しないVP-1株を取得できた。本変異株は，ギ酸の蓄積が見られたものの，理論的最大収率とされる2mol/molグルコースの水素＋ギ酸収率を達成した[8]。

　また，培養システムを簡単かつ小型化することはシステムの初期製造コストを低減するために非常に重要な課題である。小型化のためにはリアクター体積あたりの基質負荷速度ができる限り高いほうが良い。その方策としては，先に述べた水素収率の向上の他に，菌体を適当な担体に固

第5章 発酵法によるガス化技術

定化することにより高密度化した固定床プロセスが有効である。これまでに，いくつかの担体を用いた水素生産法が報告されている。著者らは，*E. aerogenes*の固定床リアクターを運転中，菌体がリアクター底部に顆粒状に自己凝集することを発見した。そこで本菌の自己凝集性を利用した固定床リアクターによる水素生産を検討したところ，期待通り自己凝集菌体がリアクター内部に貯留され，グルコース15g/l，滞留時間1.5時間で野生株の場合，30mmol/l/h，変異株を用いた場合では58mmol/l/hの連続水素生産が可能であった[9]。

2.4 水素と他のバイオ燃料の複合生産

水素発酵は水素生産速度が高い点に大きな利点があるが，バイオマスを原料とする限り必ず有機酸を中心とする副産物が生じる。その副産物の有効活用法が重要な課題であり，他のバイオ燃料製造を組み合わせた複合バイオ燃料生産法の検討も盛んに行われている。

2.4.1 水素ーメタン二段発酵

水素ーメタン二段発酵は，メタン発酵過程での加水分解・酸生成相を独立した水素発酵槽として活用し，後段は高速メタン発酵法によってメタン回収を行おうというものである。単一の水素発酵菌が用いられることは少なく，グラニュールを含むメタン発酵汚泥を熱処理することで選抜される耐熱性胞子形成能を有する*Clostridium*属を中心とした数種の偏性嫌気性菌群による研究例が多い[10]。このシステムでは廃棄物から直接取り出した水素を燃料電池に適用し，メタンはこれまで通りボイラー燃料などの熱源として利用することが想定されており，すでに二槽式のメタン発酵装置が導入されていれば，既存設備に水素直接利用型の安価な燃料電池を導入することで容易にシステムを組むことができる。

水素・メタン二段発酵によって回収できるエネルギー量について代表的な基質としてグルコースを考えると，1モルから最大4モルの水素と2モルの酢酸が生成し，1モルの酢酸からは1モルのメタンが生成されるので水素生産後の処理液をメタン発酵した場合の量論式は以下の通りとなる。

$$C_6H_{12}O_6 \rightarrow 4H_2 + 2CH_4 + 4CO_2 \tag{11}$$

グルコース，水素，メタンの標準燃焼熱はそれぞれ2803，286，890kJ/mol，グルコースの10%が菌体生成に消費されたとすると，エネルギー回収率は94%となる。グルコースを全てメタンにすることも可能であるが，同様の条件でのエネルギー回収率は85%と低くなる。これは，水素からメタンを生成する際にもエネルギーを菌体増殖に奪われるためである。実際の水素収率は好熱性菌以外，最大収率よりも低いので，水素として回収できるエネルギーは計算よりも少ないが，水素・メタン二段発酵法は通常のメタン発酵よりも原理的に変換効率が高いプロセスといえる。

さらに，排水中の有機固形分は水素発酵中に効率的に分解され可溶化物としてメタン発酵槽に投入できるので，メタン発酵処理速度の向上と，固形物も含めた排水からのエネルギー回収率の

向上が期待できる点も二段発酵の利点である。そこで筆者らは，広島県内の製パン工場より供試された製パン廃棄物を用いて水素・メタン二段発酵プロセスの有用性を検証したところ，製パン廃棄物1kgあたり水素として約600kJ，メタンとしては約7000kJのエネルギーが回収できることが判った[11]。

　サッポロビール㈱価値創造フロンティア研究所の三谷らは，さらに高効率なプロセスを開発するために，ビール製造工場排水[12]を用いた水素・メタン二段発酵法を検討した。原水としてビール製造工程における固形物を含む排水を使用し連続水素・メタン生成試験を行ったところ，水素としては排水1Lあたり24kJ，メタンとしては79kJのエネルギーが回収されたという。メタン発酵単独システムの場合，排水1Lあたり90kJのエネルギー回収量であることから，2段発酵においては約14％エネルギー回収率が増加したことになる。さらに，水素発酵過程で懸濁固形成分の14％が減少していたことから，固形物可溶化促進もエネルギー回収の増大に寄与したと考えられる。上記検討の過程で，水素を約60％のバイオガスを安定して生産することができ，ビール製造排水のみならず製パン廃棄物からも高い水素収率が得られるミクロフローラ（微生物群）HFV3Aを構築し，その中の水素生産主要菌株として*Thermoanaerobacterium thermosaccharolyticum* PEH9株が見いだされた[13]。このフローラを用いて，900Lの水素発酵槽による非滅菌製パン廃棄物からの連続水素生産が実施された。約300日間の連続運転の結果から，1日当り12.5kgの製パン廃棄物から，平均で1,600Lの水素が発生し，糖消費量に対する水素収率は平均で3.2mol/mol-構成糖という非常に高い値であったという[14]。さらに，本プロセスの適用範囲を拡大するために，オカラ残渣やバガス（サトウキビの絞り粕）の可溶化液なども検討し，グルコース換算で2～3mol/molの高い水素収率が得られた。

2.4.2　水素－アンモニア－メタン発酵

　これまで，生物的水素生産のための基質としては主にブドウ糖やキシロースなどの6単糖，5単糖が想定されてきたが，有機廃棄物中には他にタンパク質，油脂なども豊富に含まれている。図3に有機廃棄物に含まれる糖，脂質，タンパク質それぞれの，間接的，直接的水素生産法の概要を示した。生体高分子の中で水素生産に最も良い基質は糖，または糖アルコールであり高収率での水素生産が期待できる。副生する有機酸は先に述べた二段発酵法によりメタン発酵するなりすればよい。一方，タンパク質からの水素生産は残念ながらあまり期待できない[15]。しかし，タンパク質分解により生成する少量の水素とともに，遊離するアンモニアを有機廃棄物中から回収したのち，メタン発酵を行うアンモニア－メタン乾式二段発酵法が提案されている[16]。アンモニアはメタンの半分程度の熱量を持ち，電気分解により水素に変換できることから[17]，将来的には水素源としての利用が可能である。

2.4.3　水素－アルコール発酵

　油脂は長鎖脂肪酸がグリセロールとエステル結合したものである。長鎖脂肪酸はバイオディーゼル燃料の原料であるが，グリセロールからも水素とエタノールを同時生産することが出来る。筆者等は，*E. aerogenes* HU101株を用いた水素生産を検討している過程で，糖類ではあるがこ

第5章 発酵法によるガス化技術

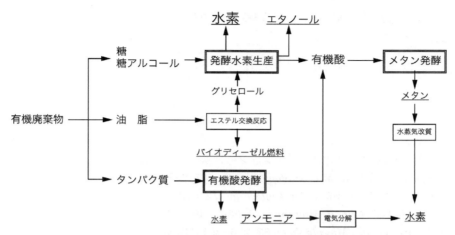

図3 有機廃棄物の発酵法による直接及び間接的水素生産

れまであまり発酵原料としては注目されていなかったグリセロールを基質としたとき，著量の水素生成とともに，副生成物として高収率でエタノールが生産されることを発見した[18]。グリセロールはグリセルアルデヒド三リン酸（GAP）を経由して解糖系に入り代謝される（図2参照）。この時，1モルのグリセロールから2モルのNADHと1モルのアセチルCoAが生成する。そして2モルのNADHがアセチルCoAからのエタノール生成に用いられることにより，炭素バランス及び還元力バランスが満たされるので，理論的には1モルのグリセロールから1モルの水素と1モルのエタノールが生成できる。そこで，*Enterobacter aerogenes* HU-101株を用い，グリセロールを基質として（濃度10g/l），HU-101株凝集菌体を用いた連続水素発酵を行い，滞留時間50分で水素生産速度80mmol/l/h，0.8mol/molのエタノール収率を得た[19]。さらに，廃食油などからつくられるバイオディーゼル製造において脂肪酸のメチルエステル化後に発生する高濃度グリセロールを含む廃液に着目し，水素－エタノール同時発酵法による廃食油の完全エネルギー化を検討し，セラミックス固定化担体を導入することで，廃液を用いた場合でも60mmol/l/hの水素生産速度，エタノール収率0.85mol/molグリセロールでの連続生産が可能であることがわかった。これは，廃食油1000lから930lのバイオディーゼル燃料，145m^3の水素，そして約50lのエタノールが生産できる計算になる。

2.5 おわりに

本総説では発酵水素生産の仕組み，効率化手法および実有機廃棄物を用いた水素生産について概説した。発酵水素生産では微生物のエネルギー代謝による制限から，水素収率の上限が存在し，水素の他に酢酸をはじめとして必ず何らかの副生物が生ずる。その副産物もまだエネルギーを含んでおりその有効活用法が非常に重要な課題である。今回紹介したプロセスのどれかが本命ということではなく，廃棄物の種類と微生物代謝に関する様々な情報を総合的に理解，活用し，どの

ようなプロセスが最適化を常に考えながら検討を進めることが発酵水素生産を今後活用してゆくためには必要であろう。

文　献

1) 佐々木健, 廃棄物のバイオコンバージョン（日本技術士会 監修）, 地人書館, pp.91 （1996）
2) L. Girbal et al., *FEMS Microbiology Reviews*, **17**, 287-297 （1995）
3) R. Islam et al., *Appl. Microbiol. Biotechnol*, **72**, 576-583 （2006）
4) F. Taguchi et al., *Can. J. Microbiol*, **41**, 536-540 （1995）
5) O.A. Nikitina et al., *Microbiology*, **62**, 296-301 （1993）
6) J. D. Brosseau, J. F. Zajic, *J. Chem. Technol. Biotechnol*, **32**, 496 （1982）
7) M. A. Rachman et al., *J. Ferment. Bioeng*, **83**, 358-363 （1997）
8) T. Ito et al., *J. Biosci. Bioeng*, **97**, 227-232 （2004）
9) M.A. Rachman et al., *Appl. Microbiol. Biotechnol*, **49**, 450-454 （1998）
10) 佐野彰, 谷生重晴, バイオガスの最新技術（西尾尚道, 中島田豊 監修）, pp 115-122, シーエムシー出版 （2008）
11) 中島田豊, 西尾尚道, FFIジャーナル, **208**, 703-708 （2003）
12) 渥美亮ほか, 日本機械学会講演論文集（3）, 257-258 （2004）
13) Y. Oki et al., Proceedings of the 30th EBC congress Prague, 1296-1304 （2005）
14) 沖泰弘, 三谷優, バイオガスの最新技術（中島田豊, 西尾尚道 監修）, pp 139-146, シーエムシー出版 （2008）
15) 中島田豊, 西尾尚道, 水, **49**, 70-74 （2007）
16) Y. Nakashimada et al., *Appl. Microbiol. Biotechnol*, **79**, 1061-1069 （2008）
17) 東哲史, 杉浦公彦, *J. JACT*, **14**, 51-54 （2009）
18) Y. Nakashimada et al., *Int. J. Hyd. Ener*, **27**, 1399-1405 （2002）
19) T. Ito et al., *J. Biosci. Bioeng*, **100**, 260-265 （2005）

3 アンモニア回収型乾式メタン発酵法の開発

中島田豊[*1]，西尾尚道[*2]

3.1 固形物濃度によるメタン発酵の分類と特徴

メタン発酵は総固形物（TS）濃度，混合方式，培養温度の違いにより様々なプロセスが存在する。その中でもTS濃度はメタン発酵リアクターの形状および処理性能に大きな影響を与え，TS濃度にもとづいて湿式（～10％TS），半湿式（10～25％TS），そして乾式（dry，25％～40％TS）メタン発酵に分類される[1,2]。ただし半湿式と乾式の区別は曖昧であり，概ね20％以上のTS濃度を処理するものを乾式メタン発酵と呼ぶことも多い。

乾式メタン発酵法は湿式法と比較して排水容積当りの有機物含量が高く，同じ有機物量を処理するための槽容積を小さくできる。違う言い方をすれば，同じ槽容積でより多くのメタンガスを回収することができる。さらに，発酵後の消化液量が少なくなるので水処理に関わる処理施設の小型化によるコスト低減が見込めるなどの利点がある。実際，ヨーロッパを中心として固形有機性廃棄物の乾式メタン発酵法は商業規模で盛んに行われており，様々な発酵方式の組み合わせによるシステムが普及している[3,4]。しかし，固形物を多く含むことで有機物含量が非常に高くなり安定した発酵が行いにくいことや，輸送・撹拌に特別な注意が必要であるなど湿式法にはない問題も残っている。

乾式発酵を安定に運転するためには，湿式発酵と同様，温度，pHを適切に管理し，メタン生成菌群の活性を維持することが大切である。乾式発酵では有機固形物の分解速度が律速となることが多いことから，加水分解速度が高い50～55℃の高温メタン発酵が多く用いられている。pHは湿式と同様，中性～弱アルカリ性が好ましい。また，生ゴミや剪定枝等の固形物を多量に含むため，見かけ粘度が大きくなり，湿式法で通常用いられる撹拌型や気泡塔形の発酵槽が利用できない場合が多く，乾式発酵に適したリアクター設計が必要となる。

3.2 乾式メタン発酵の阻害因子

乾式メタン発酵において最も大きな阻害因子は有機物中に含まれるタンパク質に由来する高濃度アンモニアである。アンモニアは微生物の栄養源でありその増殖に必須であるが，高濃度のアンモニアはメタン発酵を顕著に阻害する。アンモニア態窒素の高濃度蓄積は，特にメタン生成菌群の活性を低下させ，その結果，揮発有機酸の蓄積を引き起こす[5]。遊離アンモニア（NH_3）は電荷を持たないため細胞膜を容易に透過し細胞内に蓄積するため，アンモニウムイオン（NH_4^+）より微生物に対して強い毒性をもつ。全アンモニアに対する遊離アンモニア比率はpHおよび温度の関数であり，pHが高いほど，温度が高いほど遊離アンモニア比率は高くなる。従って，高

[*1] Yutaka Nakashimada　広島大学　大学院先端物質科学研究科　分子生命機能科学専攻　准教授

[*2] Naomichi Nishio　広島大学　大学院先端物質科学研究科　分子生命機能科学専攻　教授

温発酵の方が中温発酵よりもアンモニアに対する感受性が高い。アンモニア阻害に関してはこれまでに多くの研究者により検討されており、経験的には、アンモニア濃度3,000mg-N/l以下で運転することが望ましいとされる。しかし、アンモニアはタンパク質分解に伴い不可避的に生成し、処理対象物中の有機窒素の大部分はアンモニアとして遊離する。乾式発酵法の場合、高濃度の固形物に含まれるタンパク質成分からのアンモニア生成が大きな問題となる。

例えば、筆者らの研究で、80％程度の含水率を持つ脱水余剰汚泥にメタン発酵汚泥を混合し高温発酵を行うと、普通にメタンが生成する（図1）。しかし、この汚泥の半量を引き抜いて新たな脱水汚泥を同量添加して発酵させるとメタン生成量は顕著に減少する。この時のアンモニア濃度は約4,000ppmであった。さらに、繰り返し汚泥の引き抜きと脱水汚泥の添加を繰り返すとアンモニア濃度は8,000mg-N/kg-湿重量にも達し、メタン生成は完全に停止した[6]。ここで、図1でわかるようにメタン発酵が停止してもアンモニアは遊離されることから、メタン発酵が阻害された汚泥から、ストリッピングによりアンモニアを除去した汚泥（アンモニア除去汚泥）を調製し、同様にメタン発酵試験を試みたところ、アンモニアは蓄積せず定常的なメタン発酵が見られた。これは、乾式発酵におけるメタン生成阻害は高濃度アンモニア蓄積により引き起こされることを明確に示している。

アンモニアを低濃度に抑えるには、前もって廃棄物中の窒素含量を測定し、アンモニア濃度として制御値を超えると考えられる場合、水で希釈するか、窒素含量の低い廃棄物と混合することが最も簡便な方法である[7]。現在稼働している実プラントにおけるアンモニア濃度制御は主に上記方法である。しかし、希釈はメタン発酵槽の容積増加、水処理施設の大型化による建設コストの増大、余分な添加水を加温するためのエネルギーコストの上昇を招く。その他にも、嫌気消化物へマグネシウムとリン酸[8]、リン鉱石[5]、活性炭または塩化鉄の添加[9]などがアンモニア阻害を緩和することが報告されている。著者らは、先に述べた通り、ストリッピング法によりアンモニアを除去することで持続的なメタン発酵が可能であることを見いだしたことから本仕組みを活用したアンモニア回収型乾式メタン発酵プロセスの開発を行ってきた。

3.3　余剰脱水汚泥のアンモニア遊離・回収型乾式メタン発酵二段プロセス

先に述べた通り、乾式メタン発酵阻害の主要な原因は、培養初期に生成する高濃度のアンモニ

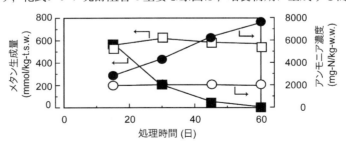

図1　脱水汚泥およびアンモニア除去汚泥の半連続メタン発酵
　　（□○）アンモニア除去脱水汚泥，（■●）未処理脱水汚泥

第5章　発酵法によるガス化技術

アによるものであり，アンモニア除去によりメタン発酵が持続する。そこでまず，アンモニア発酵速度を調べるために，発酵微生物を含む種汚泥（メタン発酵済汚泥）：原料汚泥を1：1の比率で混合して10日間培養した後に，全汚泥の半量を引き抜き，原料汚泥（pH7～8に調製）を半量添加して培養を続けた。この操作を設定した汚泥滞留時間（Sludge Retention Time，SRT）の半分の時間毎に繰り返して行った。その結果，SRTが2日でも安定したアンモニア発酵が行えることが確認できた（図2）。以上の結果，前段にアンモニア生成を主に担うアンモニア発酵槽，および生成したアンモニアを除去する脱アンモニア装置，後段に脱アンモニア汚泥の嫌気消化を行う乾式メタン発酵槽からなるプロセスを考案した（図3）。

提案した乾式メタン発酵プロセスの有効性を確認するために，攪拌機能を持つ槽容量が10Lのラボリアクターを製作して，脱アンモニア処理した汚泥の連続メタン発酵を行った。種汚泥5kgに対し，設定SRTに応じて脱アンモニア汚泥を毎日投入し55℃で培養した。ガス生成による減量分を考慮してリアクター内の汚泥量が5kgとなるように汚泥を適時引き抜いた。その結果，ガス収率は平均で$0.41Nm^3/kg$-VS（VS：volatile suspension，揮発性固形分）であり，アンモニアの濃度は2,000mg-N/kg-湿汚泥前後を推移した。また，SRT15日でも安定的なメタン生成が確認できた。このことから，余剰脱水汚泥をアンモニア発酵した後に脱アンモニア処理をすることで，連続的な乾式メタン発酵が可能であることが示された。そこで，日量100～150kgの汚泥処理能力を持つベンチリアクターを製作し（図4），2005年6月から2005年12月までの半年間にわたり，ベンチスケールリアクターの運転を行った[10]。アンモニア発酵後の汚泥は水分含量89％，アンモニア濃度5,600mg-N/kg-wwであり，全窒素分からの変換率は60％であった。また脱アンモニア後の有機酸は480mmol/kg-ww（酢酸換算）であった。メタン発酵において

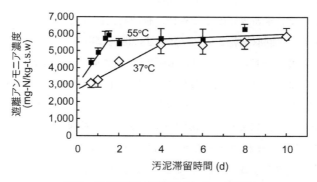

図2　脱水汚泥の半連続アンモニア発酵

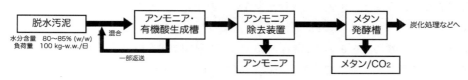

図3　AM-METプロセス

図4 AM-METプラント全景

は，ガス収率は0.38Nm³/kg-VSであり，VS除去率は41.1％であった。メタン発酵槽からの排出汚泥のアンモニア濃度は3,000mg-N/kg-ww以下で推移し，メタン発酵阻害は見られなかった。ベンチリアクターでSRT 20日の最大投入量で運転した際，0.4Nm³/kg-VS以上のガス収率が得られた。この値はラボリアクターでのガス生成実験とほぼ同様であった。

3.4 鶏糞の単槽乾式メタン発酵プロセス

上述の通り，脱水汚泥単独でのメタン発酵プロセスの開発に成功したが，いくつかの問題点が浮上した。それは，アンモニアストリッピングを行う際にアルカリ・高温条件での操作を行い，その後メタン発酵できるように中和を行う必要があり，薬液，熱エネルギーなどの運転コストが高いこと，さらに，メタン発酵槽に加え，アンモニア発酵槽およびストリッピング装置の建設コストが必要であることである。また，脱水汚泥以外の有機廃棄物に対して本方式が適用できるかも不明であった。そこで，家畜糞尿の中でも特に有機窒素含有量の高い鶏糞をターゲットとしてさらに効率的なアンモニア回収型乾式メタン発酵法の開発に取り組んだ。

鶏糞は広島大学農場より採取したもの（含水率75％，ケルダール窒素含量87g-N/kg-全固形物）を，アンモニアおよびメタン生成種汚泥は広島県内下水処理センターの高温嫌気消化脱水汚泥（含水率80％）を用いた。まず，メタン生成種汚泥と混合した鶏糞を用いた乾式メタン発酵の可能性を37℃，55℃及び65℃にて反復回分培養法により検証した。その結果，55℃，65℃におけるメタン生成は認められなかったが，培養温度37℃において254日間の馴養培養後，31mL/g-VSの収率でメタン生成が確認された。この結果から，高濃度アンモニア存在下でも長期間馴養することにより乾式メタン発酵が可能であることが示された[11]。しかし，非常に長期間の馴養が必要であること，メタン生成量が少ないことからアンモニア除去によるメタン発酵の高速化を検討した。

鶏糞とメタン発酵汚泥を9：1で混合，65℃にて8日間培養したところ17g-N/kg-湿鶏糞のアンモニアが遊離した。そこで，アンモニア遊離汚泥を1cm厚さに整形，温度85℃，pH10として汚泥表層に嫌気ガスを通気したところ，試料中の86％のアンモニア態窒素を除去すること

第5章 発酵法によるガス化技術

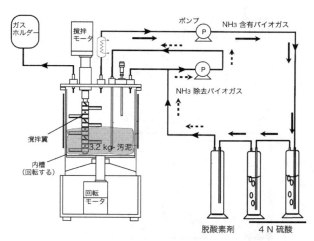

図5 アンモニア除去-メタン発酵ラボ装置概要図

ができた。そこでアンモニア除去鶏糞をメタン発酵処理したところ，20ml/g-VSの収率にてメタンが生成した。しかし，本処理中，メタン生成とともにアンモニアの再蓄積が観察されたことから，再度，先と同様の方法でアンモニア除去-メタン発酵試験を行ったところ，105ml/g-VSにメタン生成量が改善された[12]。本結果は，鶏糞の乾式メタン発酵においてもアンモニアが主要な阻害要因であり，これを除去することにより乾式メタン発酵が可能となることを示していた。

アンモニア除去は鶏糞の乾式メタン発酵を可能とするが，先の方法では高温，高アルカリ条件が必要であり，エネルギー回収率の低下，及び運転コストの増大をまねく。そこで，上記欠点を克服した，新規乾式アンモニア除去―メタン発酵法を検討し，図5に示す新規アンモニア回収型乾式メタン発酵装置を開発した。本装置では汚泥を混合撹拌しながらバイオガスをリアクター上部から底部に外部循環させ，その途中でバイオガス中に遊離したアンモニアを吸収塔にて除去する。アンモニア発酵後前もってアンモニアを除去した鶏糞と全くの未処理鶏糞を1：1で混合した試料を半連続的に投入，55℃，pH9以下のメタン発酵条件にて培養を継続したところ，アンモニア濃度を低濃度に保ちつつ，同時にメタン発酵が可能であることが判った。この時の鶏糞からの最大メタン収率は195ml/g-VSであった[13]。さらに，未処理鶏糞100％を用いた場合でも，120日以上の期間，乾式メタン発酵が可能であった（図6）。

3.5 おわりに

本稿ではアンモニア濃度の制御が乾式メタン発酵に極めて重要であることを述べた。筆者らの研究では，アンモニア除去効果を強調するために余剰脱水汚泥，及び鶏糞を単独で処理したが，実際の現場では生ゴミなどの都市廃棄物や稲わらや雑草などの，いわゆるソフトバイオマスを混合することも可能である。本プロセスの特徴は，装置内のアンモニア濃度を有機物中の有機体窒素含量に関わらずメタン発酵が最適に行われるように制御できることにあり，季節，時期，場所

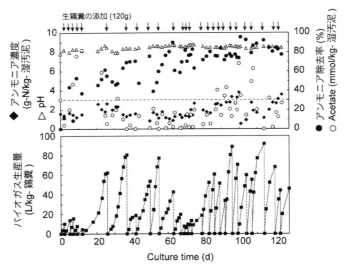

図6　未処理鶏糞の半連続乾式メタン発酵

による量の変動が大きな各種バイオマスを一ヶ所で通年処理するための重要な利点である。また，これまでは希薄なため高度処理していたアンモニアが濃縮・回収されるので，より容易に肥料やエネルギーなどとしてカスケード利用も可能である。実用化に向けた動きとしては，㈱日立エンジニアリング・アンド・サービスを中心として，NEDO「地域バイオマス熱利用フィールドテスト事業」にて，本プロセスを基本概念としたパイロット装置での実証試験にて鶏糞100％でのメタン発酵に成功しており[14]，近い将来での実用化が期待される。

文　　献

1) IEA: Biogas from municipal solid waste: Overview of systems and markets for anaerobic digestion of MSW. Report of International Energy Agency Task XI（1994）
2) 四蔵茂雄, 原田秀樹, 廃棄物学会誌, **10**, 241-250（1999）
3) C. E. Nichols, *Bio Cycle*, **45**, 47（2004）
4) L. de Baere, *Water Sci. Technol*, **4**, 283-290（2000）
5) N.I. Krylova *et al.*, *J. Chem. Technol. Biotechnol*, **70**, 99-105（1997）
6) Y. Nakashimada *et al.*, *Appl. Microbiol. Biotechnol*, **79**, 1061-1069（2008）
7) M. Kayhanian, *Environ. Technol*, **20**, 355-365（1999）
8) S.-H. Kim, *J. KSEE*, **17**, 615-623（1995）
9) K. H. Hansen *et al.*, *Water Res*. **33**, 1805-1810（1999）
10) 九軒右典ほか, 日本製鋼所技報, **57**, 105-112（2006）
11) F. Abouelenien *et al.*, *J. Biosci. Bioeng*, **107**, 293-295（2009）

第5章　発酵法によるガス化技術

12) F. Abouelenien *et al.*, *Appl. Microbiol. Biotechnol*, **82**, 757-764（2009）
13) F. Abouelenien *et al.*, *Biores. Technol*, **101**, 6368-6373（2010）
14) 佐藤千春ほか, 第13回日本水環境学会シンポジウム講演集, 138-139（2010）

第6章　バイオマスのガス化とケミカルス・燃料合成触媒技術

1　バイオメタンからベンゼンと水素をつくるMTB触媒技術と実用化展開

市川　勝*

1.1　はじめに

　わが国の石油化学工業は，石油の改質プロセスで得られるエチレン，プロピレンなどのオレフィンとベンゼンなどの芳香族化合物を化学原料として，高分子樹脂や医農薬などの石油化学製品を製造している。石油は賦存量が約50年，オイルピークは2006年あたりとされており，それを反映するように2007年時点で原油価格はNYスポット価格で90ドル／バレルを越える高値圏に張り付いたままである。その石油を輸入して多角利用するわが国の石油化学産業においては，省石油，省エネルギーや地球温暖化要因物質である炭酸ガスの排出削減にむけて，バイオマス資源の利活用などの低炭素化プロセス，例えば「バイオマスリファイナリー技術」（第1章　1. 1. 参照）の取り組みが重要である。昨今の急ピッチな石油高騰状況に加えて，とりわけ，ポリスチレン，フェノール樹脂やナイロンなどのプラスチック原料であるベンゼンやトルエンなどは中国・インドなどアジア市場向けの需要が増大しており，BTX（ベンゼン・トルエンおよびキシレン）価格は図1に示すように，2000年に比べて2010年には5倍強の高騰をもたらしている。これらの問題解決の切り札として，これまで石油の改質技術で供給してきたベンゼンやトルエンを直接に天然ガスなどのメタン資源から製造するBTX（Methane-to-Benzene）触媒技術がここ15年ほどの間に研究開発された[1, 10, 40]。これにより，プラスチックや合成繊維の原料であるBTXをこれまでの石油原料に代えて非石油原料である天然ガス，メタンハイドレートや炭層メタンをはじめコークス炉ガス（COG）の副生メタンなど広くメタン資源から経済的に製造して市場に供給するルートが可能になった。最近には，バイオマス資源の発酵・ガス化・化学変換技術からなる「バイオマスリファイナリー技術」への応用として，炭素循環利用が可能なバイオマス起源のバイオメタンを利用して，ベンゼンと水素を併産するバイオMTB技術の研究開発と実証試験が実施されて，実用化に向けた検討がなされている[24〜42]。ここでは，メタンからベンゼンと水素を高効率で製造する複合ゼオライト触媒の研究開発と牛糞など廃棄物系バイオマスから得られる発酵メタンを活用する"バイオMTB触媒技術"の研究展開と実用化に向けた技術課題について紹介する。

1.2　メタンの脱水素芳香族化（MTB）反応と触媒開発

　1990年代中頃に，天然ガスを初めとして，メタンハイドレート（MH）や石炭層中に吸蔵され

＊　Masaru Ichikawa　東京農業大学総合研究所　客員教授

第6章　バイオマスのガス化とケミカルス・燃料合成触媒技術

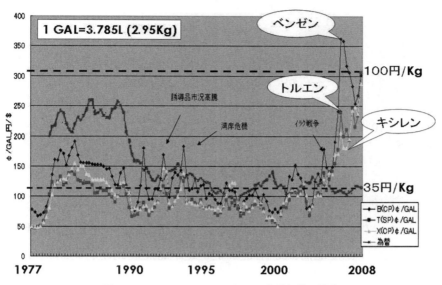

図1　1977-2008におけるBTXの市場価格の推移

るメタン「コールベッドメタン（CBM）」，溶鉱炉のコークス炉ガス（COG）から大規模に得られる副生メタンなどのメタン資源を利用して，ベンゼンやトルエンなどのBTX原料を製造する「MTB（Methane-to-Benzene）触媒技術」の研究開発が国内外で活発に行なわれた[1〜3, 6〜8]。MTB触媒技術は，特殊な複合金属ゼオライト触媒を用いて(1)式に示すようにメタンから直接に，ベンゼンを主生物とする芳香族化合物と水素を併産する吸熱反応のメタン直接改質プロセスである。

$$6CH_4 = C_6H_6 + 9H_2 - \Delta H_f = 237 Kcal/mol \tag{1}$$

メタンの脱水素芳香族化反応では，6分子のメタンからベンゼン1分子にたいして，9分子の水素がCO_2を排出せずに併産される。基本的には，メタン（CH_4）から高温度域でゼオライト担持金属触媒を用いて，水素をはぎとり生成する活性メチレン種CH_x（x-1-3）を環化縮合して，主としてベンゼンに化学変換して製造する触媒反応技術である。メタンは，そのC-H結合エネルギーが439kJ/molと大きな値をもつ非常に安定な化合物であり，化学的に活性化するには900K以上の高温が必要である。図2に示すように，メタンの脱水素縮合反応でのベンゼンやエチレンの平衡転化率は1気圧，1100K（827℃）においてそれぞれ20％と8％である。メタンからベンゼンへの脱水素縮合化反応は，エチレンやエタンなどの鎖状炭化水素生成物に比べより容易な反応である。さらに脱水素縮合が進んだグラファイト（C）の生成反応は同じ1000K（727℃）の温度域で平衡転化率は90％を超えることから[5]，メタンの脱水素縮合反応を制御して，高分子残渣やコークにせず有用なベンゼンやトルエンなどの芳香族化合物でいかに反応を止めるかが，MTB触媒技術の研究開発における最も重要な技術課題となる。

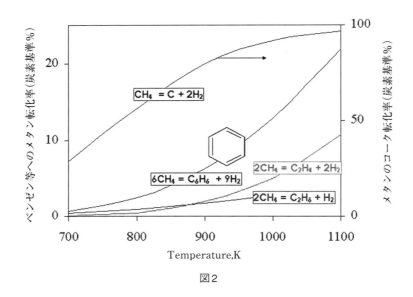

図2

　1993年Wangらは[7]、HZSM-5に担持したMo触媒を用いてメタンからベンゼンが750℃の高温域で得られることを見いだした。その後、市川ら[6,8〜18]の研究でFe,Zn,Mgなどを含む複合Mo/HZSM-5触媒上でのメタンの脱水素縮合化反応（メタン1-3気圧、650-800度、SV＝1000-5000ml/g-cat/h）において、6-12％のメタン転化率、ベンゼンなどの芳香族化合物を高選択率（65-85％炭素基準）で生成することを明らかにした。それ以外の副生物はC_2-C_4の低級炭化水素とコークである。MTB反応で生成される芳香族化合物中の生成割合は、触媒担体であるゼオライトの細孔構造に強く依存するが、ベンゼンが主生成物で＞85％、他にトルエンやナフタレンが10％程度得られる。他の多縮合芳香族化合物としてはアントラセン、テトラセン、ピレンなどが併せて1％以下である。

　Mo担持ゼオライト触媒でメタンからのベンゼン生成に関する最初の報告以来、MTB触媒反応に関しては、中国大連物理化学研究所Y. Xuグループ、ハンガリーF. Solymosi、北海道大学市川研究室[6,8〜12]、米国カルホルニア大学E. Iglesia[7,13,14]らによる基礎研究と触媒開発が1995〜2005にかけて広範囲にまた精力的に進められた[8〜19]。

　Mo以外のメタン脱水素芳香族化反応に活性な金属の探索がなされた。市川らの研究結果によると、30種以上の遷移金属触媒の中でMo，Re，Wがメタンからベンゼンの生成活性が高く、とりわけReとMoが好ましいことがわかった[1,6]。MoとReをHZSM-5に担持した触媒がベンゼンの生成活性と選択率が高く、またWがそれに次ぐ中程度の活性を示した。HZSM-5ゼオライトに担持されたMoO_3は670℃付近でメタンとの反応によりMo_2Cカーバイドに変換される。その直後からメタンの気流中に水素とエチレンの生成に伴いベンゼン、トルエンやナフタレンが急速に生成する。ZSM-5結晶に別途合成したMo_2C微粒子を物理的に混合するだけでベンゼンの生成活性は、それぞれ単独の場合に比べて100-150倍に増大する。このことから、Mo_2Cと

第6章　バイオマスのガス化とケミカルス・燃料合成触媒技術

ZMS-5ゼオライト担体からなる二元促進効果がMTB反応の触媒活性構造であることが明らかになった[7~9]。また、ZSM-5ゼオライト担持レニウム触媒では、メタンで還元された金属Re粒子がメタンの脱水素芳香族化反応に活性であり、モリブデン触媒でのMo_2Cカーバイド活性種とは異なることがわかった[10, 19~21, 29]。

Mo/HZSM-5とRe/HZSM-5触媒によるメタンの脱水素芳香化反応に関しては、エタンやプロパンなどの低級炭化水素やメタノールを原料とする比較的低温域（250-400℃）での脱水素縮合反応でのベンゼン、トルエン、キシレン等のBTXの生成機構と共通の経路を想定し考えられている。これは、図3に示すように、HZSM-5ゼオライト担体のブレンステッド酸点を含む細孔内でメタンが活性化されて得られる活性中間体（CH_X）（X＝1-3）の縮合環化過程でベンゼンなどのBTXが細孔内に生成すると理解できる。この場合ゼオライト細孔径（5.3-5.5A）の空間制御によりベンゼン（分子径0.5nm）が高選択率（＞85％）で幾分分子径の大きなトルエン（0.53nm）やナフタレン（0.5×0.8nm）は10％以下であるMTB反応の生成物分布に及ぼすゼオライト細孔構造に由来する分子形状選択性が表れる[3~8, 10, 29]。

これらの結果から、以下の反応スキームに示すように、

(a) メタンの脱水素反応での性中間体CH_xはMoカーバイドあるいはRe金属上で進行する。

(b) 生成したCH_x（x＝0-3）は、(b)は酸点で脱水素縮合し多縮合炭素骨格（C_2H_y, C_6H_z, $C_{10}H_w$）を有する表面化合物が生成する。更に反応条件（温度、圧力、流速など）により表面炭化物は水素化されてベンゼンやナフタレンを生成する。この際、触媒表面の水素濃度が極端に低い場合はコークの析出が進行する。

ZSM-5やMCM-22等の異なる細孔径を持つ様々な合成ゼオライトをもちいてMoやReを担持した触媒を調製し、メタンの脱水素芳香族化反応を調べたところ[12]、図4に示すように、ベン

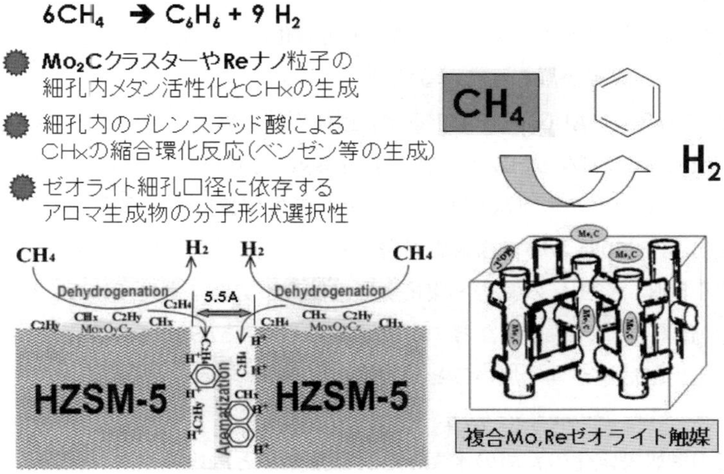

図3　メタンからベンゼンを合成するゼオライトMTB触媒と反応機溝

バイオマスリファイナリー触媒技術の新展開

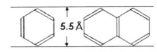

ゼオライト (SiO_2/Al_2O_3)	細孔環員数	細孔径 Å	転化率 %	選択率 / %(注*)	
				ベンゼン	ナフタレン
ESR-7	8	4.7×3.5	1.2	0	0
SAPO-34	8	4.3	0.6	0	0
ZSM-5(40)	10	5.3×5.6, 5.1×5.5	8.4	70	20
Si修飾ZSM-5			8.9	92	1
ZSM-11(38)	10	5.3×5.4	8.2	70	18
ZRP-1(35)	10	5.0×5.3, 5.0×5.4	8.6	74	15
MCM-22(36)	10, 12	4.0×5.5, 4.1×5.1	9.5	88	5
Beta(37.1)	12	5.6×5.6, 6.6×6.7	6.7	14	3
SAPO-5	12	7.3×7.3	3.8	5	0

T=750℃, SV: 1440/gcat/h, 1 bar, Reactant: 10%N_2+90%CH_4
注*生成物選択率の残りは、C2-C3炭化水素とコークである。

図4 メタン脱水素芳香族化反応活性とMo担持ゼオライト触媒の細孔径の影響

ゼンの分子サイズと同じ, 5.0-5.5Å (オングストローム) の細孔口径を有するゼオライト, ZSM-5 (5.5A×5.1Å) やMCM-22 (5,5A×4.0Å) 等を用いたゼオライト触媒でのみ, ベンゼンとトルエンなどのBTX生成がメタン基準で85%以上の選択率で作り出されることが見出された。5Åより小さな細孔径のゼオライトではベンゼンなどは全く得られず, メチレン活性種の2量化生成物であるエチレンが少量生成した[6, 9, 22～26]。また, 6Åより大きな細孔径のHYゼオライトやFSM-16などのメソ細孔材やシリカゲルを担体に用いて調製したMoやRe担持触媒ではベンゼンの生成選択率は10%以下であり, 大部分は回収不可能な多縮合環炭化物やコークに変換される。一方, アルキル化シリコン試薬でZSM-5やMCM-22ゼオライト表面をシラン化学修飾するとMoやRe担持触媒でのメタン脱水素芳香族化反応 (MTB反応) でのベンゼン選択率が90%を超える良好な成果が得られている[31, 40]。

一方, HZSM-5のSiO_2/Al_2O_3比を変えると, 担体の酸性質が大きく変化する。そこで, 大西, 市川らはSiO_2/Al_2O_3比の異なるHZSM-5にMoを3wt%担持し, 担持触媒のピリジン吸着のIR強度から測定したブレンステッド酸強度とベンゼンの生成速度との関連に相関性が見いだされて, SiO_2/Al_2O_3比40-70において極大値が得られた[7]。適当なプロトン酸点はメタンの活性化と表面炭化水素中間体 (CH_x) の縮合・環化反応の促進に必要と考えている。触媒担体として酸性のHZSM-5の代わりに, NaOHなどアルカリ中和したNaZSM-5にMoを担持した触媒にはメタンの芳香族化反応活性が全く無いことが判った[6～9]。

1.3 MTB反応の触媒安定化のための水素・CO_2添加効果と触媒再生法

MTB触媒反応では, 副生する多縮合環炭化物やコークがMoやRe担持のゼオライト細孔を狭

138

第6章　バイオマスのガス化とケミカルス・燃料合成触媒技術

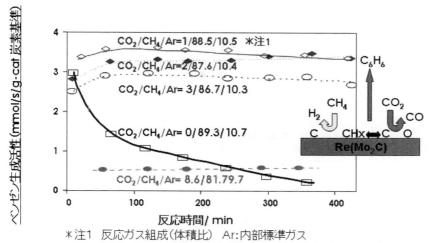

図5　メタンの直接ベンゼン合成反応活性に対するCO₂添加効果
Re/HZSM-5 at 1023K, 3atm, CH₄ SV＝5000ml/s/g-cat

隘し，ベンゼン選択率の低下を引き起こし，また細孔を閉塞することから触媒活性の劣化がプロセスの実用化にむけての大きな課題であった．図5に示すように，Mo/HZSM-5およびRe/HZSM-5触媒のメタンの脱水素芳香化反応（MTB反応）においては，反応初期に高いベンゼン生成速度を与えるが，反応の進行とともにメタン転化率が下がり，急速にベンゼン生成速度が減少して，5時間後にゼオライト細孔が炭素析出により閉塞してMTB触媒活性は失活する．ところが，大変興味深いことに，メタンに体積比で1-3％の炭酸ガスを少量添加して反応を行うと，メタン転化率やベンゼンの生成速度の低下は顕著に抑制されて，長時間に渡りMTB反応のベンゼン合成触媒安定性が得られた．CO_2に代わり，メタンに数％の一酸化炭素を添加すると，同様に触媒活性は安定化される．一方，メタンに対するCO_2濃度を3-10％と増加するとMTB反応は安定するが，メタン転化率とベンゼン生成活性は顕著に低下することが判った[22〜28]．MTB反応の温度，メタン流速，分圧に応じてメタンに対して最適なCO_2（あるいはCO）の添加濃度を設定することが必要である．このメタンに対するCO_2添加は大変に効果的であり，反応温度（650-800℃で）やメタンの脱水素化反応で引き起こるコーク生成に起因する触媒活性の低下を効果的に防ぐことが出来る[5〜8, 29]．

$$C（触媒表面コーク）＋CO_2＝2CO \tag{2}$$

気相のCOはMTB反応の温度域ではBoudardt反応（$2CO＝C＋CO_2$）でCO_2と活性炭素Cを再成する．一方，メタンに対するCO_2濃度を必要以上に増大すると，触媒表面のコーク除去による安定化が得られるが，MTB反応の活性構造であるMo_2Cあるいは金属Reが酸化して不活性な高酸化物に変換するため，メタンの脱水素反応が進行せず，ベンゼン生成活性の著しい低下がおこると理解できる．

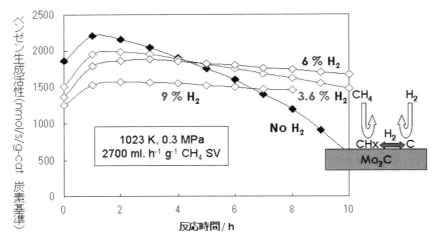

図6　6wt％Mo(β-Mo₂C)/HZSM-5触媒のMTB反応での水素添加効果

　図6に見るように，市川らは，メタンに容積比3-9％の水素を添加するとベンゼンの生成量は幾分低下するが，顕著に触媒活性の安定化ができること，またCO_2添加と同様にMTB反応の触媒活性を低下することなく，長時間維持できることまた水素処理後の触媒の再生が可能であることを見出した[24～26]。メタンに対する水素の添加効果は，MTB反応中に生成する表面炭化物を効果的に除去して（$C+2H_2 \rightarrow CH_4$），ゼオライト細孔のコーク析出を除去してMo_2CやRe担持ゼオライト触媒を再生する。この結果により，MTB反応でのCO_2や水素添加や水素処理による触媒の安定化と再生処理法が確立されて，実用化にむけてのMTB触媒技術の課題がほぼ解決された[24, 33, 40, 44, 45]。最近の小川，H. Ma，倉元らの研究成果では，図7に見るようにMoFeあるいはMoZnを担持したHZSM-5触媒を用いてメタンに数％CO_2とH_2を添加した混合ガスを用いたMTB反応と水素再生処理を交互に行い高いメタン転化率において高選択率でベンゼンの生成活性が得られた[43]。1.2気圧，$SV=12000h^{-1}$，780-820℃の反応条件において，メタン転化率12-18％，ベンゼン選択率85％で空時収率1.2Kg/Kg-cat/hと水素空時収率$3.2m^3$・Kg-cat/hの高いMTB反応活性と1000時間以上の長時間の安定性能が得られた。このベンゼンと水素の空時収量はMTB触媒プロセスの工業化を可能にする目標性能をクリヤーするものである。

1.4　MTB触媒技術の実証試験と工業化展開

　このMTB触媒技術は，非石油系原料から得られるメタンから，炭酸ガスを排出することなくベンゼンなどのBTX原料と水素を併産する画期的な「メタンの石油資源化技術」である。2001～2003年に，このメタン直接改質法（MTB）プロセスの実用化に向けた実証試験がNEDO地域コンソーシアム事業として北海道大学，㈱日本製鋼所，北海道曹達㈱と㈱日揮による共同開発が実施された。図8にみるようなKg触媒規模の実証試験プラントが日本製鋼所室蘭に建設され，2002年秋より稼働し，触媒性能評価試験を行なった。複合Mo担持ゼオライト触媒を用いて固定

第6章 バイオマスのガス化とケミカルス・燃料合成触媒技術

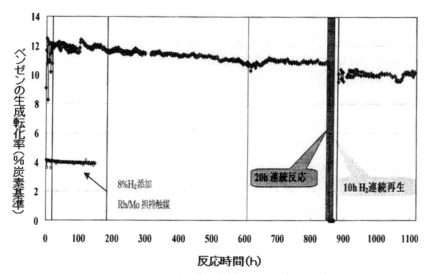

図7 Mo-Zn/HZSM-5触媒を用いるMTB反応の試験結果
（89％CH$_4$＋3％CO$_2$＋8％H$_2$ 820℃，1.2bar）

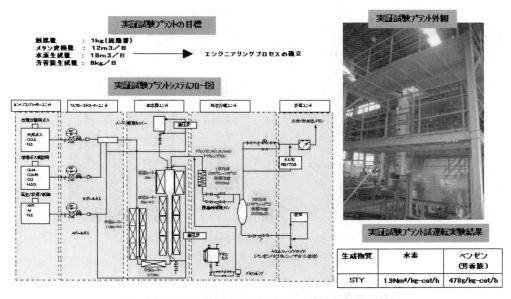

図8 MTB触媒技術によるベンゼンと水素の製造実証試験

床ペレット触媒反応および流動床粉体触媒反応を行なった。メタンと数％CO$_2$（およびH$_2$添加）の混合ガスを複合Mo/HZSM-5固定床触媒層に循環してMTB反応をおこない，また水素あるいはCO$_2$処理による触媒再生プロセスの活性評価に関するデータの収集・解析がなされた。生成したベンゼン，トルエンやナフタレンはデカリンを用いる気液分離操作により取り出し，水素ガ

スの分離・回収を行なった。2003年には300～1000時間の連続実験などMTB触媒プロセスの実用化にむけた経済性評価やプロセス設計などの研究開発を行なった。固定床式反応装置でのペレット触媒を用いたMTB反応実証試験結果を図9に示した。メタン（99.99％）からはベンゼン68％，ナフタレン25％の選択率で得られるが，北海道勇払産天然ガス（メタン85％とC2-C5炭化水素15％の混合ガス）からはベンゼン65％，トルエン16％，ナフタレン10％以外にスチレンが3％の割合で生成することがわかった[32, 33]。

　図10に示すように，メタン原価が20円/m^3の天然ガスを用いた場合，MTB触媒技術でのベンゼン製造コストは，45-60円/Kgであり，石油改質法ベンゼンの市場価格100-120円/Kgに比べてかなり有利である。一方，MTB反応で得られる副生水素の製造コストについては，現在主流の石炭や天然ガスなどの化石資源による水蒸気改質法での水素製造コスト20-45円/m^3に比べて安価に製造できる。また，MTB触媒技術での水素製造は，プロセス排出CO_2はゼロであり，省エネと経済効果とは別に地球温暖化削減効果において高く評価される。最近の石油価格の高騰のため，輸入ベンゼンの価格は現在120-150円/Kgと言われておりMTB技術を利用する非石油原料である天然ガスあるいはCOGや石炭ガス起源の安価な副生メタンからの製造ベンゼンの原

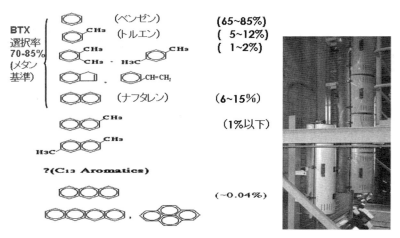

図9　メタンからのベンゼンなど芳香族炭化水素の製造技術
（6％MoX/ZSM-5，750℃，3気圧）メタン/CO_2/H_2

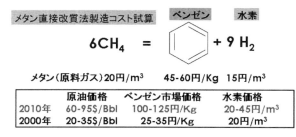

図10

第6章 バイオマスのガス化とケミカルス・燃料合成触媒技術

単価は，石油起源に比べて有利である。コークス炉ガス（COG）を利用するメタンから直接にベンゼンを製造するMTB触媒プロセスの実用化にむけての実証プラントの検討開始が2005年に三菱化学より新聞発表された。COGガス成分の体積比組成は水素（50％），メタン（15％），CO（7％）などである。COGガス中の水素を用いてCOや火力発電所で排出されるCO_2をメタン化反応（メタネーション）でメタンに変換する。COG副生メタンからベンゼンと水素を製造する実用化MTB技術である。MTBプロセスで併産される水素は回収してCO（CO_2）のメタン化反応に利用する。さらにメタン化反応の高温排熱をMTB反応に供給することによりLCAエネルギー変換効率を高めることが出来る。COGガスを利用するMTBプロセスで製造されるベンゼンは，国内市場向けとしても充分に経済性メリットがあり事業性が高いと試算されている。仮に日本国内のCOGガス（年間350億Nm^3）全量を利用して得られる150億Nm^3のメタンからベンゼンが870万トン規模で生産できる。スチレンモノマー，フェノール樹脂，テレフラル酸樹脂やナイロン用シクロヘキナンの原料であるベンゼンの国内需要は年間500万トン強である。製鉄産業の潜在資源であるCOGガスや海外の安価な天然ガスを利用するMTB技術の工業化と中東，中国へのMTB技術移転による安価なベンゼンの供給確保についてさらなる技術開発が期待される[40]。

1.5 バイオメタンを利用するMTB技術の実証試験と技術課題

バイオガス由来のメタンを利用するバイオMTB触媒技術に関心が高まっている。図11に示すように，ニュートラル炭素としてのバイオマス原料から得られるバイオメタン（CH_4）からバイオベンゼン（C_6H_6）とバイオ水素（H_2）を併産するバイオリファイナリー触媒技術の研究開発である。バイオマス利用の面からも，また地球温暖化対策としての有効性も大きい。上下水汚泥，農林産廃材や家畜糞尿などの廃棄物系バイオマスから得られるバイオメタンを利用して，MTB

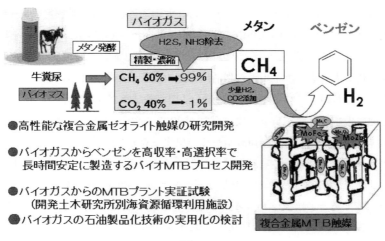

図11

バイオマスリファイナリー触媒技術の新展開

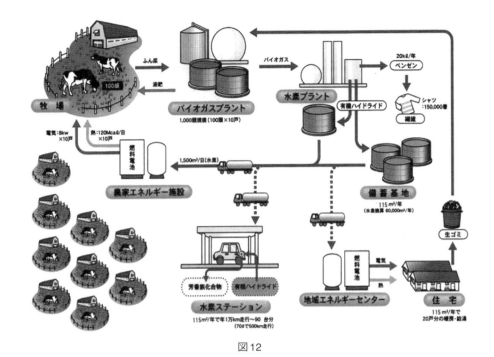

図12

触媒技術で水素とプラスチック製品の原料となるBTXの製造技術の実用化開発は，低炭素社会に向けての地域産業の振興やバイオ市場への経済効果が期待できる。

酪農地帯の畜産糞尿や農業廃材，森林廃材，稲わら，もみがらなどの農作物廃棄物の処理に関連して，発酵メタンすなわちバイオガスの利活用は農村地域の急務の課題である。バイオガス（メタン60％，CO_2 40％）中のメタン濃度を濃縮して，硫化物，窒素成分の精製・除去を行えば，バイオガスはまさに有用なメタン資源であり，MTB触媒技術を応用して水素とベンゼンなどの石油化学製品の製造原料になる。具体的には，北海道の別海町や士幌町の乳牛糞尿や加工残さから得られるバイオガス1日18,000Nm^{3}を利用するとMTB合成プラントを用いて，水素3700m^3/日（1450KWh電力）とベンゼンなど石油製品を4.2トン/日の生産規模で製造できる。

バイオガスを利用する水素エネルギー利活用モデル事業として，北海道開発土木研究所の有機資源循環利用施設において，バイオMTB技術を活用する試験プラントが建設されて，図12に示すような農村地域のエネルギー自立型実証試験が2003〜2007年に行なわれた[38〜42]。北海道別海町にある10軒の畜産農家の乳牛1000頭から排出する糞尿50トン/日からメタン発酵槽でバイオガス（60％メタン＋40％CO_2）1500m^{3}が発生する。バイオメタン（200m^3/日）をもちいて，水素（240m^3/日）とプラスチックの原料となるベンゼン（60Kg/日）を製造するバイオMTB触媒技術の実証試験である。まず，バイオガス中に含まれる硫化水素（H_2S）やCOSなどの硫黄成分は酸化鉄（酸化亜鉛など）を用いて，またアンモニアなどの窒素化物とCO_2濃度調整はPSA法を応用してガス精製した。メタン99％と1％CO_2を含むバイオメタンを取り出して，図

第6章　バイオマスのガス化とケミカルス・燃料合成触媒技術

図13

13に示すような複合Moゼオライト触媒を充填したMTBプラントを用いて，バイオメタンからバイオベンゼンとバイオ水素を併産する。MTBプラントはバイオガス（あるいはプロパンガス）燃焼で加熱する6本の反応器（70mm直径×4500mm長）に20-50kgのMTB触媒ペレットが充填されている。750-800℃，3-5気圧の反応条件で数回のガス循環を行いメタン利用率を高めてベンゼンと水素の生成活性を調べた。MTB触媒反応器の出口ガス中の未反応のメタンはさらに水蒸気改質装置で水素に変換利用される。製造されたバイオ水素はトルエンを用いて水素化反応でメチルシクロヘキサンとして水素貯蔵される。必要に応じてメチルシクロヘキサンの脱水素反応器で毎日240m^3の水素を取り出して10台のPEM型燃料電池で毎時10KW出力で発電される。図12に示すように，乳牛の糞尿から発酵メタンを取り出してから水素とベンゼンなどのプラスチック原料を製造するほか，有機ハイドライド技術を利用して水素エネルギーを年間安定に備蓄し，農村地域での燃料電池自動車に水素を供給する水素ステーションや，農村地域の温室暖房など冬場に必要な電気や熱を畜産農家に供給する地域エネルギー自立化モデル事業としてデーター収集と経済性に関するシミュレーション評価の検討が行なわれた[41, 42]。牛糞尿など厄介な廃棄物処理でえられるバイオガスを利用して水素とプラスチックや繊維の石油原料を作り出すだけでなく，畜産農家の多角的な水素・燃料電池を活用する地域エネルギー自立化のための水素や灯油代替燃料の自給に向けてバイオMTB触媒技術の実証試験として評価されている。バイオMTBプラントでは，酪農家からの乳牛ふん尿のほか食品加工性法や家庭ごみ等，地域で排出される有機性廃棄物（副資材）の処理を行う。これによりメタン発酵残渣である消化液とバイオガスが

供給される。消化液は良質な肥料となりプラント利用酪農家の圃場に還元される。バイオ水素は地域の住宅地を対象に燃料電池システムによりエネルギー利用を行う。

前節に示したバイオMTB技術の実証実験により得られた物質収支データ及びエネルギー収支データと，バイオガスプラント（別海資源循環試験施設）の運転データを用いて，両プラントを一体化したバイオMTBプラントの物質収支・エネルギー収支をシミュレーションにより試算した。バイオMTBプラント稼動に伴う消費エネルギーはすべて発生するバイオガスにより自家供給するものとした。プラントの所要電力と最高80℃での熱利用はガスエンジンコージェネレーションにより，バイオMTB触媒プロセスで必要とする高温熱源はバイオガスおよびオフガスの燃焼により確保するとした。一般住宅の電力需要に必要な1日の水素量（燃料電池発電効率40％（LHV））は約11Nm^{3}であり，エネルギー利用が可能な相当量の水素がバイオMTBプラントから生産できることが試算された。従来の消化液のスラリー処理に比較して，水素製造プラント運用による温室効果ガス排出量の削減効果は大きい。また，プラント規模による温室効果ガス排出量の相違は，乳牛ふん尿及び消化液運搬等にかかる燃料消費（軽油）によるものであり，プラント規模が大きいほど運搬による移動距離が大きくなるためである。水素製造プラントの運用では運搬等による温室効果ガス排出量が大部分を占めているが，将来燃料電池車による運搬等が可能になれば温室効果ガスの排出量はさらに削減できるものと考えられる。2000頭規模の乳牛の糞尿由来のバイオガス利用システムでの温室効果ガス削減量は約1,400t-CO_2/年であり，同量の温室効果ガスを排出する灯油量に換算すると約560kL/年となる。

1.6 MTB触媒技術を活用する工業化学的二酸化炭素固定法

大気中への二酸化炭素排出抑制策として，燃焼ガス中の二酸化炭素を分離・捕集して，地層中あるいは海洋中へ隔離することが検討されているが，これでは，一方通行の持続不可能な廃棄資源利用を一歩も脱却していない。一方，持続可能なエネルギー源である太陽エネルギーの利用である太陽電池や風車による発電は，その変動性が高いことにより系統電力への大規模な導入には，大きな困難が存在する。このため，多くの地方自治体やNGOの（太陽電池・）風力発電プロジェクトの普及展開に制約があり，経済的に自立した事業化には多くの課題が存在する。

図14に示すように，MTB技術を活用する「工業化学的二酸化炭素固定」は，植物が行っている自然の二酸化炭素固定（光合成）と同様に太陽電池や風力発電により得られる電力を用いて水分解により水素と酸素を製造する。水素で二酸化炭素を還元してメタンに触媒変換する。メタンはMTB触媒技術によりプラスチック原料であるベンゼンと水素を製造する。副生水素はCO_2のメタン化反応に循環利用される。CO_2と水（H_2O）から太陽エネルギーを利用してプラスチック原料であるベンゼンとして炭素固定して，水分解による酸素を大気に放出する。いわば，MTB触媒技術を活用する新しい"工業化学的な光合成"と捉えることができる。産出されたベンゼンなどのBTXを用いて製造されたプラスチック製品は，バイオマスの発酵メタンを原料に利用するMTB技術と同様に「CO_2の炭素循環の再生サイクル」に取り込まれることから，カーボンニ

第6章　バイオマスのガス化とケミカルス・燃料合成触媒技術

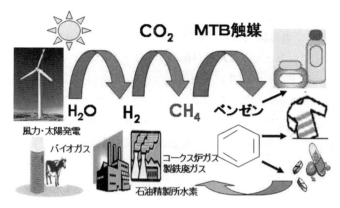

図14　工業化学的炭酸ガス固定化技術開発

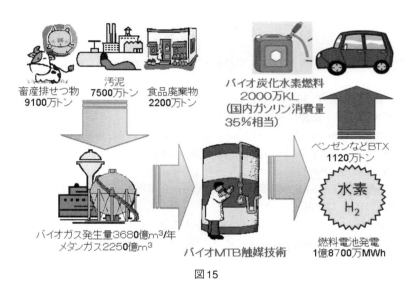

図15

ュートラルと考えられる。更に，石油化学原料として付加価値の高いベンゼンなどのBTX原料と水素を，太陽エネルギーを利用してCO_2と水から製造できる。経済的インセンティブを有する実用化技術として，また石油や天然ガスなどの化石資源に依存することなく，次世代の炭素資源と水素エネルギーの確保のための「工業化学的なCO_2光合成技術」として評価されよう[34,40]。

1.7　おわりに

図15に示すように，国内で発生する畜産排泄物約9100万トン，農作物廃排食用物1300万トン，食品廃棄物2200万トンなど様々なバイオマス総量は年間2.4億トンと推定される。これらバイオマスから作り出せるバイオガスは年間3680億Nm^3でメタンガス2250億Nm^3である。全てのバイオメタンを用いると，バイオMTB触媒技術によりバイオ水素が1283億Nm^3とバイオベ

バイオマスリファイナリー触媒技術の新展開

ンゼンは1122万トン製造できる計算である。得られる水素で燃料電池発電すると1億8700万MWhの電力量になり，これは国内総発電量の25％にあたる。最近の福島原子力発電所の事故以来，電力供給を太陽光や風力といった再生可能エネルギーやバイオマス由来の水素利用が期待されている。一方，廃棄物系バイオマスから製造されるバイオベンゼンは石油換算で2000万Klに相当する。海外からの原油輸入に頼る日本にとって，燃料，プラスチックや繊維製品などの石油化学原料であるBTXを石油に代えてバイオマス資源の化学変換技術で賄うことができる。化学産業むけの石油消費を削減するだけでなく，地球温暖化要因物質であるCO_2排出削減に大きく貢献するものと考えられる。

文　献

1) 市川勝，（監修）「天然ガス高度利用技術―開発研究の最前線」エヌ・ティー・エス出版（2001）
2) 富重圭一, 藤元薫, 触媒, **38**, 611（1996）
3) 乾智行, エネルギー・資源, **18**, 511（1997）
4) I. Barin, Thermochemical Data of Pure Substances（VCH, Weinheim, 1989）
5) G. Ertl, H. Knözinger, J. Weitkamp eds, Handbook of Heterogeniuous Catalysis Vol4（VCH, Weinheim, 1997）
6) M. Ichikawa, T. Tanaka, W, Pan, T. Ohtani, R. Ohnishi, T. Shido, *Stud. Surf. Sci. Catal.*, **101**, 1075（1996）
7) L. Wang, J. Huang, L. Tao, Y. Xu, M. Xie and G. Xu, *Catal. Lett.*, **21**, 35（1993）
8) S. Liu, Q. Dong, R. Ohnishi, and M. Ichikawa, *J. Chem. Soc., Chem. Comm.*, 1455（1997）
9) S. Liu, Q. Dong, R. Ohnishi, and M. Ichikawa, *J. Catal.*, 1455-1456（1997）
10) S. Liu, L. Wang, Q. Dong, R. Ohnishi, and M. Ichikawa, *Stud. Surf. Sci. Catal.*, **119**, 241-246（1998）
11) S. Liu, L. Wang, R. Ohnishi, and M. Ichikawa, *J. Catal.*, **181**, 175（1999）
12) L. Wang, R. Ohnishi, and M. Ichikawa, *Catal. Lett.*, **62**, 29（1999）
13) Y. Xu, S. Liu, L. Wang, M. Xie, X. Guo, *Catal. Lett.*, **30**, 135（1995）
14) J. Zeng, Z. Xiong, H. Zhang, G. Lin, K. Tsai, *Calat. Lett.*, **53**, 119（1998）
15) B. Weckhuysen, D. Wang, M. Rosynek, J. Lunsford, *J. Catal.*, **175**, 338（1998）
16) C. Zhang, S. Li, Y. Yuan, W. Zhang, T. Wu, L. Lin, *Catal. Lett.*, **56**, 207（1998）
17) W. Ding, S. Li, G. D. Meitzer, E, Iglesia, *J. Phys, Chems.*, **B105**, 506（2001）
18) W. Li, G. Metzner, R. W. Borry, E. Iglesia, *J. Catal.*, **191**, 373（2000）
19) S. Liu, L. Wang, Q. Dong, R. Ohnishi, and M. Ichikawa, *Stud. Surf. Sci. Catal.*, **119**, 241-246（1998）
20) S. T. Oyama, *Catalysis Today*, **15**, 179（1992）

21) J. S. Lee and M.Bcudart, *Catal. Lett.*, **20**, 97（1993）
22) L. Wang, R. Ohnishi, and M. Ichikawa, *J. Catal.*, **190**, 276（2000）
23) R. Ohnishi, S. Liu, Q. Dong, L. Wang, and M. Ichikawa, 182, 92（1999）
24) Y. Shu, and M. Ichikawa, *Catal.Today*, **71**, 55（2001）
25) Y. Shu, H. Ma, R. Ohnishi, and M. Ichikawa, *Chem. Commun.*, 590 （2003）
26) H. Ma, R. Ohnishi, and M. Ichikawa, *Catal. Lett.*, **89**（1-2）, 143（2003）
27) 大西隆一郎, 市川勝, 金属, **69**, 16（1999）
28) 大西隆一郎, 市川勝, 表面, **37**, 28（2000）
29) 大西隆一郎, 市川勝, ゼオライト, **18**, 49（2001）
30) 大西隆一郎, 市川勝, ペテロテック, **24**, 357（2001）
31) S. Kikuchi, R. Kojima, and M. Ichikawa, *J. Catal.*, **242**, 349（2006）
32) 市川勝, 化学工業, **54**, 949 （2005）
33) 市川勝,「アロマテイックス」**56**, 6（2004）
34) 市川勝, 総合技術誌OHM, 5月号 2（2005）
35) 市川勝, バイオガスを利用する農村地域の水素・燃料電池インフラ技術の展開, 週間農林, 3月15日号, pp4-7（2005）
36) 市川勝, *Eco Industry*, **19**（10）31（2004）
37) 市川勝, 資源環境対策, 5月号, 86（2005）
38) 地球温暖化対策に資するエネルギー地域自立型実証研究（平成15-17年度）報告書, ㈱北海道開発土木研究所（平成18年5月）
39) 市川勝, 農林水産技術研究ジャーナル, 28巻（12）, 15－20（2005）
40) 市川勝, 日本エネルギー学会誌, **86**, 249－235（2007）
41) 大久保天, 主藤祐功, 秀島好昭, 寒地土木研究所月報, No656, 16-25（2008）
42) Y. Shudo, T. Ohkubo, Y. Hideshima, T. Akiyama, *Intnal. J. Hydrogen Energy*, **34**（10）4500-4506（2009）
43) 小川祐治, 馬洪涛, 山本洋, 倉元正道, 日本エネルギー学会予稿集, 78p（2007）
44) K. Honda, X. Chen, Z. -G. Zhang, *Appl. Catal. A. Gen.*, **351**, 122（2008）; Y. Xu, J. Liu, J. Wang, Y. Suzuki, Z. -G. Zhang, *Chem. Eng. J.* **168**, 390（2011）
45) 化学工業日報, 2005年9月26日掲載記事

2 バイオマスからの液体燃料油化技術と触媒開発

朝見賢二*

2.1 はじめに

　周知のように，世界の1次エネルギーの約30％は石油に依存しており，日本においても全消費エネルギー約45％，約2億トン／年の原油（99.5％が外国産）を輸入している。また，資源ナショナリズムは日本による外国での石油資源の開発を次第に厳しいものとしている。これらの原因から，石油以外の資源からのエネルギー材料（石油代替エネルギー）の開発は世界的競争となっており，現時点においても世界で20以上の大規模プロジェクトが進行または実現している。特にバイオマスからの輸送用エネルギー合成に関する開発は，近年の二酸化炭素排出量削減の動きと相まって，より大規模となるであろう。

　バイオマスに含まれる炭素はカーボンニュートラルであり，そこから発生する二酸化炭素は地球温暖化には寄与しない。バイオマスからの輸送用液体燃料の製造法としていくつかのプロセスが提案され，開発が進められている。主なものとしては，でんぷんやセルロース系バイオマスから発酵法によるエタノール合成，油脂類をメタノールでエステル交換して得られる脂肪酸メチルエステル（FAME）があげられ，新規技術としては油脂類の熱分解や接触改質，および微細藻類からの燃料油合成があげられる。一方，その活用が困難であるリグニン，セルロースあるいは廃材等のハードバイオマスは，これをガス化して合成ガス（H_2/CO）とし，これをフィッシャー・トロプシュ合成（FT合成）によりディーゼルを中心とする燃料油に変換するBiomass to Liquid（BTL）法も注目を集めている[1]。

　本稿では，筆者らがNEDOプロジェクトとして実施してきたバイオマスガス化ガスの変換に用いる鉄系FT合成触媒の開発について紹介する[2, 3]。想定BTLプロセスの概要・特徴と，本研究の範囲を図1に示す。

2.2 鉄系FT合成触媒の開発

2.2.1 沈殿鉄出発塩と還元条件の影響

　沈殿鉄触媒の原料塩として従来から用いられてきたのは，3価の硝酸塩（$Fe(NO_3)_3$）である。しかし，触媒調製時に副生する硝酸イオンを含む排水はそのまま廃棄できないため，処理コストがかさむ。そこで本研究では，低原子価（2価）の鉄からなる硫酸塩（$FeSO_4$）を原料塩に用い，高活性触媒を得ることを試みた。図2に硝酸塩および硫酸塩から調製した沈殿鉄触媒によるFT合成の結果を示す。300℃で触媒を還元した場合には，従来の硝酸塩から調製した触媒のCO転化率は80％程度であるのに対し，硫酸塩から調製した触媒の転化率は約50％に過ぎず，好ましい結果は得られなかった。しかし，触媒の還元温度を330℃にすると転化率は90％以上に大幅に向上し，硝酸塩からの触媒の結果を上回る好成績を与えた。コバルト触媒やルテニウム触媒と

---

*　Kenji Asami　北九州市立大学　国際環境工学部　エネルギー循環化学科　教授

第6章 バイオマスのガス化とケミカルス・燃料合成触媒技術

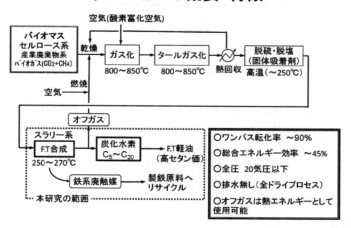

図1 想定するBTLプロセスと本研究の範囲

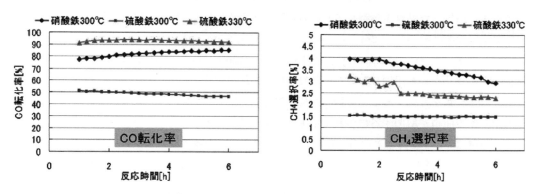

図2 FT合成におよぼす沈殿鉄触媒の原料塩と還元温度の影響
反応条件：260℃，2.0MPa-G，8.3g h/mol，$H_2/CO=1$

比較して鉄触媒は，もともとCH_4選択率は低いが，本研究で開発された硫酸塩から調製した触媒では2.5％以下という著しく低い値であり，優れた結果といえる。

2.2.2 沈殿鉄触媒の担持効果

表1に，いくつかの担体に沈殿担持したFe-Cu触媒によるFT合成反応の結果を示す。シリカやマグネシアを担体とした場合，CO転化率は非常に低く，ほとんど不活性であった。X線回折の結果から，触媒中にはFe_2SiO_4や$MgFe_3O_4$の回折線が認められ，これらの難還元性鉄化合物の生成により，FT合成活性を示さなかったものと考えられる。一方，グラファイトに担持した鉄触媒の場合（Fe-Cu/C_g）には，これらの触媒より高いCO転化率が得られ，炭化水素の収率は16.4％であった。無担持の沈殿鉄触媒（Fe-Cu）の場合，炭化水素収率は19.4％であるが，鉄の含有量が2倍であることより，鉄重量当たりにするとグラファイト担持触媒の方が優れてい

表1 担体の影響

Catalyst	CO conv.(%)	CH_4sel.(%)	CO_2sel.(%)
Fe-Cu	48.2	1.5	40.2
Fe-Cu/SiO_2	4.8	nd[b]	nd[b]
Fe-Cu/MgO	0.8	nd[b]	nd[b]
Fe-Cu/C_g	22.7	2.9	27.9
Fe-Cu-K/C_g	74.4	2.0	47.9

反応条件：260℃，2.0MPa-G，3.7g h/mol，
H_2/CO＝1; nd: not determined

ることがわかる。さらに，これをカリウムで修飾すると（Fe-Cu-K/C_g），CO転化率は大きく上昇し70％以上に達した。また，CO_2選択率も上昇しており，水性ガスシフト反応に対する活性も高くなっていることがうかがえる。

2.2.3 炭素系担体の効果

このように，グラファイトに担持すると，触媒性能が向上することが分かったので，種々の炭素系担体に担持した触媒を調製してFT合成を行い，炭素担体の種類の影響を検討した。用いた炭素担体は炭素繊維（C_f，3.6m²/g），純カーボン（C_p，16m²/g），グラファイト（C_g，18m²/g），カーボンブラック（C_b，760m²/g），活性炭（C_a，1,200m²/g）の5種類である。図3に反応結果を示す。カリウムを添加していない触媒（Fe-Cu）では，CO転化率は30～50％であり，ここでも鉄含有量を考慮すると，無担持触媒（None）よりも高活性と考えられる。また，転化率は担体の比表面積が増加するにつれて増加する傾向を示した。これは，比表面積の増加に伴い，鉄粒子の粒子径が小さくなり高分散化したためではないかと推察される。CH_4選択率はいずれも5％以下と非常に低かった。CO_2選択率はいずれも40％以下と低く，比表面積の増加に伴い低下

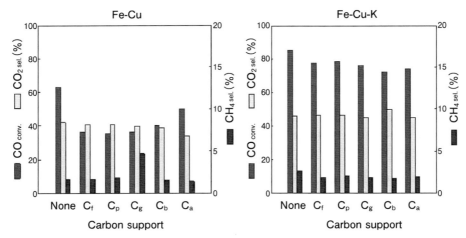

図3 FT合成におよぼす炭素系担体の効果
反応条件：260℃，2.0MPa-G，8.3g h/mol，H_2/CO＝1

第6章 バイオマスのガス化とケミカルス・燃料合成触媒技術

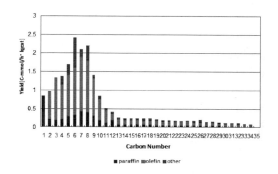
炭素数分布

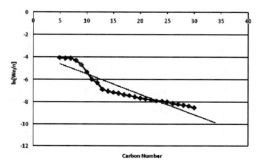
ASFプロット

図4 Fe-Cu-K/C_g触媒による炭化水素生成物分布とASFプロット
反応条件：260℃，2.0MPa-G，8.3g h/mol，H_2/CO＝1

した。カリウムがないと，シフト活性が低いようである。カリウム存在下では（Fe-Cu-K），いずれの場合もCO転化率が大幅に増加し，70～80％となった。このようにカリウム添加による活性向上が顕著である一方，担体間，特に比表面積による影響は明確でなくなった。CO_2選択率は45～50％に上昇し，シフト活性も上昇していることが分かる。しかし，CH_4選択率はいずれも3％以内と極めて低く，大変好ましい結果といえる。

図4にFe-Cu-K/C_g触媒で得られた炭化水素生成物の炭素数分布とAnderson-Schulz-Flory（ASF）プロットを示す。主な生成物は，炭素数10以下の軽質のガスとナフサ分であり，その大部分は直鎖のオレフィン類であった。また生成量は少ないものの，長鎖の炭化水素も生成しており，C_{30}までの成分が分析可能であった。Kを添加していないFe-Cu触媒，Fe-Cu/C_g触媒では，C_5が最大であったのに対し，Fe-Cu-K/C_g触媒では，C_8，すなわち高沸点成分へシフトしている。軽質分が多いので生成物全体のASFプロットの直線性は高くなく，非ASF型分布といえよう。しかし，C_{10}以上の高沸点成分については比較的高い直線性を示している。このようなASFプロットから算出した連鎖成長確率（α値）は，Fe-Cu: 0.78, Fe-Cu/C_g: 0.79, Fe-Cu-K/C_g: 0.83の順に大きくなった。

2.2.4 反応条件の影響と触媒の安定性

Fe-Cu-K/C_g触媒を用い，高ガス流速下で反応条件の影響を調べた。温度，圧力，接触時間（W/F）の依存性を，図5～7にそれぞれ示す。反応温度を240℃から280℃へ上昇させるにつれ（図5），CO転化率は直線的に増加した。CO_2選択率は徐々に増加した。CH_4の生成も高温で促進されるものの，280℃においても2％程度に過ぎなかった。反応の圧力依存性を1～3MPaの間で検討したところ（図6），CO転化率は圧力の増加にほぼ比例して上昇した。この間，CO_2およびCH_4の選択率に大きな変化はなかった。W/Fを1.4～2.8g・h/molの間で変化させた時（図7），CO転化率はほぼ直線的に増加した。CO_2選択率は接触時間の短いところで低くなっており，やはりCO_2は生成した水と未反応COの逐次反応で生成するものと考えられる。W/F＝

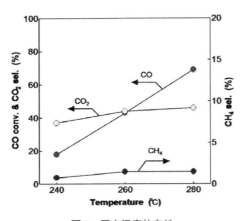
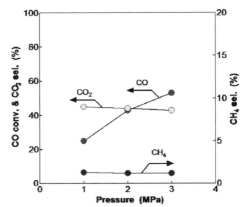

図5 反応温度依存性
反応条件：2.0MPa-G, 2.8g h/mol, $H_2/CO=1$

図6 反応圧力依存性
反応条件：260℃, 2.8g h/mol, $H_2/CO=1$

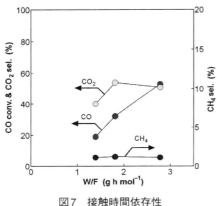
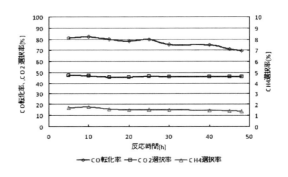

図7 接触時間依存性
反応条件：260℃, 2.0MPa-G, $H_2/CO=1$

図8 触媒活性，選択性の経時変化
反応条件：260℃, 2.0MPa-G, 8.3g h/mol, $H_2/CO=1$

2.8g・h/molにおける炭化水素の空時収量（STY）は，650g/kg・hであり，この値はSASOLプロセスで用いられている鉄系触媒のもの（100〜150g/kg・h）と比較して，非常に高活性な触媒といえる。

図8に，標準条件下での反応の経時変化を示す。CO転化率はわずかな低下はみられたものの，40h程度まで安定な活性を示し，70％以上の高転化率を維持した。40h以降のCO転化率の減少は，装置上の制約により触媒が生成油とともに系外へ流出したためであり，本質的な活性劣化ではない。またこの間，CO_2，CH_4の選択率もほぼ一定であった。

2.3 おわりに

BTL合成に用いる鉄系FT合成触媒の開発についてその研究の概要を述べた。炭素系担体に沈

第6章　バイオマスのガス化とケミカルス・燃料合成触媒技術

殿鉄を担持することにより，高性能化可能なことが明らかとなった。現在更なる触媒性能の向上に向けて研究が進められているが，実用化に耐えうる長寿命の触媒開発がポイントである。また，ディーゼル留分の選択性を高める工学的工夫も行われている。

　本研究はNEDONEDO H21～22年度「バイオマスエネルギー等 高効率転換技術開発」(先導研究)の成果である。

文　　献

1) 「省エネルギー総覧」2010・2011, 通算資料出版会
2) H. Hayakawa, H. Tanaka, K. Fujimoto, Appl. Catal. A 310, 24 (2006)
3) K. Asami, S. Ishii, A. Ketcong, A. Iwasa, N. Igarashi, K. Yamamoto, K. Fujimoto, Proc. NGCS9, P60 (2010)

3 バイオマスのガス化・エタノール直接合成触媒技術の展開

市川　勝*

3.1　はじめに

　石油価格の急激な高騰や，地球温暖化要因物質である二酸化炭素の排出削減にむけて，世界的な「バイオマス国家戦略」上のエネルギー燃料として，ガソリン代替／ブレンド用のバイオエタノールが選ばれて，その生産技術の開発と商業的供給体制の推進が重要課題となっている。既に開発されている糖発酵技術を応用してサトウキビ，キャッサバ芋をはじめとして，コーン，大豆などの食料バイオマスを原料に用いたエタノールの大規模生産が米国，ブラジルやインドで進められている。然るに，これら食料の価格高騰や世界的な供給逼迫を引き起こして，「エネルギー燃料と食物の競合」が深刻な社会問題となっている。ここにきて，非食料である木材や稲わらやバガスなどの木質バイオマスを原料に用いたエタノール製造技術の開発が国内外で検討されているが，これまでの発酵法技術においては，セルロース系木質バイオマスの糖化分解などさらなるコスト負担と酸塩基残液の処理など，実用化に向けた技術課題がある[1,2]。

　一方，木材や稲わらなど木質バイオマスを用いて高温水蒸気とのガス化反応で合成ガス（COとH_2の混合ガス）を含むバイオマスガスを製造する浮遊外熱式ガス化技術が長崎総合科学大学坂井教授らにより開発された[3〜5]。加えて，天然ガスや石炭のガス化で得られる合成ガスを用いて高選択率かつ高収率でエタノールを直接に製造するRh複合触媒を用いるエタノール直接合成触媒技術の研究が北海道大学市川研究室において進められてきた[6〜27]。最近には，木質バイオマスのガス化技術とエタノール直接合成触媒技術を組み合わせた木材や稲わらからのバイオエタノールの直接合成技術の研究開発と実証試験が，世界に先駆けて，東京農業大学，積水化学，長崎総合科学大学の共同開発で行なわれた[30〜35]。実用化に向けた経済性やプロセス評価に関する検討が行なわれている。ここでは，木質バイオマスのガス化で得られるバイオマスガスからバイオエタノールを製造するガス化・エタノール合成触媒技術の研究開発の現状と今後の実用化に向けた技術課題に加えて，プラスチックなどの石油由来のケミカルズ原料の生産にむけたバイオマスC1化学の将来展開について紹介する。

3.2　合成ガスからエタノールなどC_2—含酸素化合物の合成反応と触媒開発

　天然ガスや石炭のガス化水蒸気改質プロセスで得られる合成ガス（CO＋H_2）を用いた代表的なC1化学触媒反応を図1に示した。これら合成ガス反応の中で，NiやRu触媒でのメタン化反応（CO＋$3H_2$＝CH_4＋H_2O），Cu/ZnOやCu/Cr_2O_3触媒のメタノール合成反応（CO＋$2H_2$＝CH_3OH），およびFe，CoやRuからなるFT（Fischer-Tropsh）触媒での炭化水素油の合成反応（nCO＋$2nH_2$＝C_nH_{2n+2}＋nH_2O　n＝2-20）については工業的触媒技術として実用化開発されている。これに比べて，合成ガスからエタノールを直接合成する触媒プロセスの開発は，

＊　Masaru Ichikawa　東京農業大学総合研究所　客員教授

第6章　バイオマスのガス化とケミカルス・燃料合成触媒技術

1970年後半に相模中央化学研究所市川研究室で基礎研究が進められた[6〜12]。その結果，図2に示すように，Rhを主触媒にして酸化物担体や添加金属を組み合わせた複合Rh触媒を用いてエタノールが高選択率で得られることが見出された。加えて，米国UC（ユニオンカーバイド）社などの高圧合成ガス反応の研究成果[13, 14]に基づき，1980〜1987年通産省工技院による国家プロジェクト「一酸化炭素を原料とする基礎化学品の製造法」が開始された。その開発課題の1つとして「合成ガスからの気相法エタノール合成技術開発」が取り上げられて，C1化学研究組合に

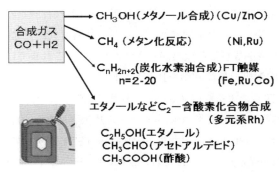

図1　代表的な合成ガス（$CO+H_2$）反応と有効な触媒系

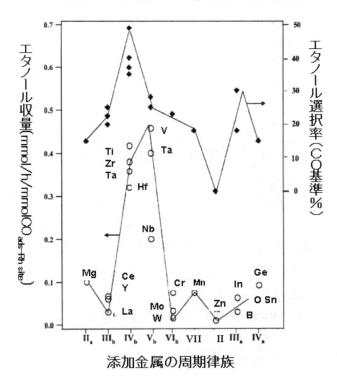

図2　多元素Rh触媒上での合成ガス反応でのエタノール収量（mmol/h/mmol-COads Rh site）とエタノール選択率（CO基準）に対する金属添加効果（$H_2/CO=2$，1atm，250-290℃）

バイオマスリファイナリー触媒技術の新展開

参画する相模中央化学研究所と4化学企業によってエタノール直接合成触媒技術の研究開発が行なわれた[32,33]。多成分系Rh触媒の広範囲な触媒探索とエタノール直接合成のプロセス設計を進めることで、図3に示すように、石炭や天然ガスのガス化改質技術で得られる合成ガス（CO＋$2H_2$）を用いて20-50気圧260-280℃において高選択率かつ高収率でエタノールを直接合成するRh複合触媒が研究開発された。高圧合成ガスのエタノール合成反応について長時間運転での実証試験などのRh複合触媒の性能評価と技術実証がなされた。

その後、北海道大学触媒化学研究センター市川研究室においてRh触媒に対する添加金属の促進効果や放射光電子分光法やメスバワー分光法を利用するRh複合触媒の活性構造解析[15~21]に加えて、エタノールの直接合成の反応機構[16~25]などの基盤研究が行なわれた。これによりRh複合触媒のエタノール合成触媒性能の改良がなされた[26~31]。これまでに研究開発された合成ガスからのエタノール合成触媒の性能評価を比較して図4に示す。高圧6～25MPa、高温300～420℃でのLurgi、SEHTらによる修飾メタノール触媒やIFP、物質研らの修飾FT触媒やダウケミカル、Ecalene社の修飾MoS触媒[36]ではエタノール選択率は高々40%であり、C1～C7の混合アルコールと炭化水素が副生される。エタノール収率（STY基準）で80g/Kg-cat/h以下である。これらの非Rh系触媒と比べて、Rh複合触媒は0.1～5MPa、260～290℃の比較的温和な反応条件においてエタノール選択率85%で副生物はメタン15%弱であり、格段に高いエタノール収率（STY＝200～450g/L-cat/h）で製造される。

これまでの研究成果によると、20数種の遷移金属の中でRh（ロジウム）は、合成ガスからエタノール、アセトアルデヒドおよび酢酸からなるC_2-含酸素化合物を高選択率（＞60%）で生成する唯一の触媒金属である。興味深いことに、RhにMn、Ti、Zr、Hf、Sc、La、Mg、Caな

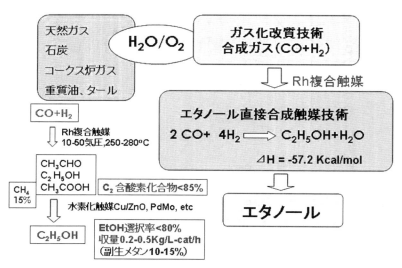

図3　天然ガスや石炭のガス化改質で得られる合成ガス（CO＋$2H_2$）からのRh複合触媒を用いるエタノール直接合成プロセスの研究開発

第6章 バイオマスのガス化とケミカルス・燃料合成触媒技術

どを少量（M/Rh＝0.01-0.2重量比）添加すると，図5に示すようにC_2-含酸素化合物の収量が飛躍的に増大する。一方，Ir，Pt，Au，Ag，Reなどの貴金属あるいはLi，Na，Kなどのアルカリ金属を添加すると，メタンなどの炭化水素の副生が抑制されてエタノールなどのC_2-含酸素化合物の生成選択率が向上する。こうした活性増大因子と選択率増大因子の金属を組み合わせ

		Rh複合触媒	修飾MeOH触媒	修飾FT触媒	
触媒系		Rh系(Zr,Mn,Sc,Li,Ir,Mg)	Cu-ZnO系(Cr,Cs,Mn)	Co系(Cu,Ru,K)	MoS_2系(Co,Rh,K)
研究機関		Ichikawa, Union Carbide C1プロジェクト（相模中研・協和発酵・三菱ガス化・東ソー），北大，東京農大	Lurgi Octamix SEHT	出光興産 IFP 物質研	Dow Chem Ecalene
性能・条件	CO転化率	~35%	—	~15%	~30%
	EtOH選択率	60~85%	~15%	~30%	~40%
	圧力条件	0.1~5MPa (250~290℃)	7~25MPa (260~420℃)	6~12MPa (250~300℃)	5~20MPa (300~320℃)
プロセス特性		・温和な反応条件 ・エタノール選択率が高い ・エタノール収量が高い EtOH STY: 200~450g/Lcat/h	・高圧反応 ・C1~C3+ 混合アルコール EtOH STY: 24~68g/kgcat/h	・高圧反応 ・炭化水素副生 ・高圧反応 ・C1~C7 混合アルコール ・EtOH STY: 12g/kgcat/h	・高圧反応 ・C1~C3+ 混合アルコール ・EtOH STY: 80g/kgcat/h ・高S耐性 (~100ppm)

図4 合成ガスを用いるエタノール直接合成触媒例と反応活性の比較（1980-2010）

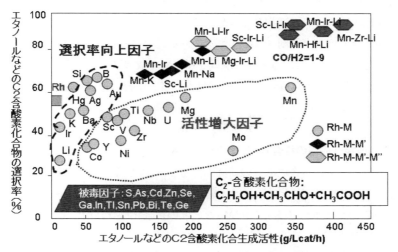

図5 加圧合成ガス反応におけるC_2含酸素化合物の生成活性と選択率に及ぼすRh複合触媒の金属添加効果，合成ガス圧：2-5MPa，275-180℃，H_2/CO＝1-2，SV＝6000-12000h^{-1}

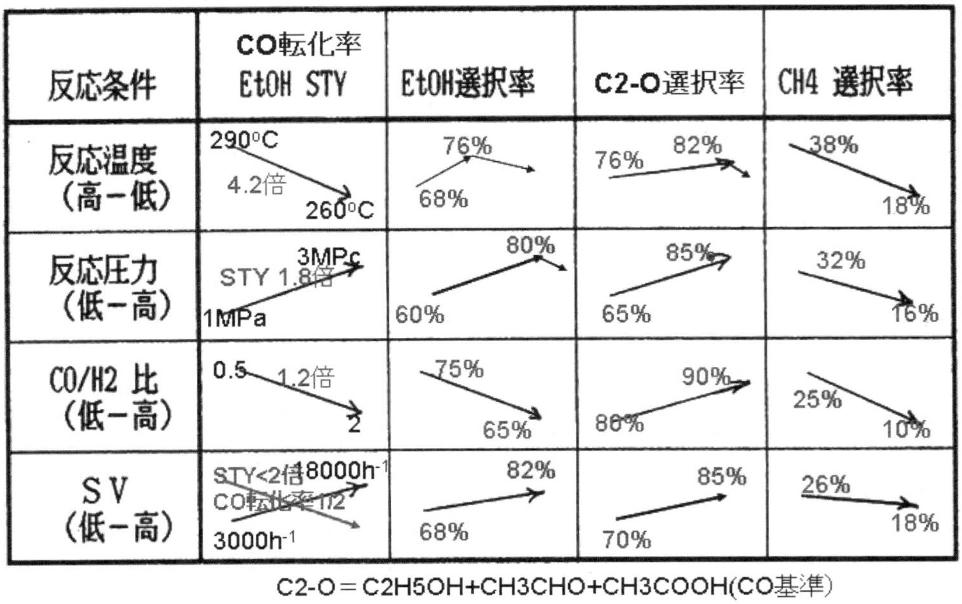

バイオマスリファイナリー触媒技術の新展開

反応条件	CO転化率 EtOH STY	EtOH選択率	C2-O選択率	CH4 選択率
反応温度（高－低）	290°C 4.2倍 260°C	76% ↗↘ 68%	76% → 82%	38% ↘ 18%
反応圧力（低－高）	3MPa STY 1.8倍 1MPa	80% ↗↘ 60%	85% ↗ 65%	32% ↘ 16%
CO/H2 比（低－高）	0.5 1.2倍 2	75% ↘ 65%	90% ↗ 80%	25% ↘ 10%
SV（低－高）	STY<2倍 8000h⁻¹ CO転化率1/2 3000h⁻¹	82% ↗ 68%	85% ↗ 70%	26% ↘ 18%

C2-O＝C2H5OH+CH3CHO+CH3COOH(CO基準)

図6　合成ガス反応のC$_2$含酸素化合物の選択率と収率に対する反応条件
（濃度，圧力CO／H$_2$比及びSVなど）の影響

ることによりC$_2$-含酸素化合物の選択率は90％強（CO基準）で空時収率は，Rh単独触媒に比べて数10-100倍強に増大することがわかった。また，図6に見るように，エタノールやC$_2$-含酸素化合物の生成選択率や収率は，反応温度，合成ガスのH$_2$／CO体積比，圧力，流速（空時速度SV）などの反応条件に対して顕著な影響が報告されている。一般的に，反応温度と合成ガス圧を増大すると，C$_2$-含酸素化合物の選択率と収率が向上するが，メタンなどの炭化水素の副生が増大して結果的にエタノール選択率や収量は低下する。また合成ガス流速（空時速度SV）を増加すると，メタンの副生が抑制されて，エタノール選択率と収量は増加するが結果的にはCO転化率は低下する。このように，Rh複合触媒を用いて合成ガスからのC$_2$-含酸素化合物やエタノールを高効率かつ高収率で製造するには，最適な温度，圧力，SVとH$_2$／CO比などの反応条件を設定することが必要である。

3.3　エタノール直接合成用の複合Rh触媒の研究開発

　合成ガスからのエタノール合成触媒の研究開発は，多元系Rh触媒を用いて生成するC$_2$-含酸素化合物中のアセトアルデヒドと酢酸誘導体を合成ガス雰囲気下でエタノールに水素化する触媒成分であるCu/ZnO，RhFe，IrRe,やPdMoなどとの複合化触媒技術にあるといえる[10～12, 32]。多元系Rh触媒を用いるとエタノールなどのC$_2$-含酸素化合物の高い選択率と空時収量が得られるが，メタンや炭化水素の副生割合が多くエタノール選択率は60％以下で満足できる結果ではなかった。一方，圧力，温度やH$_2$／CO比など反応因子を変動して，多元系Rh触媒の水素化能

第6章　バイオマスのガス化とケミカルス・燃料合成触媒技術

を抑制すると，メタンは低減するがアセトアルデヒド，酢酸の割合が増加し，エタノール選択率は逆に低下する。そこで，例えばRhMnLi/SiO_2などの多元系Rh触媒を上層触媒に，PdMo/SiO_2, Rh-Fe/SiO_2やCuZn/SiO_2, CuCr/SiO_2などの水素化触媒を下層に充填した複合Rh触媒での反応結果は，アセトアルデヒド（AcH）や酢酸成分が激減し，エタノール（EtOH）が主生成物（70-85％選択率）として得られ，メタン生成は増大しないことが判った。興味あることに，これら水素化触媒は合成ガスの反応ではメタノールを生成するが，アセトアルデヒドや酢酸の存在で本来のメタノール生成活性は顕著に抑制されて複合Rh触媒での合成ガス反応ではメタノール生成は殆ど認められない。上記触媒層を上下逆にすると反応生成物中のAcHや酢酸量は多く，MeOHの生成が顕著である。Rh触媒と水素化触媒との複合混合系や複合含浸金属担持法など様々な複合Rh触媒の加工調製技術の検討により，合成ガスから高いエタノール選択率（＜85％）で高収量（200-350g/L-cat/h）の触媒性能を有するエタノール直接合成触媒が得られる。加えて，触媒担体であるシリカゲルに関して1次および2次シリカ細孔構造及びその細孔径分布制御及など触媒改良の研究が行なわれた。シリカ担体に含有する微量のアルカリ金属や塩素などの不純物除去やペレット触媒加工技術等についての検討を行って，合成ガスからのエタノール直接合成触媒の触媒性能をさらに改善することができる[16〜31]。

3.4　木質バイオマスのガス化・エタノール直接合成技術の研究開発[3]

　杉材，サトウキビの搾りかすであるバガスや稲わらなどを800〜1000度の高温水蒸気によるガス化改質は，浮遊外熱式ガス化装置（農林バイオマス3号機）を用いて行なわれる。長崎総合技術大学の坂井教授により開発された浮遊外熱式ガス化技術（第2章2.1.参照）は，60〜75％の高いガス化変換率で1トンの木質バイオマスから$1500Nm^3$のバイオマスガスを発生する。バイオマスガスのガス組成は，図7に示すように，杉ペレット粉体を用いた場合，粉体粒径および加熱温度に影響される。ペレット粒径を2mm〜105mμに細かくするに従い，また800〜1000度にガス化温度域を高くすると，ガス化改質での副生メタンやエチレンは高温水蒸気でさらに分解してH_2とCO_2に変換される[5]。その結果，生成バイオマスガス中のH_2/CO比は2以上の水素リッチなガス組成になり，エタノール直接合成反応（$2CO + 4H_2 = C_2H_5OH + H_2O$）に好ましいバイオマスガスが生成する。各種の木質バイオマスを用いてガス化で得られるバイオマスガスをPSAガス精製装置で不純物質である少量のH_2SやCOSおよびアンモニア，アルキルアミンとベンゼンなどをppm以下に除去して，加えて副生CO_2（＜15％）やメタン（＜10％）を低減してCOと水素の混合ガス（合成ガスH_2/CO＝2-2.5）を98％強に組成調整する。

　図8に示すように，農林バイオマス3号機と複合Rh触媒を用いたエタノール直接合成装置に繋ぎ込んで，木質バイオマスのガス化で得られるバイオマスガスを用いてバイオエタノールの直接合成の実証試験が世界に先駆けて2009〜2010年に東京農業大学，積水化学，長崎総合科学大学との共同開発として行なわれた[34,35]。杉ペレットを用いた900℃の高温水蒸気のガス化改質で得られるバイオマスガスから合成ガス（45％H_2＋29％CO）を用いてエタノール直接合成触

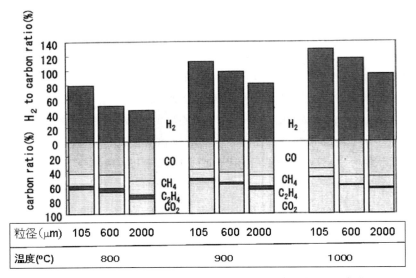

図7 木質バイオマスペレットを用いる浮遊外熱式ガス化改質装置で製造される
バイオマスガスの組成に対するペレット粒径および水蒸気温度の影響

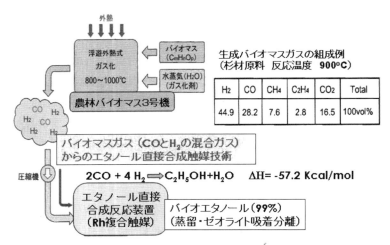

図8 木質バイオマスのガス化・エタノール直接合成触媒技術の研究開発と
バイオエタノール合成工程のシステム図

媒技術でバイオエタノールを製造する。図9には，実証試験に用いた杉，バガスやネピアグラスの破砕チップ原料，農林バイオマス3号機と東京農業大学で研究開発された改良型循環式エタノール直接合成装置の外見写真を示した。杉，ソルガム，バガス，稲わらを数mm-100μmに破砕した粉体試料を農林バイオマス3号機に投入して800-900℃の温度域でガス化炉を稼働させた。生成するバイオマスガス（H_2/CO比は1.5-2）をPSA装置で脱硫および脱アミン処理によるガス精製後，0.79MPaに昇圧してRh複合触媒（RhMnIrLi/SiO_2＋Cu/ZnO/SiO_2）を充填した

第6章　バイオマスのガス化とケミカルス・燃料合成触媒技術

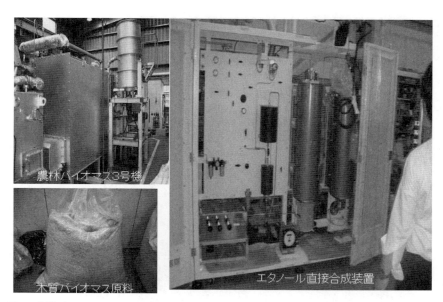

図9　木質バイオマス原料，農林バイオマス3号機とエタノール直接合成装置を組み込んだバイオエタノール直接合成システムの外観図

原料バイオマス	運転時間 (h)	粗エタノール生成量(ml)	エタノール濃度 (vol%)
杉	3.0	92	48%
ソルガム	4.5	94	49%
バガス	1.5	50	50%
稲わら	5.0	98	53%

Rh複合触媒：300mL, 0.6-0.9MPa, 250-270℃ PSA精製処理後

バガスを用いたバイオマスガスのエタノール直接合成で得られた粗エタノール（エタノール50%濃度）

図10　各種バイオマス原料のガス化改質で得られるバイオマスガスのPSA精製・分離処理後の合成ガスを用いてRh複合触媒を充填するエタノール直接合成装置で生成する粗エタノールの収量とアルコール濃度

エタノール合成反応器で260-280℃，$SV=3000-9000h^{-1}$数時間の反応を行なって，図10に示すように粗エタノール50〜98ml（エタノール純度97%残り酢酸エステル）が得られた。液状生成物のEtOH*濃度は，エタノール濃度計やガスクロ分析測定の結果48-53vol%であった。さらに，加圧循環式改良型エタノール合成装置を用いて擬似バイオマスガス（$CO/H_2=2$；$SV=3000-6000h^{-1}$）のエタノール合成反応試験を行った。その結果，数回の出口ガス循環を

表1 Rh複合触媒を用いた合成ガス（CO＋2H$_2$）からの加圧循環系および小型反応器での
エタノール直接合成反応での液体生成物の重量組成（％）

生成物		液体生成物の重量組成比（wt％）	
		加圧循環系反応試験結果	小型反応器反応試験結果
H_2O	水	38	
CH_3OH		0.1	0.1
C_2H_5OH	エタノール	54	53
C_3H_7OH		0.8	0.7
C_4H_9OH		0.2	0.2
CH_3CHO		1.2	0.8
CH_3COOH		0.1	0.1
C_2H_5CHO		trace	trace
CH_3COOCH_3		trace	trace
$CH_3COOC_2H_5$	酢酸エチル	1.8	2.4
$CH_3COOC_3H_7$		0.2	trace

Catalyst; RhMnLiIr/SiO$_2$//CuZn/SiO$_2$　H$_2$/CO＝2
Reaction conditions; 30kg/cm^2, 265-275℃, SV＝6000h^{-1}

行なうことで，CO転化率は15-35％，エタノール収量は250-450g/L-cat/hに増大してエタノール選択率80％に達するエタノール合成触媒性能が得られた。表1に示すように，気液分離後に得られる回収液状物の質量組成はエタノール53-56％，水35-42％でアセトアルデヒドや酢酸エチルなどが数％以下でメタールや酢酸，C$_3$-C$_4$アルコールなどは微量の生成であった。このようにRh複合触媒を用いた加圧循環式合成ガス反応では木材，草木，バガスや稲わらなどの木質バイオマス1トンから得られる1500Nm^{3}のバイオマスガスを用いてエタノール410Kgとメタン100Nm^{3}が製造される試算である。副生メタンやエタンなどの低級炭化水素は高エネルギーガス利用のタービン発電燃料として供給される。一方，NiやRu触媒を用いた水蒸気改質反応器で副生メタンや低級炭化水素を合成ガスに変換してエタノール合成装置に戻した場合には，図11に見るように，木質バイオマスのガス化で得られるバイオマスガス中の合成ガスから生成するエタノール利用率は限りなく100％に近づけることが出来る。副生メタンなどのガス化改質装置を組み込んだ実用化バイオマスのガス化・エタノール合成プラントでは，木質バイオマス1トンから99％エタノール513Kgが製造できる試算となり，セルロース系バイオマスの糖化発酵法での120-140Kg[32, 33]と比べて，エタノール収量が大幅に増大できると考えられる。実用化に向けた改良型ガス化・エタノール直接合成プロセスのプラント設計と経済性についての検討が進められている。

3.5　エタノール直接合成触媒技術の実用化システム開発

　バイオマスガス（合成ガスを含む原料ガス）からのエタノール直接合成プラントのフロー図を図12に示す。反応器のスケールアップ，反応温度の制御（反応熱の除去など），反応器形式，生成物の回収，未反応ガスの循環に伴う副生ガスの影響などプロセス設計に関する検討が必要であ

第6章　バイオマスのガス化とケミカルス・燃料合成触媒技術

る。一方，触媒を担体SiO_2で希釈し反応温度の制御を容易にする試みや，触媒の粒子径の影響を検討したが生成物の分布や活性には顕著な変化は現れなかった。反応ガスの線速の影響については，$SV10000hr^{-1}$以下の条件では，線達を早くした場合に生成速度が早くなり，$SV20000hr^{-1}$以上の条件では，ガス線達の影響は現れなくなった。長時間の反応試験では，合成ガス反応の開始後数10時間でエタノール選択率や空時収量は定常活性となり，以後数100時間の間では

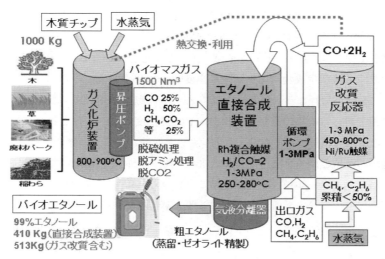

図11　木質バイオマスのガス化炉と改良型循環式エタノール直接合成装置からなるバイオエタノール合成システムの構成図（副生メタンおよび低級炭化水素のガス化改質装置を含む）

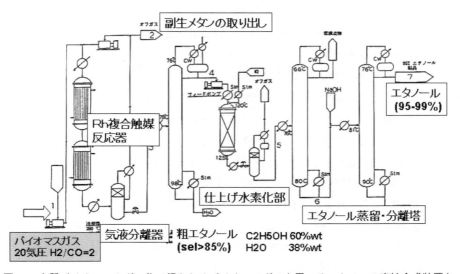

図12　木質バイオマスのガス化で得られるバイオマスガスを用いるエタノール直接合成装置と粗エタノールの蒸留精製と抽出部からなるバイオエタノール（95-99％）の製造プラントのフロー図

EtOHのSTYは穏やかに低下する傾向が認められる。使用済みのRh複合触媒は再生処理後では，性状，形状共にフレッシュ触媒と大差なかった。また，バイオマスガスのエタノール合成反応系における物質収支については，炭素収支は95％水素収支は96％であった。一方，原料合成ガスのCOに対するEtOH収率（CO利用率）は65-70％であった。改良型加圧循環式反応装置においては，出口ガス中のCH_4濃度は35-50％と高濃度に蓄積するため合成ガス反応でのメタン副生が抑制されてエタノール選択率は5-8％増加して，さらにエタノール収率の向上が見られた。液状生成物の組成は，単流反応条件ではEtOH濃度が50％程度であったものが，循環式反応条件下では60％を越しており，H_2O含量も35％に低下した。AcOEt，AcOHなどの副生物は減少して，分離精製工程のエネルギー負荷を低減することが可能になると考えられる。エタノール合成装置から生成する液状生成物（エタノール濃度50-60％重量比）から水分離とEtOHを濃縮する手法は主に蒸留塔で行なう。糖発酵法（エタノール濃度7％程度）に比べて，エタノール直接合成触媒技術で得られる出口液状生成物中のEtOH濃度が50-60％と極めて高いため，蒸留でエタノールの分離・精製をしても投入エネルギーが低減されて，総合コスト試算において有利である。複数塔の蒸留と副生アセトアルデヒド（アセタール）や酢酸エステルをNi触媒を用いる水素化反応塔でエタノールに完全変換することにより，95％の共沸点EtOHに精製することが出来る。さらにゼオライト分離膜を利用する脱水蒸留塔で99％無水のバイオエタノールが得られる。

3.6 ガス化・エタノール直接合成技術の生産性と経済性

杉ペレットや稲わらなどの木質バイオマスを用いて農林バイオマス3号（投入量250kg/hr級）とエタノール直接合成装置システムとの一体型トータルシステムを想定して，木質バイオマスを用いた場合のバイオエタノール製造の生産性と経済性評価を検討した。エタノール直接合成システムにはガス循環ラインを設置し，合成ガスの転換率を実用的なレベルにまで向上させることが出来ると仮定した。なお，計算では，図13に示すように，杉材や稲わらなどの木質バイオマスを利用して高エネルギーガスでのタービン発電による電力供給に加えてガソリン代替燃料（あるいはガソリン用添加剤ETBE）であるバイオエタノール燃料を生産する地域特性を生かしたエコバイオマス事業化の可能性についての検討が行なわれた[34]。この場合，バイオエタノール合成ガスの全量をエタノール合成に回し，残ガスをディーゼル発電機で発電した場合の経済性を評価した[16]。原料である木質材料を269.1kg/h（内部投入179.4kg，外部投入89.7kg）で農林バイオマス3号機に供給することにより，合成ガスが201.8Nm^3/h得られる。この合成ガスからエタノールが74.2kg/h（93.9L/h）得られ，残ガスを発電に回すとした場合発電量は286kWh/h（うち売電量186kWh/h）と算出される。木質バイオマス原料を仮に8.5円/kgの木質材料とし，エタノール合成と残ガスによる発電を併用し，生成物のエタノールを100円/Lで，電力を17円/kWhで売却するとした場合，年間4,880万円の収益が得られることがわかった。さらに，熱利用を併用しない場合でも年間1,642万円の収益が得られる結果となった。さらに，エタノール製造

第6章　バイオマスのガス化とケミカルス・燃料合成触媒技術

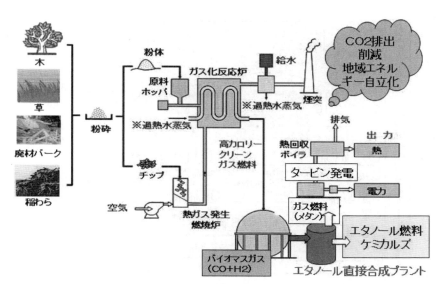

図13　木質バイオマスのガス化とエタノール触媒合成プラントからなる地域活性化に向けた電力と
　　　エタノール燃料の供給システム

コスト算定では，ガス循環・副生メタンのガス化改質システムの導入する改良型ガス化・エタノール直接合成プラントにおいては，ガス化炉の高温排熱を原料バイオマスの乾燥やガス化改質炉に利用をすることで，エタノール収量の増大と投入エネルギーの低減より，エタノールの製造コストを1Lあたり90円以下にすることが可能である。なお，今回の試算では15％含水の木質原料で現物8.5円/kgを用いたが，試算結果より15円/kg以上の地域排出の森林バイオマスについても事業化の可能性が見出される。また，実規模（3,000kL/年）でエタノール生産コスト100円/Lというプロジェクト目標に対して，原料木質バイオマスの供給コストが10円/kg程度であれば，比較的小規模の250kg/h級農林バイオマス3号を利用するガス化・エタノール直接合成プラントシステムにおいても地域特性を生かしたバイオマスのガス化・エタノール直接合成技術の事業化が可能な経済性試算がなされている[34]。

3.7　ガス化・エタノール直接合成技術と発酵法との比較検討

セルロース系木質バイオマスからのエタノール製造法について，サトウキビやスイートソルガムからバイオエタノールを生産することを例にして，ガス化・エタノール合成触媒技術と発酵法技術とのエタノール生産性とエネルギー評価を試算した結果を図14に示した。ハワイにおけるサトウキビの生長は速く，年間1haから67.3トンの収穫となる。このうち45％に当たる30.3トンは糖分で残りは絞りかすとしてセルロース系バガスが糖化発酵できずに残る。糖分の醗酵法によってエタノールが生成して，さらに発酵液の蒸留分離と精製過程を経て14.8トンのエタノールが得られる。石油換算では10.4トンのガソリン代替となり，これはアルコール燃料の生産性という観点からみて意味をもっている。これに対して，ガス化・エタノール直接合成技術では，

バイオマスリファイナリー触媒技術の新展開

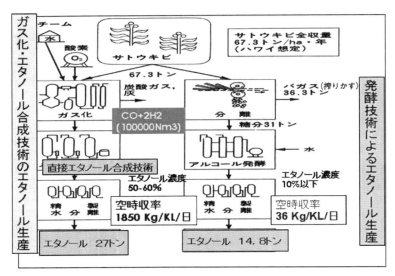

図14 サトウキビを用いる発酵法とガス化・エタノール直接合成技術での
バイオエタノールの生産性とプロセス効率の比較図

サトウキビの葉, 茎を含めた全量が原料となり, これより製造される合成ガス約10万Nm^3を用いてエタノールが27トン得られる。生成されるバイオエタノールは, 石油換算にして19トンとなり, 醱酵法に比べ約2倍ほど多いエタノール収量である。さらに, 1ha農地当たり年間46.6トン生産されるスイートソルガムから抽出される糖分5.6トンの発酵エタノール収量は2.7トンである。同じスイートソルガム46.6トンのガス化による合成ガス69000Nm^3から直接エタノール合成触媒技術では99％エタノールが発酵法に比べて6倍強の18トン生産される計算である。ガス化・エタノール直接合成技術でのエタノール生産性の優位性はバイオマスを全て原料として利用できることが最大の要因である。糖化が困難なセルロース系バイオマスにおいてはさらにガス化・エタノール直接合成技術が発酵法に比べて生産性とコスト試算の上で有利である。エタノール製造の空時収率（STY）では, 発酵法プラントでの36kg/KL-reactor/日に対してガス化・エタノール直接合成プラントでは1850kg/KL-reactor/日であり約50倍の生産性が高いことがわかる。

　乾燥木質バイオマス原料1トンよりエタノール0.5トンが製造できるとして, 設備償却費は現在のガス化・エタノールプラント製造設備の2倍程度を想定すると, 運転費は約2000円／エタノール・トン, 諸経費を入れて約2万円／メタノール・トンが想定される。原料となる乾燥バイオマスの回収・処理費の算定は難しいが, 約1万円／木質バイオマス・トン程度を想定する。1トン木質バイオマスから1500Nm^3の合成ガス（7-15円・Nm^3）製造されるとして, エタノール製造原価は45-80円/Lとなる。農水省など国内のバイオエタノール製造価格の試算目標として100円/Lであるので充分に実用可能なバイオエタノールの製造技術として評価できる。またエタノールは, 自動車用代替燃料や5-10％ガソリンブレンドとしてまたMTBEガソリン添加剤

第6章　バイオマスのガス化とケミカルス・燃料合成触媒技術

として市販利用する。また，このバイオマスのガス化・エタノール技術は，安価な木材やバガスなどの木質バイオマスが得られる米国，カナダ，インドや中国などどこの国でも生産でき，船で輸送ができる。海外で生産すれば，おそらくこれよりも安価な製造コストが見込めるであろう。

3.8　ガス化・複合Rh触媒技術を利用するケミカルス合成の展開

Rh複合触媒を用いる合成ガス反応では，Rhに対してMn，Zr，Scなどの遷移金属とLi，K，Irなどを添加金属として組み合わせることにより高圧でCOリッチな反応条件ではアセトアルデヒドや酢酸などのC_2-含酸素化合物を，それぞれ60-90％の高選択率と高収率で製造することが出来る。一方，水素化触媒と組み合わせたエタノール合成触媒では反応条件の最適化によりエタノール選択率＞85％で製造できる。さらに，ゼオライトや燐酸系触媒を用いればエタノールの脱水反応でエチレンに高効率で合成できる。($C_2H_5OH = CH_2 = CH_2 + H_2O$) また，Ta担持触媒を用いればエタノールとアセトアルデヒドから高収率でブタジエンが製造される[37]（$C_2H_5OH + CH_3CHO = CH_2 = CH\text{-}CH = CH_2 + 2H_2O$）。一方，ハイドロキシアパタイト（HAP）触媒を用いてエタノールの2量化脱水反応で1-ブタノールを転化率15％において選択率76％で得られることが報告されている[38]。また，最近には東京工業大学岩本らは，Ni担持多孔質シリカ（MCM-41）担持触媒を用いてエチレンの2量化・メタセシス反応によりプロピレンを合成している[39]。こうしたバイオマスガス（バイオ合成ガス）を用いたエタノール直接合成プロセス

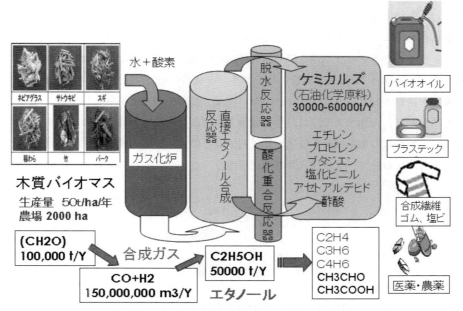

図15　木質バイオマスを原料とするガス化・ケミカルズ合成触媒技術で製造されるバイオケミカルズの製造システムと実用化にむけたプロセス展開

とエタノール化学変換反応（C2化学）を組み合わせると，図15に示すように，木質バイオマスからエチレン，プロピレン，ブタジエン，塩化ビニル，酢酸ビニルなど多くの石油化学基幹原料（ケミカルズ）を工業規模で生産が可能である。具体的には，2000ヘクタール農地で年産10万トンの木質バイオマスを育成して回収利用すると，ガス化・Rh複合触媒プラントによりエタノール，アセトアルデヒドや酢酸に加えてエチレン，塩化ビニル，プロピレンおよびブタジエンなどのバイオケミカルズが年産3-5万トンの工業規模で製造できる。これまで石油由来の化学製品原料（ケミカルズ）を木質バイオマス原料に用いて工業化学的規模で生産するバイオリファイナリー触媒技術により，バイオの冠を付けたポリエチレン，ポリプロピレン，塩化ビニル樹脂，合成ゴムや医薬・農薬が市場に登場することが期待される。

3.9 おわりに

　これまでのエタノール直接合成用のRh複合触媒の開発により，杉木材，ソルガム，バガスや稲わらなどの木質バイオマス由来のバイオマスガスを用いてバイオエタノールを製造原価100円/L以下で生産する実用化プロセスの実証試験が国内外で進められている。また，古紙や木綿繊維などバイオマス産業廃棄物を原料としたガス化・エタノール直接合成についても化学企業において検討されている。木質バイオマスを利用するバイオエタノールの直接合成触媒技術は実用化目前である。一方，木質バイオマスの原料問題として，森林材や稲わらやバガスといった木質バイオマスをガス化改質して同一スペックで大量のバイオマスガスを経済的で安定に供給することが必要である。バイオマスの生産体制と流通システムの整備もまた原料コスト低減の重要な課題である。これにより，バイオエタノール燃料やエタノールを基点とするプラスチクスなど石油化学製品（ケミカルズ）を工業化学規模でバイオ生産することができる。近年には，ブラジルで安価なサトウキビやキャッサバ芋を原料に発酵法で生産されるバイオエタノールからポリエチレン（植物樹脂）を年産35万トン規模の商業プラント建設にむけて三井物産と米国ダウケミカルの合弁事業が検討されている。プラスチック，医薬・農薬やバイオ燃料について，コスト面での経済性を検討して，石油由来製品に対する競争力が評価される。木質バイオマス由来のエネルギー燃料やケミカルズの生産拡大を推進して，石油などの地下資源の消費を大幅に減らし，地球温暖化問題の解決にむけて，次世代人類の持続可能な"豊かで安心な暮らし"の実現を望むものである。

文　　献

1) F. O. Licht, ETHANOL PRODUCTION COSTS A Worldwide Survey (2000); DOE/EIA (Energy Information Agency) レポート: "Annual Energy Outlook 2006 with Projections

第6章 バイオマスのガス化とケミカルス・燃料合成触媒技術

to 2030" (2006)
2) バイオリファイナリー最前線,㈶地球環境産業技術研究機溝編（工業調査会）pp54-104 (2008)
3) M. Sakai and M. Kaneko, Biomass Fuel for the 21th Century, MAFF International Workshop on Versatile use of agricultural Products, 11 (1996)
4) 坂井正康, 橋本律男, 金子雅人ほか, 燃焼の科学と技術, Vol3 (1996)
5) 坂井正康, 日本エネルギー学会誌, **88**, 500-504 (2009)
6) M. Ichikawa, *Bull. Chem. Soc. Japan*, **51** (8), 2273-2277 (1978)
7) M. Ichikawa, *J. C. S. Chem. Commun.*, 566-567 (1978)
8) M. Ichikawa, *Catalysis*, **5**, 217 (1979); M. Ichikawa and K. Shikakura, *Stud. Surf. Sci. Catal.*, **7**, 925 (1981); 市川勝, 鹿倉光一, 松本達也, 日本化学会誌, **2**, 213-220 (1982)
9) 市川勝, C1化学技術集成, pp220-247, サイエンスフォラム出版 (1980)
10) 13) M. Ichikawa, *Chemtech.*, **12** (11), 674-680 (1982)
11) M. Ichikawa, K. Shikakura, and M. Kawai, Heterogeneous Catalysis Related to energy Problems, Proceedings of Symposium, Dalian, china (1982)
12) 市川勝（共著）,（『C1化学技術全集』, サイエンスフォーラム出版社）pp220-253 (1982)
13) M. M. Bhasin, W. J. Bartley, P. C. Ellegen and T. P. Wilson, *J. Catal.*, **54**, 120 (1978)
14) P. C. Ellegen, S. Albans, M.M. Bhasin, US Patent 4, 014, 913 (1978)
15) Y. Minai, T. Fukushima, M. Ichikawa, and T. Tominaga, *J. Radioanal. Nucl. Chem. Lett.*, **87** (3), 189-201 (1984)
16) T. Yokoyama, K. Yamazaki, N. Kosugi, H. Kuroda, M. Ichikawa, and T. Fukushima, *J. C. S. Chem. Commun.*, 962-963 (1984)
17) M. Ichikawa, T. Fukushima, and K. Shikakura, *Stud. Surf. Sci. Catal.*, **11**, 69-80 (1984); M. Ichikawa and T. Fukushima, *J. C. S. Chem. Commun.*, 321-323 (1985)
18) M. Ichikawa and T. Fukushima, *J. Phys. Chem.*, **89** (9), 1564 (1985)
19) M. Kawai, M. Uda, and M. Ichikawa, *J. Phys. Chem.*, **89**, 1654 (1985)
20) T. Fukushima, H. Arakawa, and M. Ichikawa, *J. C. S. Chem. Commun.*, 729-731 (1985)
21) T. Fukushima, H. Arakawa, and M. Ichikawa, *J. Phys. Chem.*, **89**, 4440 (1985); T. Fukushima, M. Ichikawa, S. Matsushita, K. Tanaka, and T. Saito, *J. C. S. Chem. Commun.*, 1209-1211 (1985)
22) M. Ichikawa, A. J. Lang, D. F. Shriver, and W. M. H. Sachtler, *J. Am. Chem. Soc.*, **107**, 7216-7218 (1985)
23) M. Ichikawa, T. Fukushima, T. Yokoyama, N. Kosugi, and H. Kuroda, *J. Phys. Chem.*, **90**, 1222-1224 (1986)
24) M. Ichikawa, (Y. Iwasawa ed., "Tailored Metal Catalysis", D. Reidel publishing Co., Amsterdam, the Netherlands), 183-263 (1986)
25) W. M. H. Sachtler and M. Ichikawa, *J. Phys. Chem.*, **90**, 4752-4758 (1986)
26) A. Fukuoka, T. Kimura, and M. Ichikawa, *J. Chem. Soc., Chem. Commun.*, 428-430 (1988); M. Ichikawa, *Polyhedron*, **7** (22/23), 2351-2367 (1988)
27) A. Fukuoka, T. Kimura, N. Kosugi, H. Kuroda, Y. Minai, Y. Sakai, T. Tominaga, and M.

Ichikawa, *J. Catal.*, **126**, 434-450 (1990)
28) 市川勝（監修），（『天然ガス高度利用技術―開発研究の最前線―』エヌ・ティー・エス出版），3-9, 47-51, 531-555, 641-654 (2001)
29) C1化学と担持クラスター触媒, 市川勝, 表面, **19**, 555-567 (1981)
30) 市川勝, 化学増刊（学会出版センター）新時代の基幹有機, 化学工業, **36**, 92-102 (1982); 市川勝, エネルギー・資源, **4**（6), 549-555 (1983)
31) M. Ichikawa, R. M. Lambert and G. Pacchioni eds., Kluwer Academic Publishers), 153-192 (1997)
32) シーワン化学成果総合発表会予稿集, シーワン化学技術研究組合 pp38-64 (1987)
33) Progress in C1 Chemistry in Japan, ed. The Research Asociation for C1 Chemistry, Koudansha&Elsevier, pp143-201 (1989)
34) 農水省委託プロジェクト「地域活性化のためのバイオマス利用技術の開発, II系」平成21年度研究成果報告書, pp258-263 (2010)
35) 日本農業新聞2009年12月8日, 環境新聞2009年8月19日, 12月8日　北海道新聞2009年12月7日掲載
36) V. Subramani and S. K. Ganwal, *Energy&Fuel*, 22 (2008)
37) Sun, H. P. Wristers, J. P. (1992). Butadiene. In J.I. Kroschwitz（Ed.), Encyclopedia of Chemical Technology, 4th ed., vol. 4, pp. 663-690. New York: John Wiley & Sons
38) 土田, 佐久間, 触媒, **49**（3), 236 (2007)
39) M. Iwamoto, Y. Kosugi, *J. Phys. Chem. C*, **111**, 13 (2007); 触媒, 笠井, 葉石, 山本, 岩本, 第98回触媒討論会, 3105 (2006)

4 バイオマスからのメタノール・DME合成技術

大野陽太郎*

4.1 はじめに

新興国を中心とした世界的なエネルギー需要の拡大と温室効果ガス排出抑制から,再生可能エネルギーとしてバイオマスの利用拡大が求められている。バイオマスの資源量は膨大であるが,種類が多く,固体でかさばり,輸送・貯蔵が不便で,エネルギー資源としての利用は限られている。

メタノールは,主に,化学原料および溶剤として使用されており,世界で,90箇所以上のプラントで,約3,300万トンが製造されている。原料は,主に,天然ガスであるが,中国では,石炭をガス化したガスからの生産プラントも稼働している。

バイオマスからのメタノール製造が着目されるようになった背景には,地球温暖化問題の対策として,一部導入が進められているバイオディーゼルの製造がある。バイオディーゼルの製造には,メタノールを副原料として使うが,現在のメタノールは化石資源由来なので,それに置き換えることを意図している。

DME(ジメチルエーテル)は,従来,スプレー用の噴射剤として使われてきたが,物性がLPガスに似ており,可搬性の燃料として近年注目されている。中国では,LPガスと混合して,すでに,約200万トンが使用されている。また,セタン価が高く,ディーゼルエンジン燃料として使用でき,煤が出ないという優れた特徴を持っている。DME自動車も開発され,一部,商用使用も始まっている[1]。

バイオマスからDMEを製造・利用しようとする動機も,メタノールと同様にCO_2排出削減である。

バイオマスからメタノール・DMEを製造するプロセスフローは,原料バイオマスの種類に適した予備処理,ガス化,ガス精製(タール処理,脱硫など),メタノール・DME合成からなる。バイオマスからのメタノール・DME合成の試験が始められているが,商用段階のものはない。

4.2 バイオマスガス化による合成ガスの製造

多様なバイオマスのなかで,ガス化に適した原料としては,陸生の木質系,草本系などがあげられる。これらのバイオマスは,おもに,炭水化物のセルロースとリグニンからなり,化学組成は,ほぼ同一で,炭素C 45-50%,水素H 5-6%,酸素O 44%,H/C(原子比)=1.6である。

灰分は,少ないが,水分は,20-70%と多く,予備乾燥が必要になる場合がある。

4.2.1 バイオマスガス化プロセス

バイオマスは,ガス化炉内で,乾燥,加熱され,熱分解し,タール,ガス,炭化物になる。低温でガス化すると,タール分が多くなる。

---

* Yotaro Ohno 日本DMEフォーラム 理事

バイオマスおよびその分解生成物は，炉内に吹き込まれたガス化剤（水蒸気，CO_2，酸素）と反応する。水蒸気，CO_2との反応は，吸熱反応なので，反応熱を供給する必要がある。酸素との反応は発熱なので，部分酸化により，炉内で熱を供給するタイプが多い。

バイオマス原料は，形状・大きさにばらつきが大きく，加圧型のガス化炉への装入は簡単でないことから，常圧で運転されるものが多い。バイオマスからメタノール・DMEを合成するためには，性状および供給量の安定した原料バイオマスの確保と信頼性の高いガス化炉が鍵となる。

現在稼働中のガス化炉の多くは発電用で，合成ガス製造用は少ない。実証段階のものが多いが，商用に入っているものもある。規模は，多くが，10トン／日以下であるが，100トン／日規模のものもある。

4.2.2 ガス組成

生成ガスの組成例を表1に示す。ガスのH_2/CO比は，多くが0.5-1.0である。バイオマスは石炭に比べ，酸素の含有量が多いので生成ガス中のCO_2濃度が高い。空気吹きの部分酸化炉の場合，窒素が50％前後と多い。酸素または酸素富化空気を使うと，窒素は減るが酸素のコストが小型のガス化炉の場合，コスト高となるので酸素吹きのガス化炉は少ない。外部から間接的に加熱する方式の場合，基本的に空気中の窒素は入らない。

ガス化の温度が低いとメタンが多く残存する。発電用の場合，問題とならないが合成ガスとしてはメタンは不活性ガスとなる。ガス化炉の後に高温改質炉を設置し，タールとともにメタンをH_2，COに改質すると，メタノール・DME合成の収率が上がる。

大型プラントでは後段の合成反応に適した組成になるように，H_2/CO比をシフト反応で調整し脱炭酸するが設備的に大掛かりになるので，小型プラントの場合，付随する改質炉も含めガス

表1 主要なバイオマスガスプロセスとガス組成

プロセス	部分酸化プロセス				外熱プロセス		
	Downdraft 固定床	Updraft 固定床	循環流動床	噴流床	外熱キルン ＋(改質炉)	内部循環 流動床	浮遊式 (輸送層)
規模	6t/d	100t/d	96t/d	2t/d	6.1t/d	20t/d	0.5t/d
用途	発電	発電 燃料ガス	発電	合成ガス	発電	発電	発電 合成ガス
原料	木材チップ	木材チップ	木材チップ	木材チップ	草本系	木材チップ	木材粉
運転温度	1000℃	1000℃	800℃	1000℃	800(1100℃)	800℃	880℃
ガス圧力	常圧	常圧	加圧	加圧	常圧	常圧	常圧
ガス化剤	空気／水蒸気	空気／水蒸気	空気／水蒸気	酸素／水蒸気	(改質炉) 酸素	空気／水蒸気	水蒸気
タール	少ない	多い	多い	無し	多い	少ない	少ない
ガス組成							
CO	23％	33％	18％	32％	38％	28％	24％
H_2	17	16	13	33	37	10	42
CO_2	10	5	14	34	21	20	19
CH_4	2	3	6	1	3	9(C_2 3)	8
N_2	49	43	49	0	1	27	0

第6章 バイオマスのガス化とケミカルス・燃料合成触媒技術

化炉の運転条件で調整する。

4.2.3 ガス精製

タールは，水，オイルスクラバーによる洗浄で除去されるか，または，メタンとともに，二次改質され，H_2，COとなる。残留炭素，灰分などの粒子はサイクロン，湿式電気集塵機などにより除去される。

バイオマス中の硫黄の含有量は低いので，粗ガス中の（H_2S＋COS）は100ppm程度で，そのまま燃料ガスとして使用することが可能であるが，合成ガスとしては合成触媒を被毒するので0.1ppm以下に除去する必要がある。小型の設備の場合，乾式のZnOなどの吸着層による除去が簡便である。

4.3 メタノール合成技術

メタノール合成については大型の商用技術が確立しており，その利用が考えられるがプロセスが複雑で小型のプラントでは設備費が高くつくと考えられる。メタノール合成の反応圧力は通常，8-12Mpaである。バイオマスのガス化炉は常圧で運転されているものが多いので，低い反応圧力を狙いとした技術開発が進められている。メタノール合成の反応速度は反応圧力の約1.5乗に比例するので，低圧化に伴う反応速度の低下を補うために，活性の高い触媒の利用と触媒量Wとガス流量Fの比W/Fを大きくとっている。以下，バイオマスガス化メタノール合成の開発例を紹介する。

4.3.1 上向き噴流層ガス化炉と従来技術によるメタノール合成（三菱重工，中部電力，産業技術総合研究所）

1mm前後の木質粉を2トン／日規模の上向き噴流層で酸素・水蒸気によりガス化し，$H_2O/C＝2-3$，$O_2/C＝0.4$の条件で，冷ガス効率65％を実証している。メタノール合成については従来技術の確認を目的に一部のガス（5％）を固定床反応器でメタノールに転化した。圧力3-12Mpa，温度180-300℃，乾燥バイオマスベースで，20％の収率を得ている[2]。

4.3.2 浮遊外熱式ガス化炉と多段反応器によるメタノール合成（長崎総合科学大，清水建設）

2Mpa程度の反応圧力で高い反応率を実現するために反応器を5段にわけ，各段の出口ガスを冷却して，生成したメタノールを分離して次の段の反応器に戻すことにより，全体として反応温度から計算される平衡を超える転化率を期待している。詳細な反応器の構造，反応ガスの加熱・冷却を繰り返すエネルギー損失，反応器の熱的自立性は明らかにされていないが，バイオマス原料から生成するガス成分を模擬したガスからメタノール合成の基礎実験を行い，反応圧力1.0-1.5Mpa，温度200－230℃の条件で，一段反応器の平衡転化率を超える転化率が得られたと報告されている[3]。実験条件から試算すると，W/F＝270kg・hr/kmolである。

2009年度より2年間の予定で，バイオマス30kg/hr（メタノール生成量12L/hr）規模の設備による開発が2年間の予定で進められている[4]。

4.3.3　循環流動層ガス化炉と凝縮部を設けた反応器によるメタノール合成（タクマ）

4-6Mpaの圧力で，高い反応率を得るために，反応器の中に，生成したメタノールを冷却分離する機構を組み込み，ガス温度は合成反応温度域を保ったまま，メタノール分圧を下げ，反応器全体として，平衡を超える反応率を実現しようとするものである。ベンチスケールプラントでは，圧力4Mpa，温度190-210℃で，メタノールの凝縮分離を行うことにより，CO転化率が30％から，36％に上昇し，その効果を確認している[5]。

その後のパイロットプラントでは，500kg/日の木質チップを循環流動層によりガス化し，ガス精製後，メタノール合成反応器に供給した。50L/日のメタノール生産を1ヶ月間安定に実施できた。生産されたメタノールは，バイオディーゼルの製造に利用された。メタノール合成の反応条件は，圧力5Mpa，温度200℃，CO転化率30％であった[6]。凝縮分離の効果は，説明されていない。

4.4　DME合成技術

現在稼働しているプラントは，メタノールの脱水によるもので，日産数100トンの設備がある。一方，合成ガスから直接DMEを合成する直接法も，100トン／日規模の実証プラントにより，技術が確立されている[7]。バイオマスのガス化ガスは，H_2/CO比が低く，CO_2が多いので，$H_2/CO=1$が最適比率で，CO_2濃度の影響の少ないDME直接合成が適している。実際に，バイオマスからの合成ガスを利用して，DME合成の試験をした例は，まだ少ない。

4.4.1　固定床ガス化炉と固定床反応器によるDME合成（産業技術総合研究所）

木質チップをベンチ規模（100kg/hr）のダウンドラフトのガス化炉で，酸素富化空気（酸素濃度28.0％）を用い製造した合成ガスを精製後，CO_2を除去し，一部を約10Mpaに圧縮し高圧ボンベ貯蔵したガスを用いた。生成ガス組成は，H_2 25.6％，CO 31.2％，CH_4 2.7％，CO_2 0.4％，N_2 40.1％であった。DME合成は，メタノール合成触媒と脱水触媒を物理混合し充填した固定床反応器を用い，圧力0.98Mpa，温度170-250℃で反応させている。W/Fは，850kg・hr/kmolと大きい。DME収率は低いが，液体のDMEを吸着回収している[8]。

4.4.2　黒液の噴流層ガス化炉とメタノール経由DME合成（Chemrec）

スウェーデンでは製紙工場の黒液を酸素を用いて噴流床でガス化し，メタノール経由でDMEを製造する4トン／日のパイロットプラントが竣工し，近々稼働の予定である[9]。メタノール合成および脱水反応器はトプソの技術を用いている。

4.5　バイオマスガス化DME全体システム

バイオマスガス化プロセスは，原料の収集・貯蔵の制約から，石炭原料の場合に比べ，生産規模が小さい。比較的大型の加圧酸素吹き循環流動床ガス化炉によるガス化と小型の酸素富化空気吹き固定床ガス化炉の各々とDME直接合成を組み合わせた2つのシステム例についての検討結果の概要を紹介する。

第6章　バイオマスのガス化とケミカルス・燃料合成触媒技術

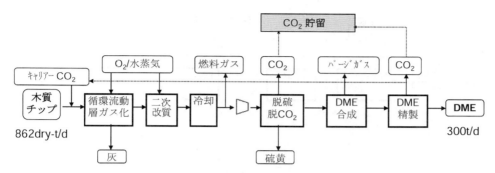

図1　酸素吹き加圧循環流動層ガス化DME合成システム

4.5.1　酸素吹き加圧循環流動床ガス化DME合成システム[10]

DME300トン／日システムのブロックフローを図1に示す。

原料の木質チップの組成（dry-%）は，C 50.0，H 6.0，O 42.0，N 0.3，S 0.025，灰分1.7である。発熱量LHVは18.9MJ/dry-kg，湿分（乾燥後）は15.0％である。

加圧循環流動床ガス化炉の運転条件は，Chrisgas Project[11]を参考にして，圧力2.1Mpa，温度800℃とした。ガス化炉からの粗ガスは，タールとメタンを多量に含んでいるので，二次改質炉で酸素と水蒸気により改質する。改質炉の温度を，1,000℃とし，ガス組成が$H_2/CO=1$となるように，ガス化炉および改質炉への供給酸素，スチーム，CO_2量を調整した。冷却後，ガスを，5.7Mpaに昇圧し，低温メタノールによりH_2Sなどの触媒被毒成分と一部のCO_2を吸収除去する。ガス精製後のガス組成は，H_2 47.0％，CO 46.0％，CO_2 6.5％，N_2+CH_4 0.5％，$H_2S<0.1ppm$である。物質熱収支計算から求められる酸素（純度99.5％）は，455トン／日，スチーム434トン／日である。CO_2量は，259kmol/hrで，全量DME精製工程からリサイクルする。

DME合成は，スラリー床直接合成法による。標準反応条件は，圧力5.0Mpa，温度260℃である。パージガスと一部の合成ガスはシステム内で燃料ガスとして使用される。プロセスに必要なスチームは，全て回収スチームでまかなわれる。

原燃料消費量は862トン／日である。原料から，精製後の合成ガスまでの冷ガス効率は73.1％，製品DMEまでの全体の冷ガス効率は59.1％である。燃料用バイオマスも含めた熱効率は53.2％である。原燃料原単位は木質チップ2.9トン（乾）／トン-DME，酸素消費量1.5トン／トン-DMEである。

電力消費量1,100kWは燃料ガスによる発電で供給する。循環冷却水3,500トン／hr，工水消費量70トン／hrである。バイオマスは，カーボンニュートラルであるが，プラントで排出するCO_2を地下貯留できれば，正味の吸収源となろう。

4.5.2　小型酸素富化ダウンドラフト固定床ガス化DME合成システム[12]

木質チップ30トン（乾）／日のシステムのブロックフローを図2に示す。原料の木質チップの

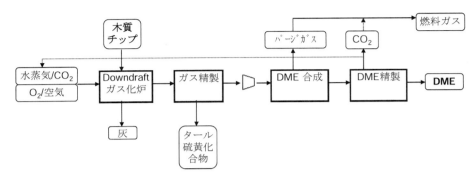

図2　小型酸素富化空気吹きダウンドラフト固定床ガス化DME合成システム

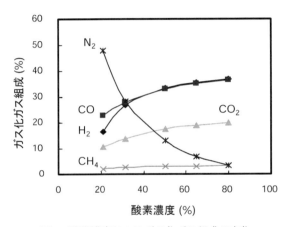

図3　酸素濃度によるガス化ガス組成の変化

組成（dry-%）はC 50.7，H 5.9，O 43.2，N 0.2，S 0.015，灰分0.6である。発熱量LHVは，19.2MJ/dry-kg，湿分10.5％である。

原料は，炉上部より装入され，水蒸気/CO_2が吹き込みノズル先の温度（断熱火炎温度，酸素濃度21％の場合，1390℃）制御のために酸素富化空気に添加される。ガス化炉は常圧で運転され，合成ガスはタール，硫黄化合物を吸着除去後に5Mpaに加圧され，DME合成反応器に供給される。酸素濃度が低いと，図3に示すように，合成ガス中の窒素濃度が高いので，DME合成反応器から出る未反応ガスは，リサイクルせず，燃料ガスとして回収する。合成ガス中H_2/CO比は，ガス化炉ヘリサイクルするCO_2により調整される。全てのユーティリティーは，パージガスと熱回収によりまかなわれる。

図4には，DME生産量と余剰の燃料ガス量に対する投入原料からの熱効率の変化を示している。DME生産量が増加すると，パージガスが減るので，酸素濃度65％以上の条件では，余剰ガスが無くなる。空気吹きではDME生産量2.5トン/日と低いが，酸素濃度が50％以上になると，DME製造単独の熱効率は40％を超え，DME製造量は8トン／日に達し，酸素吹きガス化炉運転のレベルの約70％になる。

第6章　バイオマスのガス化とケミカルス・燃料合成触媒技術

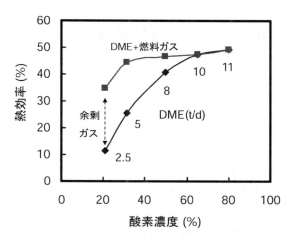

図4　酸素濃度によるDME生産量と熱効率の変化

文　　献

1) DMEハンドブック, オーム社 (2006)
2) 石井弘実ほか, *J. Jpn. Inst.Energy*, **84**, 420 (2005)
3) 野崎健次ほか, 日本エネルギー学会大会講演要旨集 (16), 160 (2007)
4) 清水建設ニュースリリース, http://www.shimz.co.jp/news_release/2009/761
5) 藤川宗治ほか, タクマ技報, **15**, 2. 186 (2007)
6) 井藤宗親ほか, タクマ技報, **17**, 1. 30 (2009)
7) Yotaro Ohno et al., Natural Conversion Ⅶ, Studies in surface science and catalysis 167, 403 (2007)
8) 宮澤朋久ほか, *J. Jpn. Inst. Energy*, **88**, 918 (2009)
9) Ingvar Landalv, 4th International DME Conference, Stockholm, Sweden (2010)
10) Norio Inoue et al., Proceedings of 5th Asian DME Conference, kitakyushu, Japan, 163 (2007)
11) Ola Augustsson, IBC Global Conferences (2006)
12) Yotaro Ohno: Proceedings of 6th Asian DME Conference, Seoul, korea, 163 (2009)

5 バイオマスガス化-FT合成 現状と技術課題

松本啓吾*

5.1 はじめに

2005年2月，ロシア批准により発効した京都議定書により，我が国は2008～2012年の二酸化炭素等の温室効果ガス排出量を1990年比で6％削減することが国際的な責務となっており，この目標を達成するため京都議定書目標達成計画が閣議決定された。このような中，バイオマス資源のエネルギー利用は，その積極的な導入促進が強く期待され，その目標を達成するためにさまざまな取り組みがなされている。

一方，将来にわたってバイオマスエネルギーの普及をより持続的に展開するためには，バイオマスエネルギー利用に関し長期的視野に立ち，先進的且つ革新的な技術の「シーズ」の探索，及びこの「シーズ」の育成を行うことが，日本独自の新技術を開発し，将来のエネルギー確保に寄与することにつながると言える。

バイオマスガス化-FT（Fischer Tropsch）合成技術は，2020～2030年頃の実用化が期待できる有望な基礎技術である。本プロセスから得られるFT合成油は低硫黄分であり，芳香族分も殆ど含まないことからクリーンなディーゼル代替燃料として期待されている。この現状と技術課題について述べる。

5.2 バイオマスガス化FT合成プロセスの概要と課題

図1にプロセスの一般的なフローを示す。バイオマスは主に水蒸気，或いは水蒸気と酸素の混合ガスを用いてガス化される。これはガス化剤に空気を用いた場合，多量に含まれるN_2により生成ガス中のH_2濃度，CO濃度が低下し，FT合成効率が低下するためである。ガス化剤に水蒸気のみを用いる場合は，ガス化のための熱源確保のため外熱式のガス化炉が用いられる。外熱式のガス化炉の場合は，熱源確保のための燃焼が外部で行われるため，ガス化ガスに燃焼ガスが混入しないことから，空気から酸素を分離する必要がない。一方で，外部の高温源を利用するため，一般にガス化温度に制限があり，タール発生量は多い。水蒸気と酸素の混合ガスを用いる方式で

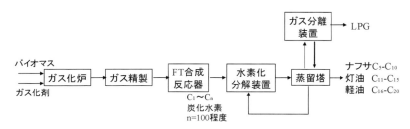

図1 バイオマスガス化FT合成プロセスフロー[1]

---

* Keigo Matsumoto　三菱重工業㈱　技術本部　長崎研究所　燃焼・伝熱研究室　主任

第6章 バイオマスのガス化とケミカルス・燃料合成触媒技術

は，酸素を分離する動力が必要であるものの，炉内の温度条件を容易に調整でき，低タール運転等も実現できる。FT合成のために適したガス組成はH_2とCOの比が2：1であり，一方でバイオマス中のHとCの比は高々2であるが，ガス化剤に水蒸気を用いることでガス化ガス中のCOと水性シフト反応（$CO+H_2O \rightarrow H_2+CO_2$）が起こり，$H_2$濃度を高めることが可能である。

バイオマスをガス化するとFT合成触媒を被毒する成分（ダスト，タール，H_2S，Cl，NH_3等）が発生するため，これらをガス精製プロセスにて除去する必要がある。ダストは物理的に触媒合成系統を閉塞させ，タールは触媒活性面を物理的にブロックする。また，H_2S，Cl，NH_3等の微量成分は触媒と反応を起こし，触媒活性を低下させる。既に実用化しているバイオマスをガス化し，ガスエンジン等で発電するシステムに比べ，一般にFT合成触媒のこれらの許容微量成分濃度は低く，ガス精製プロセスの建設コスト，ランニングコストは高額となる。現状，これらの微量成分を除去する技術は存在するものの，より低コストである処理技術の実現が望まれている。

FT合成プロセスは，FT合成，水素化分解，蒸留の3工程からなり，FT合成工程ではバイオマスガス化ガスを種々の炭素鎖を持った炭化水素（C_1〜C_{100}程度）を合成し，水素化分解に送られる。水素化分解プロセスではワックス分等，長鎖の炭化水素を分解して短鎖の炭化水素（〜C_{20}）に分解する。最終的に蒸留を行い，各々望まれる製品を得る。

バイオマスガス化技術は発電システムを中心に実用化が進んできており，また，FT合成技術に関しても，天然ガスからFT合成を行う技術（GTL：Gas To Liquid）をShellやSasolが既に実用化しており[1]，技術的には商用運用可能な段階まで来ている。一方で，より簡便なプロセスであるGTLにおいても天然ガス改質プロセス（$CH_4+H_2O \rightarrow 3H_2+CO$）が必要であることから，石油とのコスト競争力が乏しい。更に，バイオマスを利用することからコストが増加するため，プロセスの低コスト化が大きな課題である。このため，低品位なバイオマス利用，ガス化効率の向上，FT合成効率の向上等の技術的なブレークスルー，複数企業のコンソーシアム等，製品フロー全体を鑑みた低コストでFT合成油を供給できる体制の確立が重要であると考える。

5.3 開発状況と技術課題
5.3.1 世界での開発状況

世界において，バイオマスガス化ーFT合成プロセス開発を一貫して実施しており，その情報が公開されている企業及びプロジェクトを表1にまとめる[2〜7]。以下各々の開発事例をもとに技術の現状と課題を述べる。

CHOREN（Carbon Hydrogen Oxygen Renewable）社はCarbo-Vプロセスと呼ばれる炭化炉（低温ガス化炉）と噴流床ガス化炉（高温ガス化炉）を組み合わせたプロセスを採用している。炭化炉ではバイオマスを揮発分とチャー（固定炭素）に分解するとともに，炭化炉内部に粉砕機構を有しており，チャーを微粉砕する。通常バイオマスは粉砕動力が非常に高いが，炭化することによって容易に粉砕することが可能となる。ガス化炉では，まず揮発分を水蒸気と酸素を用いて燃焼，ガス化させ，その後チャーを吹き込んでガス化反応を完結させる。炉内ではタールの発

表1 世界でのバイオマスガス化-FT合成プロセス開発状況

企業/プロジェクト（国）	主たる燃料	ガス化方式
CHOREN（ドイツ）	ウッドチップ，藁ペレット	炭化炉＋噴流床
Lurgi（ドイツ）	農業残渣	急速熱分解（スクリューフィーダ）＋下向き固定床
Rentech（米国）	木質バイオマス	2塔式内部循環流動床
Biomassekraftwerk Gussing GmbH & CoKG（オーストリア）	ウッドチップ，廃材，Straw，wheat fuel	2塔式内部循環流動床
CHRISGAS Project（スウェーデン）	木質バイオマス	加圧循環流動床

生要因となる揮発分が1,500℃以上で燃焼してほぼ完全に熱分解するため，タールは殆ど発生しない。また，チャーも高温でガス化されるため炭素転換率が高く，灰はスラグとして排出される。ガス精製はダスト除去，シフト反応器，スクラバで構成されており，50％もの高いFT合成油収率が得られるとされている[5]。このため商用化すれば，非常に有効なプロセスとなる。

本技術を適用したβプラント（バイオマス供給量；10.5t/h）が当初2006年冬に運開予定であったが，未だに一貫運転には成功していないようである。FT合成プロセスで問題があったとの情報もあるが[2]，炭化炉出口の揮発分をガス化炉へ導く配管の取扱や，高温ガス化炉でのスラグ排出等，ガス化炉プロセス側でも難しい部分があるものと考える。

また，CHOREN社は本システムが競争力をもつためには2,000～3,000t/日規模のバイオマス処理が必要と公表している[4]。プランテーションや輸入によってバイオマス供給を賄うとしているが，比較的バイオマス収集が容易なドイツでさえも商用化に輸入等が必要となることから，わが国への展開を考えると更なるプラントの低コスト化が必要と考える。

Lurgi社は急速熱分解と下向き固定床の組み合わせシステムを採用している。急速熱分解はスクリューフィーダ型の反応器で行い，揮発分を分離する。その後，揮発分とチャーを下向き固定床へ供給し，水蒸気と酸素にてガス化を行う。本プロセスでは予め揮発分を分離することで，タール分解を促進するとともに，元々タール発生が少ない下向き固定床を採用することで大幅なタール低減を図っている。ガス精製プロセスとしては，H_2S除去，シフト反応器，レクチゾールによるCO_2回収，N_2洗浄が用いられている。

本プラントは現在500kg/h規模で実証段階に入っており，FT合成までを含めて2012年に建設予定となっている。前述のCHOREN社と同様，タール低減を非常にうまく図っており，有効なシステムであるが，技術的にはスクリューフィーダ型熱分解炉でのハンドリングや固定床型のガス化炉を採用していることから，大型化には限界があるものと考えられる。

RentechやBiomassekraftwerk Gussing GmbH & CoKGは2塔式の内部循環流動床方式を採用している。本形式では燃焼用とガス化用の2塔の流動床を設け，各々を接続して流動材を内部循環させる。燃焼炉にてバイオマスを空気で燃焼させて流動材を加熱し，加熱された流動材をガス化炉側に供給し，ガス化炉側ではバイオマスを流動材の顕熱を用いて水蒸気でガス化する方式

第6章 バイオマスのガス化とケミカルス・燃料合成触媒技術

となっている。本方式のメリットは伝熱面を用いることなく流動材の加熱ができることである。また，水蒸気ガス化を行うことでCO_2量が少ないガス化ガスを得ることができ，触媒合成効率を高めることが可能である。更に本方式では，流動材にCaOを混合し，ガス化炉側でCO_2を吸収し（$CaO + CO_2 \rightarrow CaCO_3$），燃焼側ではCalcinationを起こして$CO_2$を放出させることで，生成ガス中の$CO_2$濃度を低減できることから，FT合成には有効である。また，CaOを用いることでH_2Sも同時に除去可能となる。一方で，流動床方式ではガス化温度を900〜950℃以上とするとアグロメーションを発生させるため，ガス化温度が制限されることからタール発生が多く，現状はタール改質触媒等の利用が必要となっている。

Rentechでは35MWの電気と640バレル／日の合成油を供給する商用規模機の運用を2010年に開始するとしている[3]。Rentechは2009年にSilvagasを買収するとともに，エンジニアリングはFLUOR，合成油のアップグレーディングはUOPと技術提携し，年間150万ガロンのRen-dieselを航空会社8社に供給予定とのことである。一方，Biomassekraftwerk Gussing GmbH & CoKGではFT合成は$10Nm^3/h$程度の試験段階に留まっている。

CHRISGAS Projectでは加圧流動床を用いた水蒸気と酸素ガス化方式を採用しており，タール改質触媒によりガスを改質し，ガスタービンにて発電を行うプロジェクトであったが，やはり試験的にFT合成（$10Nm^3/h$程度）が行われている。

以上述べてきたとおり，世界的にはバイオマス-FT合成技術は実証〜商用化段階まで来ており，如何に製品フロー全体をカバーする有効なコンソーシアムを組めるかでプロジェクトの成功可否が左右されるものと考える。

5.3.2 わが国での開発状況

わが国においては，液体燃料製造プロセスへの取組み例が少なく，比較的プロセスが簡便なメタノール合成でもメーカーではタクマ㈱[8]，清水建設㈱[9]の取組み例があるのみで，バイオマスガス化-FT合成プロセスの一貫プロジェクトは現在行われていない。これは，わが国においてはガソリン車が主流でありFT合成油の有望な適用先であるディーゼル燃料の需要が欧米に比べ低いことと，バイオマスガス化プロセスは生成ガスの成分（主にH_2とCOの比）を調整すれば，メタノール（$H_2/(2CO+3CO_2)=1$），DME（$H_2/CO=1 or 2$），FT合成（$H_2/CO=2$）等，燃料種類に関わらず同様のプロセスが適用可能であるため，まずはメタノール合成を主眼において開発が行われているためである。タクマ㈱では独自のメタノール合成触媒の開発を行うとともに，循環流動床方式のガス化炉を用い，1ヶ月の実証機（メタノール生産量：約50L／日）連続運転に成功している。清水建設ではシュレッダーダスト等を用いたバイオマスガス化メタノール合成設備を開発している。

一方で，高性能FT合成触媒の開発は国内でも活発に進められており，北九州大[10,11]，岐阜大[12]，富山大[13]等で行われているが，触媒の開発事例等に関しては次節に譲ることとする。

5.3.3 当社での取組み

当社では，平成13〜16年度にNEDOより委託を受け，中部電力㈱と㈱産業技術総合研究所

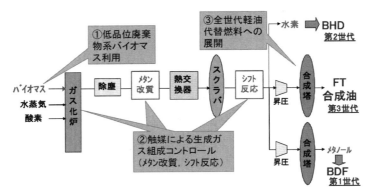

図2　バイオマスガス化FT合成プロセスの開発（三菱重工業㈱―(独)産業技術総合研究所）

（以下，産総研と呼称）で実施した2t/日バイオマスガス化メタノール合成プラントでの運用経験をもとに，平成18年〜平成21年にNEDOより再び委託を受け，「バイオマスガス化－触媒液化による輸送用燃料（BTL）製造技術の研究開発」を産総研と共同実施した。本取組結果について簡単に紹介する。図2に実施事項を示す。

　低品位バイオマスの利用として，廃棄物系バイオマス（スギ樹皮，オイルパーム残渣等）のガス化試験を行った。当社では多様な性状，粒子径分布を持つバイオマス向けに設計された噴流床方式のガス化炉を採用している。特に，オイルパーム残渣であるShell（種皮）は反応性が低いものの，当社のガス化炉は滞留時間が短い噴流床形式であるにも関わらず，反応性が低いバイオマスは炉内に滞留できる形式であるため，240kg/日試験設備にて90％以上のガス化率をワンパスで得ることができた。この結果，低品位バイオマス利用の目処を得ることができた。

　また，バイオマスをガス化した際には数％のCH_4が副生する。このメタンはメタノール合成プラントの場合には熱利用が可能であるが，FT合成プロセスの場合は，FT合成時にもC_1〜C_4の炭化水素が副生するため，熱量が過剰となってしまう。このため，生成ガス中のCH_4はH_2，COに改質してFT合成に利用するほうが望ましい。そこで，メタン改質触媒（産総研にて開発）を用いて検証試験を行い，比較的短期間の検証では出口目標CH_4濃度1％に対し0.2％までCH_4を低減でき，プラント効率向上の目処を得た。一方で，メタン改質触媒の作動温度は700℃以上である為，ガス化炉出口に設置する必要があるものの，前述の改質触媒は硫黄に弱く，ガス化炉出口の高温高水蒸気条件での長期運用にはまだ課題が残されている。シフト反応触媒は，生成ガスのH_2とCOの比を更に簡便にコントロールするために設置し，運用データを取得できた。

　FT合成に関してはγ-Al_2O_3担体にRu及びMnを担持した触媒（産総研開発）により，CO転化率96％，C_5+選択率90％を達成することができた。ただし，まだラボ試験結果に留まっており，触媒のコストダウンや，今後商用機での運用を鑑みた開発を行っていく必要がある。

第6章　バイオマスのガス化とケミカルス・燃料合成触媒技術

文　　献

1) 森田裕二, IEEJ, 2001年11月（2001）
2) みずほ情報総研株式会社, NEDO平成20〜21年度成果報告書（2009）
3) http://www.rentechinc.com
4) http://www.choren.com/en/
5) H. Hofbauer, Proceedings of 15th European Biomass Conference & Exhibition, PB2.1 （2007）
6) E. Simeone et al., Proceedings of 15th European Biomass Conference & Exhibition, 1120-1127（2007）
7) K. Ripfel et al., Proceedings of 15th European Biomass Conference & Exhibition, 1898-1901（2007）
8) 藤川宗治, 佐藤和宏, タクマ技報, Vol.18, No.1（2010）
9) 石井沙耶香ら, 第19回日本エネルギー学会大会, 3-4-3（2010）
10) 岩佐愛輝ら, 第19回日本エネルギー学会大会, 3-4-4（2010）
11) 隅部和弘ら, 第19回日本エネルギー学会大会, 3-4-5（2010）
12) X. Sun et al., Applied Catalysis A, Vol. 377, 134-139（2010）
13) http://www.shimz.co.jp/news_release/2009/761.html

6 フィッシャー・トロプシュ化学

椿　範立*

6.1 はじめに

フィッシャー・トロプシュ（FT）合成は1920年代にドイツで開発された。第二次大戦時代の1930年代から1940年代にドイツや日本で石炭からの合成ガスを原料として工業化されたが，戦後は石油資源の開発により経済性が低下したため工場は閉鎖された。しかし，南アフリカ共和国は国策としてFT合成の工業化を計画し，1955年にサソールが石炭を原料とする大規模なFT合成プラントの操業を開始した。さらに1970年代から1980年代の石油の高騰と天然ガス資源の開発を背景に，天然ガスから合成ガスを原料とするFT合成の開発が積極的に行われてきた。天然ガスを原料とするFT合成技術は1992年に南アフリカのモスガス（Mossgas）が最初に工業化し，シェルも独自技術を開発し，1993年にマレーシアで操業を開始した。サソールやシェル以外にも米国のエネルギ省（DOE），エクソン，シントロリュームなどが新プロセスを開発してきたが，数年前から，日本を含め，数多い国々が一斉にGTLの工業化開発を開始し，現在は戦国時代である。

FT合成で合成ガスから製造される炭化水素は硫黄分や芳香族を含まないため環境面からスーパークリーン燃料として注目されており，積極的な開発技術によりこの20年間に経済性が大きく向上してきた。さらに副生するα-オレフィン，含酸素化合物やワックスなどを化学原料として販売することにより経済性が高くなり，当面は天然ガスを原料として付加価値の高い化学品の製造も視野に入れた液体燃料化（GTL）計画が進められる状況である。将来バイオマス，廃プラスチックなどの資源性ゴミ，重質油，石炭，シェルガスあるいはコールベッドガスからも合成ガス経由で同様に展開できる。

燃料電池にon-boardあるいはon-site的に水素を提供するために，硫黄フリーな炭化水素が要求される。FT反応に使われる合成ガスにあるH_2Sはアルコール系溶媒洗浄によって簡単にppbレベルまで除去できる。燃料電池用燃料としてFT合成油が最適である。

6.2 FTのケミストリー

1926年にドイツのKaiser-Wilhelm石炭研究所のFischerらが，アルカリを含む鉄触媒を使用することにより合成ガスからアルコールおよび炭化水素類が生成することを発表した。

使われている触媒あるいは反応条件によって異なる可能性があるが，FT反応の最も一般的な炭素連鎖成長機構はカルベン基（$-CH_2-$）の重合である。担持コバルト，ルテニウム表面あるいは鉄系カバイド表面にCO吸着分解し，水素化によってカルベン基が生成する。カルベン基の直線的な重合によって直鎖状の炭化水素中間体（α-オレフィンの吸着体）が形成する。中間体が脱離すると，α-オレフィンが生成する。同時に金属触媒の水素化作用を受けると，ノルマルパ

---

*　Noritatsu Tsubaki　富山大学　大学院理工学研究部工学系　教授

第6章 バイオマスのガス化とケミカルス・燃料合成触媒技術

ラフィンになる。しかし，中間体が異性化反応を受ける場合，インナーオレフィン，イソ体オレフィンを生成する。結果的に約数パーセントの2-メチルパラフィンがノルマルパラフィンに含まれている。原料COの酸素原子は水になり，さらにCOと水性ガスシフト反応を起し，炭酸ガスになる。

$$nCO + (2n+1)H_2 \rightarrow C_nH_{2n+2} + nH_2O \qquad 1 < n < \infty$$
$$nCO + 2nH_2 \rightarrow C_nH_{2n} + nH_2O$$
$$CO + H_2O \rightarrow CO_2 + H_2$$

選択率が触媒金属の分散度，還元度及び担体の表面酸塩基性に大きく左右されるが，オレフィン経由でアルコールなど含酸素化合物も同時に生成する。この副反応によって大規模な商業FT工場ではアルコールなどの生産も可能になる。

炭素連鎖成長はランダムな過程であり，一，二種類のパラフィンあるいはオレフィンのみ生成させるのはほぼ不可能である。生成物を分子内の炭素数で整理すると高分子化学のAnderson-Schultz-Flory（ASF）分布に従う例が殆どで，この分布を破って選択的に一部留分を合成するのは難しい。今後の努力方向であろう。ASF分布から炭素連鎖成長確率 α（普通 $0 < \alpha < 1$）が求められる。

ASF分布に従わないメタンの生成抑制はもうひとつ課題である。反応温度の増加とともにメタンの生成が急速に増加する。メタンの生成反応は最低四つ以上ある。これらのルート同士が相互に影響し，同時に抑制するのは困難である。

6.3　FT合成触媒の研究と開発
6.3.1　共通特徴

触媒金属は主にFe，Ni，CoとRuが研究されている。ある石油メジャーの計算によると，価格比はFe 1，Ni 250，Co 1000，Ru 50000である。Niはメタンの多量生成，Ruはコスト高騰のため，実用的にはFeとCoが使用されている。Feは水性ガス反応活性があり，Coはこの活性がないため，一般的には H_2/CO 比の小さい石炭系合成ガスの場合は鉄系触媒が用いられ，H_2/CO 比の大きい天然ガス系合成ガスの場合はコバルト系触媒が用いられる傾向が高い。従って，最近の天然ガスを原料とするGTLはコバルト系触媒を使用する傾向が極めて高い。

金属の種類を問わず，単一金属触媒の場合では金属粒子が大きくなると，連鎖成長確率（α）が増え，メタンなど軽い炭化水素が減る。しかし総転化率は金属分散度の減少とともに減少する。同じ条件下において各金属の連鎖成長確率はRu＞Co＞Fe，Niである。

異なる触媒の性能評価において，触媒研究ではよくTOF（Turnover Frequency）を用いて表面サイトの活性を評価しているが，FT工業触媒活性を総括的に比較するために，よく金属モル当たりの活性を計算する。還元／酸化状態，表面／バルク形態を問わず，触媒に含まれた一モル金属が単位時間内転換したCOのモル数である（metal-time-yield）。勿論反応条件である温度

と圧力なども異なる場合では換算する必要がある。

FT触媒性能を評価するとき，上記metal-time-yield，CO転化率とα以外，液体留分（炭素数5以上）のSTY収率（C5+oil kg/kg-cat.h）は重要である。サソール社のこの収率は約0.6であるが，実験室レベルの触媒なら1.0から1.9までの情報もある。もう一つパラメータはαと関連するが，標準状態1m^{3}の合成ガスからの液体油（C5$^+$）収量である。H$_2$/CO＝2のガスなら理論限界は約190g/m^{3}である。

鉄系触媒以外のFT触媒の担体について，主にシリカ，アルミナ，活性炭を使っているが，反応器内における厄介な粉化を防止するために，強度が要求される。最近ゼオライト，メソ体研究の進歩に伴い，これらの材料をFT触媒担体にする研究が多い。高表面積による活性向上が見出されたが，高温高圧水蒸気が満ちるFT反応器内における安定性および形状選択性の機能が問題になる場合が多い。これらの問題をクリアできる触媒を期待している。

6.3.2 鉄系触媒

鉄系触媒は現在サソールが使用しているが，サソールは低温反応の固定床やスラリー床には沈殿鉄系の触媒を，高温反応の流動床には強度高い溶融鉄系の触媒を使用している。

これらの触媒は第二次世界大戦末期から開発されており，沈殿鉄系の組成はドイツのルールヘルミーからサソールに供給された100Fe-5 Cu-5 K$_2$O-25 SiO$_2$（wt比）が典型的である。助触媒としてカリウムと銅が加えられており，そのほかにシリカが加えられている。カリウム量を増大すると活性が増大し，連鎖成長確率（α）も増え，生成物は高分子化してワックス生成量が増大する。カリウムはオレフィンの二次反応である水素化活性を抑制するため，オレフィン生成量が増大し，生成物が高分子化する。銅は鉄の還元を促進し安定活性が得られるまでの時間を短縮する作用があり，選択率に対する影響は小さい。銅とカリウムは相乗効果がみられ，活性は単一助触媒系の場合より二元助触媒のほうが高くなる。しかし，選択率に対してはこの相乗効果はみられない。シリカはバインダーとして金属表面積の安定化や触媒強度の改善および選択率を高める作用を持っている。

鉄触媒は基本的にカバイド（FeC$_x$）が活性サイトである。水蒸気などの影響でカバイドが酸化されると，触媒が失活する。

鉄触媒によく石炭ベースのH$_2$/CO＝1のガスを使うが，しかし，FT合成の量論はH$_2$/CO＝2である。FTで副生した水ともう一つCOからCO$_2$を鉄触媒上で速く生成するから，見かけ上H$_2$/CO＝1になる。しかし，炭素利用率を考えると，半分炭素を炭酸ガスにするのはなるべく避けたいことである。

6.3.3 コバルト系触媒

コバルト系触媒の担体にはシリカ，アルミナの安定性が高く，助触媒はルテニウム，白金など貴金属とジルコニア，チタン，クロムなど酸化物が好ましいとされている。

コバルト触媒調製に用いられるコバルト塩と担体の間にある相互作用の影響が極めて大きい。シリカ担体では硝酸コバルトから作られた触媒は還元度が高く，分散度が低い。一方酢酸コバル

第6章　バイオマスのガス化とケミカルス・燃料合成触媒技術

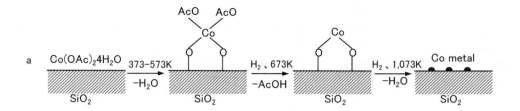

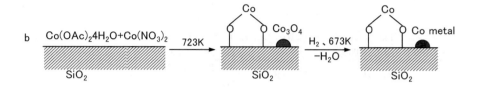

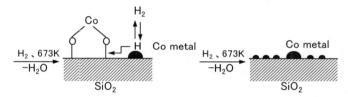

図1　コバルト／シリカ触媒の調製過程における表面反応
a 前駆体はコバルト酢酸塩，b 前駆体はコバルト酢酸塩と硝酸塩の混合体

トから得られた触媒は分散度が高く，還元度が低い。酢酸コバルト触媒に微量な貴金属添加，あるいは硝酸コバルト塩を添加すると，スピルーオーバー効果によって分散度を維持しながら，還元度を向上できる[1]（図1）。

コバルト触媒上でのFT合成がstructure-sensitiveかstructure-insensitiveか定められていない。最近大部分の研究例を見るとstructure-insensitiveである。しかし著者らの経験からコバルトと担体の間の相互作用とくに還元度影響によってstructure-sensitiveになる可能性がある[2]。

エクソンはスラリー相反応用egg-shell型コバルト触媒を開発した。溶融塩をシリカゲルに担持させ，触媒粒子内部におけるコバルトの分布を最小限に抑制した。油中ガス拡散の影響で触媒粒子の内部はほとんど反応に関わっていないという計算結果から開発された触媒である[3]。

表1に各社のコバルト触媒に関する特許のデータを比較している。Iglesiaらの研究によると，担体は選択率に大きな影響を与えることなく，炭化水素の生成速度に大きな影響を与えることが判明した。Al_2O_3に担持したCo触媒が最大活性を示し，TiO_2に担持したCo触媒の活性が最も低かった。Sasol社のコバルト触媒にはアルミナを担体として使っている。

RuとReはAl_2O_3とTiO_2担体触媒の活性を大幅に改善した。TiO_2担体触媒では表面積が小さいことが低活性の主な原因と考えられ，更にこの担体の比重が高いことがスラリー反応に適さな

バイオマスリファイナリー触媒技術の新展開

表1 各社のコバルト触媒特許の比較（mはmassである）

Technology supplier	Catalyst	Synthesis conditions
SASOL* US 5,733,839 (1998)	20m%Co/0.04m%Pt/Al$_2$O$_3$	T=220℃；P=20bar；feed composition：H$_2$=66.7%；CO=33.3%；Conv.=87% CSTR
GULF US 4,413,064 (1983)	22m%Co/0.5m%Ru/2.2m%ThO$_2$/Al$_2$O$_3$	T=215℃；P=2.1bar；feed composition：H$_2$=66.7%；CO=33.3%；Conv.=35.0%；Fluidized bed reactor
SASOL* "In house"	20m%Co/0.04m%Pt/Al$_2$O$_3$	T=210℃；P=20bar；feed composition：H$_2$=65.7%；CO=31.3%；Conv.=51%
EXXON WO 92/06784 (1992)	7m%Co/0.6m%Re/3m%Al$_2$O$_3$/TiO$_2$	T=200℃；P=21bar；feed composition：H$_2$=63%；CO=37%；Conv.=79%
US 5,545,674 (1996)	5m%Co/0.5m%Re/TiO$_2$	T=200℃；P=21bar；feed composition：H$_2$=64%；CO=32%；Conv.=81%
WO 99/39825 (1999)	10.6m%Co/0.9m%Re/0.6m%Al$_2$O$_3$-SiO$_2$/TiO$_2$	T=200℃；P=21bar；feed composition：H$_2$=64%；CO=32%；Conv.=77%
SHELL EP 167 215 (1986)	20m%Co/0.9m%Zr/SiO$_2$	T=215℃；P=20bar；feed composition：H$_2$=63%；CO=37%；Conv.=61%
WO 99/34917 (1999)	20m%Co/1m%Mn/TiO$_2$	T=215℃；P=26bar；feed composition：H$_2$=63%；CO=37%；Conv.=37%
IFP GB 2258414 (1993)	22m%Co/4m%Mo/0.6m%K/SiO$_2$	T=200℃；P=20bar；feed composition：H$_2$=67%；CO=33%；Conv.=85%
US 5,783,607 (1998)	25m%Co/0.1m%Cu/0.5m%Ti/SiO$_2$	T=240℃；P=20bar；feed composition：H$_2$=67%；CO=33%；Conv.=65%
WO 99/00190 (1999)	15m%Co/0.1m%Sc/SiO$_2$	T=206℃；P=20bar；feed composition：H$_2$=67%；CO=33%；Conv.=83%
STATOIL US 4,801,573 (1989)	12m%Co/1m%Re/Al$_2$O$_3$	T=195℃；P=1bar；feed composition：H$_2$=67%；CO=33%；Conv.=33%
国内A**	コバルト系	T=230℃；P=10bar；feed composition：H$_2$=67%；CO=33%；Conv.=78%
国内B**	コバルト系	T=230℃；P=10bar；feed composition：H$_2$=67%；CO=33%；Conv.=64%

* Sasol触媒のC5$^+$STY（oil kg/kg-cat.h）は約0.3〜0.5である。
**筆者らが開発した触媒のC5$^+$STY（oil kg/kg-cat.h）は0.6以上である。

い原因となっている。白金は主にCoの還元度を維持すると考えられる。

　SiO$_2$或いはAl$_2$O$_3$担体のCo触媒はスチームの存在により還元が困難なコバルトシリケート，コバルトアルミネートが生成してCo金属が減少することが報告された。しかし，助触媒のZrO$_2$はコバルトシリケートなどの生成を抑制する作用を持っており，ZrO$_2$はCo/SiO$_2$触媒の選択率には影響を与えないが反応速度を大幅に改善することが見出された。

第6章　バイオマスのガス化とケミカルス・燃料合成触媒技術

6.3.4　ルテニウム触媒

ルテニウム触媒は高い炭素連鎖成長確率を持ち，還元されやすい。担持量2％以下でもコバルト，鉄触媒に充分匹敵できる高い活性を示す。貴金属であるため，コストが最大な難点である。コバルト触媒担持量10％でもRu2％の活性に匹敵する。ルテニウム触媒上でのFT合成がstructure-sensitiveである。

6.4　各種FT合成反応
6.4.1　気相反応

気相反応では原料拡散速度が速く，転化率が向上し，炭素連鎖成長確率が高くなるので，重質炭化水素が多く生成される。しかし，高転化率に伴い反応熱の除去が遅くなるため，温度が急激に高くなる可能性があり，温度が不安定だけではなく，重質炭化水素の蓄積によって，反応相が気相から粘度が不安定な液相に近い状態に変化することで，高温領域の反応となるので，一部触媒金属が炭化してしまう。これらの影響を受けて，気相反応は特に初期段階で安定性あるいは再現性に欠ける。

気相反応は一般的にワックスの蓄積によって，触媒が失活しやすく，触媒の局所過熱によってメタンなどの軽質炭化水素が過剰に生成する可能性が高くなる。

しかも工業的に生産する場合では，一つの反応器に数千本の反応管を並列し，全ての反応管内の触媒層ガス抵抗を同一にしなければいけない等，装置の稼動上の課題も多い。

6.4.2　液相反応

スラリー床反応器は微細の固体触媒を高沸点溶媒（高分子量のパラフィンなど）中に分散して反応を行うものである。熱の除去が速くて，触媒上で蓄積したワックスが溶媒によって抽出され，触媒の寿命が長い。反応の進行と共に初期溶媒が蓄積したFT油に置換される。しかし，液体溶媒におけるガスの拡散速度が遅いので拡散律速を避ける必要がある。一方，触媒粒子内において，水素の拡散速度が一酸化炭素の拡散速度より速いため，触媒粒子内部でのH_2/CO比が原料の比より実際は高くなり，連鎖成長確率が低下し，ワックスの生成に不利である。更に生成したワックスなどの重い炭化水素が触媒表面から一旦脱離してから，拡散が遅いため，触媒金属表面へ再吸着し，二次的に水素化分解されることがある。これらはワックスの収率が低下する原因の一つである。なお，固定床型反応器に液体溶媒を滴下するトリクルベッド式の液体反応方式もあるが，反応工学的にスラリー式とほぼ同じである[4]。

筆者らが原料と生成油の触媒粒子内での拡散速度をアップさせるために，大小細孔を同時に有するバイモダルコバルト触媒を新規開発した[5]。

6.4.3　超臨界反応法

超臨界状態のn-ヘキサン，n-ペンタンを用いたFT反応について基礎研究が行われている。液相反応は伝熱速度が大きく，また触媒中の重質物が反応溶媒中に溶出するため，触媒活性の低下が小さくなる利点があるが，反応速度は気相反応より小さくなる。液相反応の欠点を補うため

超臨界相の反応法が提案されており，基礎研究での反応速度は（気相＞超臨界相＞＞液相）の順であった。また超臨界相においては除熱効果，ワックス蓄積の防止効果が優れているので，生成物中のオレフィン含有率が増大する特徴がある。

著者らは触媒の改良と共に，1-オレフィンの添加あるいは濃度制御によって，軽質炭化水素の生成を抑制し，ワックス類の重質炭化水素の生成を飛躍的に向上させ，いわゆるFT生成物のASF分布を破ることを超臨界反応で初めて実現した[6,7]。

6.4.4 イソパラフィンの合成

FT合成で生成される直鎖の炭化水素はディーゼル燃料として問題がないが，ガソリンの生産に不向きである。しかし，生成された直鎖構造のFT合成炭化水素を別の反応器或いは同じ反応器において固体酸触媒上で水素化分解あるいは異性化反応させ，アルキレートに相当するイソ体のガソリンの生成を行った[8]。

6.5 代表的FT合成の工業プロセス

現在工業化されているプロセスおよび技術が確立しているプロセスの概要を以下にまとめる。

6.5.1 サソール[9]

サソールはドイツで開発された鉄系触媒と多管熱交換型反応器（正式装置名：ARGE），および米国で開発された循環流動床の反応器（Circulating Fluidized Bed，CFB，Synthol）を導入して操業を開始したが，その後，固定流動床（Sasol Advanced Synthol，SAS）とスラリー床反応器（Slurry Phase Distillate，SPD）を開発した。ARGEとSPDは低温型反応器で，CFBとSASは高温型である（図2）。Secunda工場は135000BPDの規模で石炭から合成燃料，化学品を

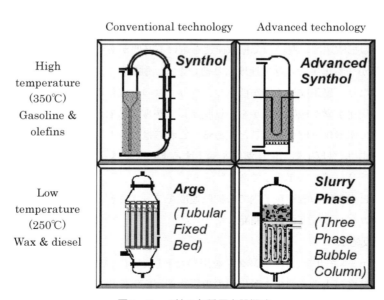

図2 Sasol社の各種反応器概略

第6章 バイオマスのガス化とケミカルス・燃料合成触媒技術

製造している。Sasolburg工場は約7000BPD規模で操業を行っており，隣国から天然ガスを導入することも計画している。また，コバルト系触媒も開発しており，ナイジェリアなどの天然ガスを原料とするGTLプロジェクトにはコバルト系触媒を採用したスラリー床プロセスを計画しているとの情報もある。

その他，関連会社であるMossgas社（現名PetroSA）は天然ガスから部分酸化とスチーム改質併用で合成ガスを製造し，Synthol3基を用いて36000BPD規模で高温型FT合成を行っている。

6.5.2 エクソン[10]

全プロセス名はAGC（Advanced Gas Conversion）-21である。天然ガスから合成ガスの製造にはオートサーマル型の流動床プロセスを開発している。FT合成の触媒はエクソンの特許から見ると，Co-Ru/TiO_2系の可能性が高いが，明確には発表されていない。反応器はスラリー床を採用し，主にワックスを製造して中間留分に水素化分解するプロセスである。Baton Rouge工場に200BPDと15BPDのパイロットプラント2基を有し，10,000BPDのプラント建設のデータを既に取得している。プロジェクトとしてはカタールの大型GTL計画が進んでいる。モービルとの合併により，モービルのゼオライト技術を用いるワックスの水素化分解及び異性化，改質反応にも動きが出てきた。

6.5.3 シェル[11]

マレーシアの天然ガスを原料とするGTLプロセス（プロセス名：Shell Middle Distillate Synthesis，SMDS）では，FT合成の触媒はCo-ZrO_2/SiO_2系であり，反応器は固定床である。商業規模の12500BPDの反応器は固定床を使用しているが，スラリー床反応器の開発も実施しているようである。FT合成では主としてワックスを製造し，水素化分解により中間留分に転換しているが，ワックスの一部は水素化分解せずに精製して潤滑油原料向け等に販売している。シェルはインドネシアおよびオーストラリアなど世界の十数カ国で商業プラントを計画している。

6.5.4 日本[12]

およそ15年～20年前，C1化学の研究が盛んに行われたが，工業プロセスレベルの結果がほとんど無かった。最近GTL技術，FT技術が再びブームになり，石油公団と民間企業数社が急ピッチに実用化研究を行っている。FT合成ではスラリー床用の高性能コバルト触媒，ルテニウム触媒を実用レベルまで開発した。2002年7月より北海道勇払でこれらの和製新技術をまとめた10BPDのパイロットプラントが既に動いている。2009年から新潟では500BPDのGTL/FTプラントも運転している。その他，商業化を視野に入れた超臨界FT合成開発（ATL）など幾つかの新しい技術開発も進んでいる。富山大学にもFTのベンチプラントを運転し始めている。

その他，BP，Conoco，Rentech，Syntroleum，Statoilが数百BPD規模，中国が25BPD規模のFTプラントを稼働し始めた。

6.6 将来への展望

1920年代に最初の技術が開発され，第二次大戦時代に石炭を原料として工業化されたFT合成が，約80年を経た現在，注目を集めている。理由はエネルギーと環境両面にある。天然ガス資源の開発により石炭原料の場合より経済性が高いプロセスとなることと，およびFT合成から得られる燃料油は硫黄分や芳香族類を含まないため，環境汚染の少ないクリーンな性状をしていることである。

長期的には石油資源の枯渇，当面の問題としては環境対策として，天然ガスのFT合成を経由する液体燃料化（GTL）や製油所の重質残油のガス化によるクリーン燃料の製造（ATL）が重要である。将来バイオマスなどからのFT合成も可能である。このため，FT合成を経由するクリーン燃料の製造技術がさらに発展し，より幅広く実用化されることを期待している。

文　献

1) S. Sun, N Tsubaki, K. Fujimoto, *Appl. Catal. A*, **202**, 121 (2000)
2) N. Tsubaki, S. Sun, K. Fujimoto, *J. Catal.*, **199**, 236 (2001)
3) E Iglesia, S. L. Soled, R. A. Fiato, G. H. Via, *J. Catal.*, **143**, 345 (1993)
4) 範立, 横田耕史郎, 韓怡卓, 藤元薫, 石油学会誌, **39**, 111 (1996)
5) Y. Zhang, Y. Yoneyama, N. Tsubaki, *Chem. Comm.*, 1216 (2002)
6) K. Fujimoto, L. Fan, K. Yoshii, *Top. Catal.*, **2**, 259 (1995)
7) N. Tsubaki, K. Yoshii, K. Fujimoto, *J. Catal.*, **207**, 371 (2002)
8) N. Tsubaki, K. Michiki, Y. Yoneyama, K. Fujimoto, *J. Petro. Inst. Jpn.*, **44**, 338 (2001)
9) M. E. Dry, *Appl. Catal. A*, **138**, 319 (1996)
10) B. Eisenberg, R. A. Fiato, C. H. Mauldin, G. R. Say, S. L. Soled (Exxon), Natural Gas Conversion V, *Stud. Surf. Sci. Catal.*, **119**, 943 (1998)
11) M. M. G. Senden, S. T. Sie, M. F. M. Post, J. Ansorge, Chemical Reactor Technology for Environmentally Safe Reactors, 227 (1992), NATO ASI Ser., Ser. E (1992)
12) 椿範立, 幾島賢治, 日本エネルギー学会誌, **81**, 981 (2002)

7 エタノールから低級オレフィンを製造する触媒と反応メカニズム

藤谷忠博[*1], 中村潤児[*2]

7.1 はじめに

石油から,ガソリンや軽油などの燃料およびプラスチックや合成繊維などの化学製品がつくられるが,この工程はオイルリファイナリーと呼ばれる。これに対して,バイオマス資源から,燃料や化成品原料に変換する工程は,バイオリファイナリーと呼ばれる。

バイオリファイナリーの基本構成は,①バイオマスをグルコースやキシロースといった単糖類(糖の最小単位)にする段階(糖化),②これを酵母などの微生物によってエタノールやプロパノールにする段階(発酵),③これらアルコールを従来の化学プロセスによって,石油から得られた最終生成物と同じものを得る段階(工業触媒反応プロセス)からなっている。

エタノールから製造する化学原料のなかで工業的ニーズの高い物質のひとつが,汎用樹脂ポリプロピレンの原料となるプロピレンである。食糧と競合しないセルロースから得られる粗留バイオエタノール(純度約90%)を用いた,低コストでのプロピレン製造が求められている[1]。そのためには高性能触媒の開発や,分離・精製などの要素技術の開発が必要である。プロピレン製造プロセスの意義はポリプロピレンをカーボンニュートラル化するという点にある。すなわち,二酸化炭素ガスの発生を抑制し,製品が使用される間,炭素は製品中に固定される効果がある。

エタノールの脱水によりエチレンを製造し,次いで重合により製造したブテンとエチレンのメタセシス反応を経由すればプロピレンを製造することが可能である。しかしながら,製造が多工程になるためコスト競争力の観点から,エタノールを直接プロピレンに高選択率,高収率で変換する高性能な触媒開発が求められている。エタノールを低級炭化水素に転換する触媒は既にいくつか見出されている。固体酸を有するゼオライトが有望であり,中でも8員環のチャバサイト系(アルミノシリケート及びシリコアルミノフォスフェート)あるいは10員環のZSM-5,ZSM-11が活性を有する。以下,8員環および10員環ゼオライト触媒の特徴を述べる。

7.2 8員環ゼオライト触媒

8員環ゼオライトには,エリオナイト(ERI),オフレタイト(OFF),チャバサイト(CHA),レビナイト(LEV)およびシリコアルミノフォスフェート(SAPO-34)があり,それぞれ小細孔(0.3-0.4 nm)を有する。これまでメタノールから低級オレフィンを選択的に合成する触媒として知られていたが,近年,これら8員環ゼオライトがエタノールからのプロピレン合成にも有効であることが報告されている[2~4]。馬場らはSAPO-34を用いてエタノール転換反応を行い,50%以上のプロピレン収率が得られることを報告している[2]。また,佐野らは,LEVを用いた反応において高いプロピレン収率が得られることを明らかにしている[3]。さらに,CHAも高選

[*1] Tadahiro Fujitani (独)産業技術総合研究所 環境化学技術研究部門 主幹研究員
[*2] Junji Nakamura 筑波大学 大学院数理物質科学研究科 物質創成先端科学専攻 教授

択率でプロピレンを合成できることを見いだしている[4]。8員環ゼオライト触媒の特徴は，C5以上の炭化水素がほとんど生成せず，高選択率でプロピレンを合成する点である。これは，分子ふるい効果によるものと考えられる。細孔径がプロピレンの分子径とほぼ同じなためである。8員環ゼオライト触媒の欠点は炭素質の析出による著しい活性低下である。そのため，炭素質生成の抑制を目的とした高シリカ化と酸強度の制御，加えて，ゼオライト骨格構造の一部の他元素による置換，異種金属酸化物による修飾などによる検討がなされている。

7.3 10員環ゼオライト触媒

10員環細孔（0.5-0.6nm）を有するZSM-5およびZSM-11に代表される中細孔径型ゼオライト触媒は，メタノールからの低級オレフィン合成に対して優れた活性を示すことが知られている[5〜7]。エタノールからの炭化水素合成については，現在のところ主に芳香族ならびに液状炭化水素の生成を目的としたものが多い。表1に，種々のゼオライト触媒上での400℃におけるエタノール転換反応の結果を示す。ここではZSM-5以外にも，同じく10員環のフェリエライト（FER），また12員環であるベータ（BEA），モルデナイト（MOR），Y型ゼオライトについても検討している。表中の収率は炭素基準（C-%）で示した。FER，BEA，MOR，Yではエチレンの生成が認められ，これらのゼオライト上では，エタノールの脱水素反応のみが進行することがわかる。一方，ZSM-5はエチレンに加えてプロピレン，ブテンの生成が観察され，ZSM-5上では，プロピレンを効果的に合成できることを示している。

ZSM-5触媒のSi/Al_2比によって，プロピレン選択性が著しく変化することが知られている。表2には，Si/Al_2比が30，80，280のH-ZSM-5上での500℃のエタノール転換反応における生成物分布を示す。Si/Al_2比30の場合にはプロピレンが23%得られているもののC5以上の炭化水素の生成も顕著である。C5以上の炭化水素の内容は，約8割がC6-C8芳香族であった。Si/Al_2比を80とした場合では，30の場合と比べてエチレンおよびプロピレン収率が増加したが，C5以上炭化水素とパラフィン収率は低下した。Si/Al_2比を280とした場合ではエチレンのみの生成が観察された。プロピレン収率は，Si/Al_2比80の場合に最も高くなった。同様な結果はMakarfiらによっても得られている[8]。

表1 種々のゼオライト上におけるエタノール転換反応活性

Catalyst (Si/Al_2)	EtOH conv.(%)	Yield (C-%)					
		C_2H_4	C_2H_6	C_3H_6	C_3H_8	C_4H_8	others
H-FER (55)	100	96.9	0	0	0	0	0
H-BEA (75)	100	99.6	0	0	0	0	0
H-MOR (20)	98	89.2	0	0	0	0	7.3
H-Y (5.6)	98	94.1	0	0	0	0	3.9
H-ZSM-5 (80)	100	27.4	0.3	15.7	3.3	23.4	29.9

Temperature：400℃, W/F=0.003g/ml/min, C_2H_5OH concentration：20%

第6章 バイオマスのガス化とケミカルス・燃料合成触媒技術

表2 ZSM-5上でのエタノール転換反応における生成物分布

Si/Al$_2$ratio	Yield (C-%)						
	C$_2$H$_4$	C$_2$H$_6$	C$_3$H$_6$	C$_3$H$_8$	C$_4$H$_8$	C$_4$H$_{10}$	$\geq$C$_5$
30	25.9	1.4	23.5	7.4	14.0	10.2	17.4
80	41.6	0.0	27.1	5.8	13.2	4.7	7.0
280	96.9	0.0	1.6	0.0	0.7	0.0	0.0

Temperature：500℃, W/F＝0.0025g/ml/min,
C$_2$H$_5$OH concentration：50%

また，H-ZSM-5（Si/Al$_2$＝48）上におけるエタノール転換反応の耐久性におよぼす温度の影響について調べられており，400℃以下での劣化は炭素析出によるものであり，再生により活性が元に戻るが，450℃以上では脱アルミニウムによる不可逆な活性劣化が進行することが知られている[9]。Fe修飾ZSM-5（Si/Al$_2$＝41）によるエタノール転換反応では，Feの修飾により，芳香族やパラフィンの選択率は減少するが活性寿命は延びる[10, 11]。ZSM-5触媒へWとLaを共に添加した場合に初期プロピレン収率が450℃で30%得られる[12]。また，ZSM-5触媒へのアルカリ土類金属の添加がエタノール転換反応に有効であり，特にSrの添加がプロピレン収率向上および耐久性向上を導く[13]。

7.4 ZSM-5触媒でのエタノール転換反応のメカニズム

図1は，ZSM-5触媒によるエタノール転換反応の結果であり，接触時間に対する反応生成物

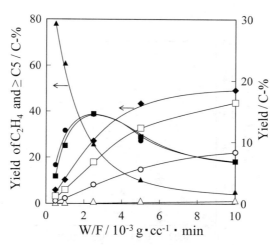

図1 H-ZSM-5（Si/Al$_2$＝80）上でのエタノール転換反応における生成物収率におよぼす接触時間の影響
▲エチレン，△エタン，●プロピレン，○プロパン，■ブテン，□ブタン，◆C5以上の炭化水素

分布を示している。反応温度は400℃である。接触時間が短い場合，エチレンが主生成物であることが明らかである。これは，ZSM-5上でのエタノールの脱水反応が初期に起こることを示している。接触時間の増加と共にエチレン収率は低下する。一方，プロピレン，ブテン収率が増加する。プロピレン，ブテンの収率は，接触時間が$2.5 \times 10^{-3} \mathrm{g \cdot cc^{-1} min}$付近で最大となり，その後低下する。一方，プロパン・ブタンのパラフィン類の収率は接触時間の増加と共に増加する。C5以上の炭化水素（芳香族）は接触時間の増加と共に増加している。これらの結果から，ZSM-5上ではエタノールは初めに脱水反応によってエチレンに転換し，その後，エチレンがオレフィンへと転換することがわかる。さらに，オレフィンは逐次的に芳香族またはパラフィンへと転換したと考えられる。

ZSM-5上でのエタノール転換反応においてエチレンが中間体であることを確認するためにエチレンを原料として反応を行うと，W/Fに対する反応生成物の分布は，図1で示したエタノール原料の結果とよく一致する。これにより，ZSM-5上でのエタノール転換反応においては，エチレンが中間体であることが明らかである。そこでエチレンを反応物として非常に短い接触時間で反応を行い反応初期における生成物分布を調べた。その結果，図2に示すように，反応初期にプロピレンとブテンのみの生成が確認され，それらの収率は原点を通る直線となっていることがわかる。一方，C5，C6オレフィンの収率に対する直線は原点を通らず，誘導期が存在する。この結果から，エチレンがプロピレンとブテンに転換していると考えられる。

エチレンからのブテンの生成については固体酸触媒であるZSM-5上においてはエチレン2量化で進行していることが容易に推察できる。しかしながら，どのようにしてエチレンからプロピレンが生成されるかについては不明である。ゼオライト上でのエチレンからプロピレン生成機構

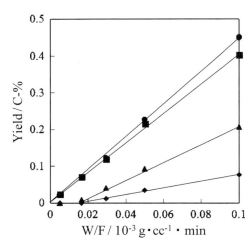

図2 H-ZSM-5（$Si/Al_2=80$）上でのエチレン転換反応の反応初期における生成物収率
●プロピレン，■ブテン，▲C5オレフィン，◆C6オレフィン

第6章　バイオマスのガス化とケミカルス・燃料合成触媒技術

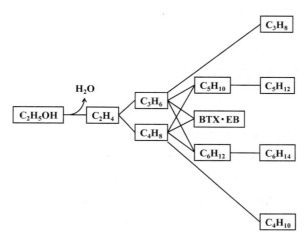

図3　H-ZSM-5上でのエタノール転換反応メカニズム

については、今までにいくつかの報告がある。馬場らは、SAPO-34上でのエチレン転換反応を検討し、この中でエチレンは3量化しヘキセンとなった後にベータ解裂によってプロピレンが生成することを報告している[2]。さらに、村田らもZSM-5上で同様の反応機構でプロピレンが生成していると提案している[12]。Wangらは、ZSM-5上におけるエチレン存在下でのIR観察の結果から、エチレンが重合してpolyenic種（$(CH=CH-)_n$）が生成し、これが分解することでプロピレンが生成することを提案している[14]。このメカニズムは先に示したヘキセン経由と同様と考えられる。一方、Cormaらは、量子化学計算から、ゼオライト上でエチレンとエタンが存在する場合にC-ブトニウムイオンを介することでプロピレンが生成すると提案している[15]。しかし、図2の結果は、プロピレンが誘導期を持たずに反応初期から生成していることを示しているため、中間体が存在するメカニズムでは説明できない。Beranらは、ZSM-5上では酸点上のOH基とエチレン分子で形成されるπ錯体が安定に存在するためにエチレンの二重結合が弱まることを報告している[16,17]。したがって、このπ錯体からカルベン種中間体が生成し、この反応中間体とエチレンが反応してプロピレンが直接合成された可能性がある。

　以上のことから、我々はZSM-5からのエタノール転換反応メカニズムは図3に示すように進行すると考えている。エタノールは脱水してエチレンが生成する。エチレンは直接プロピレンならびにブテンへと変換する。次にプロピレンあるいはブテンはエチレンとの逐次反応でC5、C6オレフィンが生成する。C6-C8芳香族と水素はプロピレンあるいはブテンもしくはプロピレンとブテンの環化脱水素反応で生成する。この際副生した水素がオレフィンと反応することでパラフィンが生成する。

　一方、ゼオライト上でのメタノールからオレフィンへの転換反応のメカニズムではメチレーションメカニズムあるいは炭化水素プールメカニズムで進行すると考えられている[18,19]。これは、我々が考えているエチレンからプロピレンの直接合成とは明らかに異なっている。従って、エタ

ノールからプロピレン生成に適したZSM-5触媒を開発するためには，メタノールの場合やこれまで報告されてきたメカニズムのようにオリゴマー化を促進することよりむしろ，プロピレン，ブテン以降の反応の進行を抑制することが重要であると考えられる。そのためには，ZSM-5表面上での酸密度の精密制御，細孔径の最適化やナノ粒子化等が必要と考えられる。

7.5 おわりに

8員環および10員環ゼオライトによるエタノールからのプロピレン合成について概説した。プロピレン収率が50％以上の触媒が得られているが，炭素析出の問題が大きな課題である。そのためにSi/Al_2比や酸性度の制御，ゼオライト骨格の他元素による置換および他元素の添加などが試みられている。反応機構については完全に解明されてはいないが，ZSM-5触媒では，エタノールはまず脱水反応によりエチレンへと転換し，その後エチレンは直接プロピレンおよびブテンへと転換する。これらオレフィンが，逐次的に芳香族やパラフィン類に変化するため，プロピレンの選択率を向上するには，低級オレフィンの逐次的な反応を抑制する必要がある。

文　献

1) http://www.enecho.meti.go.jp/policy/fuel/080404/
2) H. Oikawa, Y. Shibata, K. Inazu, Y. Iwase, K. Murai, S. Hyodo, G. Kobayashi and T. Baba, *Appl. Catal. A*, **312**, 181 (2006)
3) T. Inoue, M. Itakura, H. Jon, Y. Oumi, A. Takahashi, T. Fujitani and T. Sano, *Microporous Mesoporous Mater.*, **122**, 149 (2009)
4) 三菱化学株式会社, 特開2007-291076
5) T. Sano, T. Murakami, K. Suzuki, S. Ikai, H. Okado, K. Kawamura, H. Hagiwara and H. Takaya, *Appl. Catal.*, **33**, 209 (1987)
6) M. M. Wu and W. W. Kaeding, *J. Catal.*, **88**, 478 (1984)
7) C. D. Chang, C. T.-W. Chu and R. F. Socha, *J. Catal.*, **86**, 289-296 (1984)
8) Y. I. Makarfi, M. S. Yakimova, A. S. Lermontov, V. I. Erofeev, L. M. Koval and V. F. Tretiyakov, *Chem. Eng. J.*, **154**, 396 (2009)
9) A. T. Aguayo, A. G. Gayubo, A. M. Tarrio and J. Bilbao, *J. Chem. Technol. Biotechnol.*, **77**, 211 (2002)
10) V. Calsavara, M. L. Baesso and N. R. C. Fernandes-Machado, *Fuel*, **87**, 1628 (2008)
11) M. Inaba, K. Murata, M. Saito and I. Takahara, *Green Chem.*, **9**, 638 (2007)
12) K. Murata, M. Inaba and I. Takahara, *J. Jpn. Petrol. Inst.*, **51**, 234 (2008)
13) D. Goto, Y. Harada, Y. Furumoto, A. Takahashi, T. Fujitani, Y. Oumi, M. Sadakane and T. Sano, *Appl. Catal. A*, **383**, 89 (2010)
14) B. Lin, Q. Zhang and Y. Wang, *Ind. Eng. Chem. Res.*, **48**, 10788 (2009)

15) M. Boronat and A. Corma, *Appl. Catal. A*, **336**, 2（2008）
16) S. Beran, P. Jiru and L. Kubelkova, *J. Mol. Catal.*, **12**, 341（1981）
17) S. Beran, *J. Mol. Catal.*, **30**, 95（1985）
18) R. M. Dessau, *J. Catal.*, **99**, 111（1986）
19) U. Olsbye, M. Bjørgen, S. Svelle, K.-P. Lillerud and S. Kolboe, *Catal. Today*, **106**, 108（2005）

8 バイオメタンを用いるナノ炭素繊維の合成と応用

多田旭男[*1], 白川龍生[*2]

8.1 はじめに

ナノサイズの炭素繊維の代表例であるカーボンナノチューブ（CNT）の応用分野はカーボンエレクトロニクスから始まり，高機能塗料，軽金属複合材料，土木材料へと拡がっている。特にセメントへの応用[1])は最近，顕著である。

CNTの魅力は既存炭素材料にはない機能（高電流密度，高熱伝導性，軽量高機械強度，ナノ構造など）にあるが，1kgあたり約1万円前後で下げ止まっている価格が本格的な普及を妨げている。

しかしCNT含有複合材料の中には，CNTの多様な機能の一部だけしか利用していないオーバースペック材料が少なくない。

このような用途には，CNTの機能の一部を持つナノ炭素繊維が，価格面及び供給面で強みを発揮できるならば，CNT代替品として有望である。そのようなナノ炭素繊維の候補の一つがメタン直接改質法[2~6)]（$CH_4 = C + 2H_2$）による水素製造時の副生炭素である。この炭素は，触媒と反応条件を適切に選べば，多層カーボンナノチューブとして生成するのでCNTの前にDMR（メタン直接改質 Direct Methane Reformingの頭字語）をつけてDMR-CNTと略記する。

いわゆるCNTの合成においては，炭素源としてメタンを用いる場合であっても必ず希釈して用いるが，メタン直接改質では水素製造を目的とするので無希釈メタンを用いる。したがって，本格的な水素エネルギー社会に移行した場合にはDMR-CNTの供給量は膨大な量に達する。そこで，今から新たな複合材料，素形材などのボリュームゾーン用途を開発しておく必要がある。

生成した状態のDMR-CNTは絡まっていて必ず残留触媒を含むので，解れた状態の，高純度なDMR-CNTを得るには処理が必要である。そこで8.3項でDMR-CNTの応用を，無処理DMR-CNTの用途と処理DMR-CNTとに分けて説明する。

8.2 DMR-CNTの特徴，合成方法

8.2.1 特徴

① 形状・物性の制御因子：DMR-CNTの多様性は触媒の種類，反応温度，メタンと混合するガスの種類などによって影響されるので，望む形状，特性をもつものをつくり分けることが可能になってきている。

② 形状：直径が数十〜数百nmの多層ナノチューブが一般的であるが，触媒や反応温度を選ぶと非中空のカーボンナノファイバーも生成する。

③ 物性：これらのDMR-CNTの導電性，誘電性，機械的強度などの物性はDMR-CNTの

[*1] Akio Tada 北見工業大学 地域共同研究センター 特任教授
[*2] Tatsuo Shirakawa 北見工業大学 社会環境工学科 助教

第6章　バイオマスのガス化とケミカルス・燃料合成触媒技術

表1　種々のナノカーボン材料の電気抵抗

ナノカーボン材料	電気抵抗（Ω/mm）
DMR-CNT	0.024
導電性CB	0.064
KB	0.052
VGCF	0.017

測定：粉末ナノカーボンを円盤状（直径20.0mm, 厚さ0.70～1.80mm）に加圧成形し, 加重1kg下で測定

構造, 結晶性などによって異なる。表1は無処理DMR-CNTの電気抵抗測定結果の一例を示す。導電性カーボンブラック（CB）やケッチェンブラック（KB）より優れた導電性を有することがわかる。

8.2.2　合成方法

① 反応：メタン直接改質反応は, 吸熱反応なので反応温度が高いほどメタン平衡転化率が大きい。またこの反応の選択率はきわめて高く, 水素及び炭素以外の生成物をほとんど生じない。

② 触媒：Ni, Co, Feなどの金属微粒子をAl_2O_3, SiO_2, TiO_2, ZrO_2, カーボンなどに担持したものが用いられる。

③ メタン原料：バイオガスからCO_2と硫化水素, アンモニアなどを除去すれば反応に使用できる。CO_2は数%残存しても問題ないが硫化水素は触媒毒として作用する。

④ 反応装置：メタン直接改質反応では固体生成物（DMR-CNT）が反応管内に蓄積されるので固定床式反応器は適さない。移動床式あるいは流動床式の連続反応装置を使用する。

8.3　DMR-CNTの応用：無処理DMR-CNTの用途

8.3.1　ナノカーボン添加セメントモルタルの電磁波遮へい性

無処理DMR-CNTを粉末のままで添加したモルタルの電磁波遮へい性能は周波数が増加するにつれて増した。壁厚を250mmにすると2.5 GHzにおける電磁波遮へい性能が35dBになり, 既存の電磁波遮へいモルタル（炭素繊維を添加, 壁厚200mm）の性能と同レベルになった。しかし壁厚250mmは実用的ではないのでDMR-CNTの添加方法（8.4.1を参照）に改良が必要である。

8.3.2　DMR-CNT-樹脂複合材料

① DMR-CNT-樹脂複合材料の導電性：無処理DMR-CNTと樹脂の複合材料を試作しその導電性を検討した。この場合, 樹脂はエポキシ樹脂接着剤, ポリエステル樹脂接着剤, ポリスチレン（PSと略記）—有機溶媒混合液のいずれかと混合することによって作製した。なお比較炭素材料として, ケッチェンブラック（KBと略記）, 導電性カーボンブラック（CBと

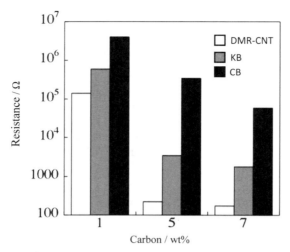

図1　各種カーボンーポリエステル樹脂複合材料の電気抵抗

略記）を使用した。混合物がまだ粘着性・流動性を残す段階で基板に塗布，固化，乾燥した後，電気抵抗を直流4端子法で測定した。ポリエステル樹脂系複合材料の電気抵抗と各炭素材料の添加率の関係を図1に示す。同一炭素濃度における電気抵抗はDMR-CNT＜KB＜CBの順に増加した。同様の傾向は他の樹脂系複合材料も見られた。

② 面状発熱体[7]：上記のDMR-CNT-樹脂複合材料とは別な方法（樹脂30gに無処理NCを15wt％添加）で作製した面状発熱体は，20Vまたは30Vで通電5分後，表面温度がそれぞれ，82℃，145℃に上昇した。面状発熱体の表面温度は，用途に応じて無処理NCの添加率を最適化することにより変更できる。なお，この面状発熱体においては樹脂表面に突き出たDMR-CNTの端が電極と電気接触を保っている。

8.3.3　DMR-CNT添加アスファルト[8, 9]

アスファルト乳剤は，一般的なアスファルトに比べて粘性コントロールが容易な材料であり，水分蒸発後はアスファルトと同等の効果が得られるので，アスファルト乳剤にDMR-CNTを添加した後，乾燥・固化させてDMR-CNT添加アスファルト供試体を作製した。

DMR-CNT添加によって供試体の針入度は小さくなり，アスファルトの機械的強度の増加を確認できた。

さらに，出力500Wの電子レンジを用いてマイクロ波を20秒間照射し，放射温度計によって表面温度を測定した結果，ナノカーボン添加アスファルトは152℃に達した。しかしCBでは47℃，アスファルトのみでは22℃のままであった。

アスファルト乳剤の優れた接着性やコーティング特性を利用すれば，道路舗装以外の用途への応用も期待できる。

8.3.4 DMR-CNT-ゴム複合材料

DMR-CNTの導電性に関係するゴム製品としては例えば静電靴（制電靴ともいう）がある。これは導電性汎用炭素であるケッチェンブラックやアセチレンブラックを添加したゴム底を持つ靴であり，静電気発生によるトラブルを防止したい施設等で使用されている。

DMR-CNT，及びケッチェンブラック，導電性カーボンブラックを添加したゴムシートを試作し，特性評価を行った結果，ゴムの基本特性に差異はないが，電磁波吸収性に関してはDMR-CNT系供試体が他よりも格段に優れていることがわかった。

ゴム複合材料の製品例としては，ゴムの弾性特性を生かした静電気除去導電シート及び電磁波シールド材，耐屈曲性及び耐疲労性を改善した長寿命ゴム材，超耐摩耗性を要求されるゴム材などが考えられる。

8.3.5 その他

高炉・転炉用カーボン含有耐火レンガ，水処理用吸着剤などへの応用も研究されている。

8.4 DMR-CNTの応用：DMR-CNTの処理と用途

8.4.1 DMR-CNTの分散処理とDMR-CNT分散液の用途

① 分散の意義と方法

DMR-CNTは多数のナノファイバーが絡み合った状態で生成する。それらを解して（分散させて）使うと絡み合った状態で使うときよりも，より少ない使用量でも同じ性能を確保できる，塗工層を透明化することができる，粉落ちを防げる，コストを低減できる，などの利点が生まれるので，DMR-CNTの分散は重要である。

② 分散剤を使用したDMR-CNT分散液とその応用例

a. 電磁波遮へいモルタル

分散剤を使用したDMR-CNT分散液をセメントと混練して作製したモルタルブロックの電磁波遮へい性能を測定した結果，無処理DMR-CNT粉末と混練して作製したモルタルブロックに比べて約1/7の添加量で同等の電磁波遮へい性能を示し，しかも作業性が格段に向上した。

b. 電磁波遮へい紙シート

DMR-CNT分散液を用いて抄紙したシート（厚さ約2mm）は周波数1～5Hzで約15dBの電磁波遮へい性能を示した。しかもこの遮へい性能は周波数によらず一定であった。無処理DMR-CNT粉末にバインダーを混ぜて試作したシート（厚さ約3mm）では，電磁波遮へい性能が周波数の増加とともに増したので，両者の違いは興味深い。

c. 湿式摩擦材

DMR-CNT分散液を塗工した紙をベースとする自動車用クラッチディスクを試作し，回転する金属ディスクと接触させたところ，活性炭等の分散液を用いる従来品ではよく見られたヒートスポットが金属ディスク表面上にまったく生じなくなった。さらにこの塗工紙を基材とする自動車用湿式摩擦材は従来品の問題点を克服できることもわかっている。

d. 導電性塗料

DMR-CNT分散液を使用したゴム系塗料の開発が進められている。

③ 分散剤を使用しないDMR-CNT分散液とその応用例

DMR-CNTの分散には一般に分散剤を使用することが多いが，その分だけコストが増えるだけでなく分散したDMR-CNTの表面から分散剤を除去する工程が必要となる。この問題は，DMR-CNTと水の混合物にホモジナイザーを用いて超音波処理することでかなり解決することができた。この方法で調製したDMR-CNT分散液を用いて抄紙（DMR-CNTを10wt％配合）した結果，電気抵抗は百Ω前後となった。

8.4.2　DMR-CNTの高純度化・高結晶化とCNT化

① DMR-CNTの高純度化：DMR-CNTは触媒との混合物として得られるので，DMR-CNTの用途をCNTの応用分野に広げるためにはまず触媒を除去して炭素純度を市販CNT並みに上げることが必要である。触媒金属を含むDMR-CNTから触媒金属を除去するには，一般に鉱酸水溶液を用いて触媒金属を溶解・除去する方法が採用されている。

② DMR-CNTの高結晶化：DMR-CNTの機能はいろいろあるが，高い導電性や強い機械的強度を求めるならば，結晶化度を上げる必要があるので，現在，反応温度800℃前後で生成させたDMR-CNTを二次的に高温熱処理するための最適な条件（温度，時間，雰囲気ガスなど）を検討中である。

③ DMR-CNTのCNT化：CNT含有複合材料の研究開発は着実に広がっている。それらの中には，高純度化・高結晶化したDMR-CNTで代替できるものが少なからずあると考えられる。特にCNT分散液を塗布したポリエステル糸を用いる帯電防止繊維やCNT添加軽金属材料などの応用例に対してDMR-CNTによる代替を期待したい。

8.5　おわりに

現在は，化石燃料のエネルギー変換過程におけるCO_2排出はやむを得ないものと考え，排出後のCO_2の回収・貯留技術に大きな期待を寄せているが，CO_2を排出しない技術も検討すべきである。

メタン直接改質技術は，①CO_2無排出型メタンガス改質水素製造法，②DMR-CNTの安価な製法，③カーボンマイナスプロセス（大気中CO_2→バイオマス→バイオメタン→炭素（DMR-CNT）のルートによる）の意義をもっているので，地球温暖化対策に対して大きく貢献できる可能性がある。

第6章 バイオマスのガス化とケミカルス・燃料合成触媒技術

文　　献

1) 白川龍生ほか, 土木学会北海道支部論文報告集, Vol.67（CD-ROM）, No.E-7, pp.1-4（2011）, 及び同報告中の引用文献
2) 経産省地域コンソーシアム研究開発事業平成16年度研究成果報告書（2005）, 及び平成17年度研究成果報告書（2006）
3) 多田旭男・岡崎文保, 触媒, Vol.50, No.2, pp.193-194（2008）
4) A. Tada, T. Matsunaga and N. Okazaki, *Transactions of the Materials Research Society of Japan*, **33**［4］, pp.1059-1062（2008）
5) 多田旭男, メタン直接改質反応を利用する水素発電とナノ炭素材料の応用（分担執筆）, 市川勝監修「メタン高度化学変換技術集成」, シーエムシー出版（2008）
6) NEDO平成20年度エコイノベーション推進事業（調査研究）成果報告書, 及びNEDO平成21年度エコイノベーション推進事業（実証研究）成果報告書
7) 白川龍生・多田旭男・岡崎文保, 土木学会北海道支部論文報告集, Vol.66（CD-ROM）, No.E-11（2010）
8) 白川龍生ほか, 地球環境工学論文集, Vol.18, pp.81-88（2010）
9) 特願2010-187862（出願日：H22.8.25）発明の名称：「アスファルト材料」, 発明者：白川龍生・岡崎文保・多田旭男

9 バイオマスなどからの合成ガスを利用するLPG合成触媒技術の現状と展望

黎　暁紅[*]

　地球温暖化対策やエネルギーセキュリティーの向上を目的として，世界各国でエタノールやバイオディーゼルといったバイオ燃料の導入が進んでいる。これは，バイオマス由来の燃料であるが故，燃料の消費時に発生する二酸化炭素をゼロカウントできる（カーボンニュートラル）ということが大きな理由である。バイオマス由来の合成燃料技術，例えば，ガス化-FT（Fischer Tropsch）合成に代表されるBTL（Biomass to Liquids）製造技術は，エネルギー生産効率（収支）が高いと言われており，温暖化対策にも大きく寄与する可能性が高い。

　一方，液化石油ガス（LPG）は，常温常圧下ではガス状を呈する石油系もしくは天然ガス系炭化水素を圧縮し，あるいは同時に冷却して液状にしたものをいい，その主成分はプロパンまたはブタンである。液体の状態で貯蔵および輸送が可能なLPGは可搬性に優れ，ボンベに充填した状態でどのような場所にでも供給することができるという特徴がある。そのため，プロパンを主成分とするLPG，すなわちプロパンガスが，家庭用・業務用の燃料として広く用いられている。現在，日本国内においても，プロパンガスは約2,500万世帯（全世帯の50％以上）に供給されている。また，LPGは，家庭用・業務用燃料以外にも，カセットコンロ，使い捨てライター等の移動体用の燃料（主に，ブタンガス），工業用燃料，自動車用燃料としても使用されている。

　バイオマスガス化-LPG合成技術は，合成ガス（一酸化炭素，水素）を原料にして，LPガスを触媒により合成することである。触媒を用いてLPガスを合成するにはいくつかの方法があるが，ここで紹介する方法は，中間生成物を取り出すこと無く，一段階でLPガスを合成する技術を対象とする。原料となる合成ガスはバイオマスなどから既存技術で得る。

9.1　触媒の反応機構

　本プロセスの触媒理論はいわゆるブロックビルディング方式であり，クラッキング方式ではない。すなわち式1に示すように合成ガスからC1単位の生成物（メタノールおよびDME）を合成し，それを適当な重合触媒（ゼオライト）上で重合させてC3，C4のパラフィンを主成分とする炭化水素を与える方式であり，まずフィッシャー・トロプシュ合成法で長鎖の炭化水素を合成した後分解するものではない。本方法では触媒の選定により，いわゆるドライガス（CH_4およびC_2H_6）の生成を著しく低い水準に抑えることが可能となる。

9.2　ゼオライトへの金属添加効果と水素の役割

　ゼオライト触媒はそれ自身メタノールあるいはDMEを転化して炭化水素を与えるが，その反応は式1に示すように複雑で，生成物もオレフィン，芳香族炭化水素およびパラフィンを与える。

---

[*]　Li Xiaohong　北九州市立大学　国際環境工学部　教授

第6章 バイオマスのガス化とケミカルス・燃料合成触媒技術

$$CO + H_2$$
$$\updownarrow$$
$$CH_3OH \rightleftarrows CH_3OCH_3 \rightarrow (中間体：CH_2) \rightarrow オレフィン \rightarrow \begin{matrix} 芳香族 \rightarrow コーク \\ \downarrow H \\ パラフィン \end{matrix}$$

式1　合成ガスからの炭化水素の生成反応

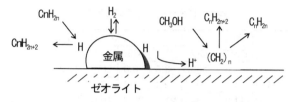

図1　金属担持ゼオライト上での炭化水素生成機構

また炭素数もC2～C12に拡がる幅広い分布を与え，LPG成分を主成分とすることは困難である。これを解決するため金属担持ゼオライト触媒を利用する。

　ゼオライト上に水素を活性化する成分が存在すると図1に示すスピルオーバー現象が進行する。このゼオライト上に拡散した水素イオン（または原子）は水素化，酸点（H^+）その他種々の機能を持つ。

　特にこの場合のように炭素－炭素結合の成長中間体（アルキル基またはそのイオン）がゼオライト上に存在する場合にはその中間体が容易に表面水素と反応してパラフィンを与える。すなわち炭素－炭素連鎖の成長を促進するとともにその中間体をパラフィンに変換する直接ルートが新たに生成し，炭素数分布の単純化とコーク生成によるゼオライト触媒の失活を抑制する。

9.3　固定床気相反応におけるハイブリッド触媒の効果

　表1および表2に種々のメタノール触媒およびゼオライトを用いた場合の結果を示す。
　表に示すように，ゼオライトの種類およびメタノール触媒の種類によって反応成績は大幅に異なる。メタノール合成触媒ではCu-ZnO系触媒，Pd/SiO_2およびCr-ZnO系触媒が優れた特性を示し，ゼオライトではβおよびUSYが優れた特性を示した。ZSM-5は高い活性を示したが，C1およびC2炭化水素（ドライガス）の生成量が多く，実用的とは言えない。βおよびUSYはいずれも優れた特性を示したが，ドライガスの生成抑制の観点からはβゼオライトの方が優れた特性を示す。その理由に関しては必ずしも明らかでないが，連鎖の成長およびそのクエンチの反応のバランスによって生成炭化水素の分布が決定されると考えられることから，ZSM-5系では特にC2，C3の過程が遅いためと考えられる。

①　Cr-ZnO系高温メタノール触媒

　Cr-ZnO系メタノール触媒は，活性が低いため，Pdを添加することより，活性向上させる。

表1 メタノール合成触媒の種類の影響

メタノール触媒	収率%			炭化水素（H.C.）の組成%						
	H.C.	DME	CO_2	C1	C2	C3	C4	C5	C6	C7+
Cu-ZnO	28.9	1.8	26.6	4.5	2.9	19.3	48.5	12.5	5.8	6.1
Pd/SiO_2	24.6	0.0	20.1	2.8	11.0	33.0	36.8	12.6	3.8	0.2
Cr-ZnO	17.4	0.0	15.8	6.7	7.1	19.6	44.0	14.1	7.4	0.7

ゼオライト：β，合成ガス：$H_2/CO=2/1$，流量：47ml/min，（Cu-Znの場合：83ml/min），触媒：1g，圧力：2.1MPa，温度：350℃

表2 ゼオライトの種類の影響

ゼオライト	収率%			炭化水素（H.C.）の組成%						
	H.C.	DME	CO_2	C1	C2	C3	C4	C5	C6	C7+
USY	37.6	1.5	33.9	3.5	8.3	28.8	47.2	8.5	2.8	0.8
β	31.5	4.7	29.5	2.4	1.3	17.4	55.4	12.3	5.1	6.0
Mordenite	3.4	11.3	8.4	21.4	31.7	10.8	29.1	7.0	0.0	0.0
ZSM-5	38.5	0.9	33.1	6.7	15.8	29.5	25.1	12.7	9.3	0.9

メタノール触媒：Cu-ZnO，合成ガス：$H_2/CO=2/1$，流量：83ml/min，触媒：1g，圧力：2.1MPa，温度：350℃

表3 パラジウムの添加効果

パラジウムの添加量 wt%Pd/Cr-ZnO	収率%			炭化水素（H.C.）の組成%					
	H.C.	DME	CO_2	C1	C2	C3	C4	C5	C6+
0	12.5	0.6	8.9	5.0	11.5	45.1	31.2	5.4	1.8
0.2	12.6	0.0	11.2	3.9	10.0	45.2	33.9	5.5	1.5
0.5	20.6	0.0	13.3	3.8	8.9	48.2	31.9	5.4	1.6

ゼオライト：β，合成ガス：$H_2/CO=2/1$，流量：47ml/min，触媒：1g，圧力：2.1MPa，温度：370℃

表3には，Cr-ZnOの中に，パラジウムの添加効果を示す。表に示すように，パラジウムの添加量を増加すると共に，合成ガスの転化率は向上した。LPGの選択率はほとんど変わらない。

② Cu-ZnO系低温メタノール触媒

Pd-Cr-ZnOとPd-βのハイブリット触媒では，メタノール触媒と水素化触媒両方ともパラジウムが含有してあるため，コストが高い。これに対して，Cu-ZnOとPd-βのハイブリッド触媒を紹介する。

290～350℃の温度範囲で実験を行った。その結果は表4に示される。温度の上昇と共に，触媒の活性は低下した。特に高い温度では，プロパンの選択率が高いが，メタンとエタンの選択率も高い。320℃以下が望ましい反応温度である。

Cu-ZnO／Pd-β触媒を利用する場合，比較的低温，低圧の条件下において，一酸化炭素と水素とからLPGを製造することが可能であり，経時劣化も少ない。しかしながら，この触媒も高価なPdを使用しており，コストの点で不利である。

第6章　バイオマスのガス化とケミカルス・燃料合成触媒技術

表4　Cu-ZnO/Pd-β触媒における反応温度効果

反応温度 ℃	収率%			炭化水素（H.C.）の組成%						
	H.C.	DME	CO_2	C1	C2	C3	C4	C5	C6	C7+
290	37.4	0.0	28.3	1.6	3.2	29.2	55.7	8.3	2.1	0.0
300	42.5	0.0	32.6	2.3	3.0	35.9	50.3	6.7	1.9	0.0
310	46.0	0.0	34.2	3.4	3.0	42.3	43.9	5.7	1.7	0.0
320	47.3	0.0	34.1	4.6	3.2	47.8	38.1	4.9	1.5	0.0
330	47.0	0.0	33.6	5.9	3.6	52.6	32.6	4.0	1.3	0.0
340	45.9	0.0	32.5	7.2	4.3	56.3	27.8	3.3	1.1	0.0
350	44.0	0.0	31.2	8.8	5.4	59.1	23.0	2.8	0.9	0.0

合成ガス：$H_2/CO/CO_2=16/7/1$，流量：47ml/min，触媒：1g，圧力：2.1MPa

表5　Cu-ZnO/Cu-β触媒の反応特性

ゼオライトの中にCuの添加量wt%	収率%			炭化水素（H.C.）の組成%					
	H.C.	DME	CO_2	C1	C2	C3	C4	C5	C6+
2	43.9	0.02	39.1	0.6	2.6	12.7	58.0	17.1	9
5	48.2	0.1	39.5	0.6	1.4	13.8	58.1	15.5	10.7
10	49.4	0.03	40.0	1.2	3.5	17.6	56.7	14.5	6.5

メタノール触媒：Cu-ZnO，合成ガス：$H_2/CO=2/1$，流量：47ml/min，触媒：1g，圧力：2.1MPa，温度：290℃

　Cu-ZnO系メタノール合成触媒とCu担持β-ゼオライトとを利用する場合，反応温度を290℃以下と低くしても従来の触媒と同等以上の高転化率，高選択率，高収率でLPGを合成することができる（表5）。

9.4　スラリー床におけるハイブリッド触媒の効果

　LPG合成反応の反応形式としては，従来，固定床反応方式が多く採用されているが，スラリー床反応方式も非常に有望なものである。
　一酸化炭素と水素とからLPGを合成する反応は，激しい発熱反応であり，反応熱の除去が最重要の技術課題となる。また，この発熱のために，触媒が劣化・失活してしまうこともある。特に，メタノール合成触媒成分としてCu-ZnO系メタノール合成触媒を使用した場合，通常，その耐熱性は他のメタノール合成触媒と比べて低いので，高温になると触媒の劣化が起こりやすい傾向がある。
　固定床反応器および流動床反応器と比較して，スラリー床反応器は，除熱方法の設計が容易であり，LPG製造プロセスの課題となる大量の反応熱の除去が容易にでき，温度制御も容易である。LPG合成反応においては，LPG選択性が比較的狭い温度範囲で高くなることから，反応温度を厳密に制御することが求められる。この点からも，固定床反応器および流動床反応器よりも均一な温度条件を実現しやすいスラリー床反応器の使用は望ましい。スラリー床反応方式では，触媒の劣化・失活につながる，触媒上の局所的な温度上昇を防ぐこともできる。その一方で，ス

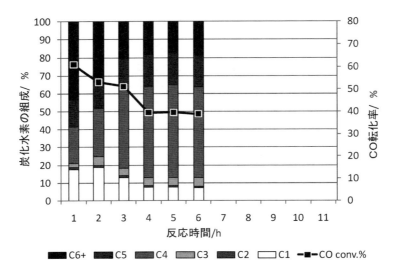

図2　Cu-ZnO/Pd-β触媒を用いたスラリー床LPG合成の結果
合成ガス：H_2/CO＝2/1，温度：280℃，圧力：3.5MPa，W/F：23g・h/mol

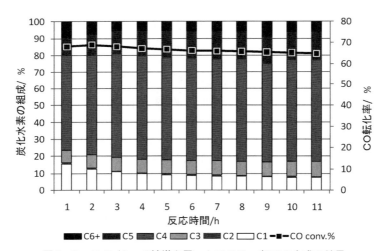

図3　Cu-ZnO/Cu-β触媒を用いたスラリー床LPG合成の結果
合成ガス：H_2/CO＝2/1，温度：280℃，圧力：3.5MPa，W/F：23g・h/mol

ラリー床方式では，物質移動が比較的遅い。そのために，従来の触媒において，LPG合成反応において副生する水がゼオライト触媒成分上に滞留して，触媒を劣化させる（図2）。それに対して，シフト触媒成分をゼオライトに直接担持することにより，ゼオライト上の水を速やかに反応させて除去することができ，それによって触媒の活性を維持することができると考えられる。

このように，Cu-ZnO系メタノール合成触媒と組み合わせるゼオライトをシフト触媒Cuを担持したβ-ゼオライトにすることにより，特にスラリー床方式でLPG合成反応を行う場合の触媒の劣化を抑制することができる。この触媒は，Pdを担持したβ-ゼオライトを使用した従来の触

第6章 バイオマスのガス化とケミカルス・燃料合成触媒技術

媒と比べて,同等の高活性,高LPG選択性を維持しながら,経時劣化が非常に少なく,触媒寿命が長いものであり,スラリー床反応方式で使用するのに適している(図3)。

文　　献

1) Influence of Pd ion-exchange temperature on the catalytic performance of Cu-ZnO based hybrid catalyst for CO hydrogenation to light hydrocarbons, Qingjie Ge, Teppei Tomonobu, Kaoru Fujimoto, Xiaohong Li, Catalysis Communications, 9 (2008) 1775-1778
2) Direct synthesis of LPG from synthesis gas over Zn-Cr-based hybrid catalysts, Qingjie Ge, Xiaohong Li, Hiroshi Kaneko, Kaoru Fujimoto, Journal of Molecular Catalysis A: Chemical, 278 (2007) 215-219
3) High performance Cu-ZnO/Pd-βcatalysis for syngas to LPG, Qingjie Ge, Yu Lian, Xiaohong Li, Kaoru Fujimoto, Catalysis Communications, 9 (2008) 256-261
4) Application of modified β zeolite in the direct synthesis of LPG from Syngas, Qingjie Ge, Xiaohong Li, Kaoru Fujimoto, Studies in Surface Science and Catalysis, Volume 170, Part 2, 2007, Pages 1260-1266
5) Direct synthesis of propane/butane from synthesis gas, Kaoru Fujimoto, Hiroshi Kaneko, Qianwen Zhang, Qingjie Ge, Xiaohong Li, Studies of Surface Science and Catalysis, Vol. 167, (2007) p349-354
6) Pd-promoted Cr/ZnO catalyst for synthesis of methanol from syngas, Qianwen Zhang, Xiaohong Li, Kaoru Fujimoto, Applied Catalysis A, General, Volume 309, Issue 1, 17 July 2006, Pages 28-32

第7章　機能性材料を利用するバイオマスの
　　　　　アップグレード触媒技術

1　バイオマス派生物の化学変換触媒技術と展開

白井誠之[*1]，山口有朋[*2]，日吉範人[*3]

1.1　はじめに

1.1.1　バイオマスからの化学原料合成

　ナフサから合成している基礎化学品原料を，バイオマスなどの未利用有機資源から製造する技術開発が急務である。バイオマスはいくつかの基本化学部位（ケミカルビルディングブロック）からなる高分子の集合体である。枯渇資源である石油に依存する化学合成システムから，循環型化学生産システムへ移行するためには，バイオマスに含まれるケミカルブロックから機能性化学原料を合成する技術開発が不可欠である[1,2]。

　草本系バイオマスの主成分であるセルロースのケミカルブロックとして糖アルコールがある。水酸基を複数有する糖アルコールを脱水処理もしくは脱水酸基処理することで機能性化学品原料が得られる。また木質系バイオマスに含まれるリグニンは種々のアルキルフェノールがエーテル結合により重合した構造を有するが，このアルキルフェノールを核水添することで香料や医薬品原料が得られる。

1.1.2　水と二酸化炭素を利用する環境調和型有機合成

　現行の脱水反応や水素化反応プロセスでは無機酸や有機溶媒を利用することが多い。しかしながら，これら有害化学物質の使用は人体および環境への負荷が大きく，できるだけその使用を抑えるべきである。水は反応性に乏しく，最も人体や環境への負荷が小さい化学物質である。水は高温域では解離定数が増加し誘電率が低下する特性を持つ（図1）。即ち高温水は有機化合物の溶媒および溶解した有機化合物の酸塩基反応を促進させる場として用いることができる。

　また，二酸化炭素は非常に反応性が乏しく不燃性の化合物である。臨界温度が31.7℃で穏やかであり，超臨界状態にすることで有機化合物の溶媒として利用が可能である。有機溶媒を用いるプロセスでは，反応終了後の溶媒除去（蒸留）に多くのエネルギーを使用するが，超臨界二酸化炭素溶媒では減圧と冷却により容易に反応系から溶媒除去できる特長を有する（図2）。また

[*1] Masayuki Shirai　㈱産業技術総合研究所　コンパクト化学システム研究センター　研究チーム長
[*2] Aritomo Yamaguchi　㈱産業技術総合研究所　コンパクト化学システム研究センター　研究員
[*3] Norihito Hiyoshi　㈱産業技術総合研究所　コンパクト化学システム研究センター　主任研究員

第7章　機能性材料を利用するバイオマスのアップグレード触媒技術

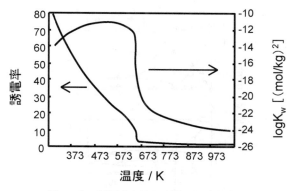

図1　水の誘電率とイオン積の温度依存性

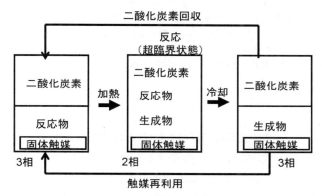

図2　固体触媒と超臨界二酸化炭素を利用する有機合成反応技術

水素化反応への利用では二酸化炭素と水素が完全に混合することから，超臨界二酸化炭素中では触媒活性点への水素供給が容易になる。

　上記のことを踏まえ，本稿では，リグニン構成成分であるアルキルフェノールを超臨界二酸化炭素溶媒中で担持金属触媒により水素化し香料原料に変換する触媒反応技術と，セルロースから得られる多価アルコールを高温水中で脱水し機能性化学品原料に変換する高圧技術について紹介する。

1.2　超臨界二酸化炭素と固体触媒を利用したアルキルフェノールの水素化反応

　アルキルフェノールの芳香環を水素化して得られるアルキルシクロヘキサノールにはシス体とトランス体が存在するが，シス体が有用物質となることが多い。例えば4-*tert*-ブチルフェノールを水素化して得られる4-*tert*-ブチルシクロヘキサノールではシス体のみが香料の有効成分となる。4-*tert*-ブチルフェノールは常温で固体であるため，現行技術では有機溶媒と固体触媒を用いて4-*tert*-シクロヘキサノールへと変換している。溶媒として超臨界二酸化炭素を用いたアルキルフェノールの水素化反応では，有機溶媒を用いる場合に比べ反応速度とシス選択性が向上

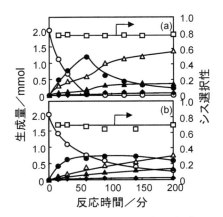

図3　4-*tert*-ブチルフェノール水素化反応プロファイル
（a）超臨界二酸化炭素溶媒（全圧17MPa），（b）2-プロパノール溶媒（10ml）。4-*tert*-ブチルフェノール（○），4-*tert*-ブチルシクロヘキサノン（●），*cis*-4-*tert*-ブチルシクロヘキサノール（△），*trans*-4-*tert*-ブチルシクロヘキサノール（▲），*tert*-ブチルシクロヘキサン（◆），シス選択性（□）。触媒量0.005g，初期水素圧2MPa，反応温度313K。

することを述べる[3,4]。

4-*tert*-ブチルフェノール水素化反応の経時変化を図3に示す。超臨界二酸化炭素溶媒中（図3(a)）では反応の初期において*cis*-4-*tert*-ブチルシクロヘキサノール，*trans*-4-*tert*-ブチルシクロヘキサノール，そして4-*tert*-ブチルシクロヘキサノンが一定の割合（35, 10, 55％）で生成する。4-*tert*-ブチルフェノールの水素化が完了した後，4-*tert*-ブチルシクロヘキサノンの水素化反応が始まり，最終的に4-*tert*-ブチルフェノールは*cis*-4-*tert*-ブチルシクロヘキサノールと*trans*-4-*tert*-ブチルシクロヘキサノールに水素化される。脱水酸基体である*tert*-ブチルシクロヘキサンの生成量は非常に小さい。またシス選択性（（*cis*-4-*tert*-ブチルシクロヘキサノール）／（*cis*-4-*tert*-ブチルシクロヘキサノール＋*trans*-4-*tert*-ブチルシクロヘキサノール））は反応の開始から終了まで0.77と高い値を示す。

2-プロパノール溶媒中でも水素化反応が進行するが，その水素化速度（4-*tert*-ブチルフェノール減少速度）は超臨界二酸化炭素溶媒中の半分となる（図3(b)）。超臨界二酸化炭素溶媒を用いると有機溶媒に比較し大きな反応速度が得られるのは，水素が二酸化炭素と完全に混和し，

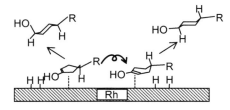

図4　アルキルシクロヘキセノールからアルキルシクロヘキサノール水素化機構

第7章 機能性材料を利用するバイオマスのアップグレード触媒技術

表1 種々のアルキルフェノールの水素化反応 [a]

アルキル基	溶媒	転化率(%)	選択性 (%)				シス選択性
			cis-アルキルシクロヘキサノール	trans-アルキルシクロヘキサノール	アルキルシクロヘキサノン	アルキルシクロヘキサン	
シクロヘキシル[b]	超臨界二酸化炭素[c]	99.9	74.5	21.5	1.3	2.1	0.77
	2-プロパノール[d]	99.8	58.7	28.6	0.2	12.5	0.67
tert-ブチル[e]	超臨界二酸化炭素[f]	99.9	75.0	20.0	2.7	0.6	0.79
	2-プロパノール[d]	99.2	66.4	28.5	1.2	3.8	0.70
sec-ブチル	超臨界二酸化炭素[f]	99.9	77.5	20.0	0.8	1.3	0.80
	2-プロパノール[d]	99.9	65.3	23.6	0.2	10.8	0.73
n-ブチル	超臨界二酸化炭素[f]	99.9	73.5	22.3	1.3	2.3	0.77
	2-プロパノール[d]	99.9	59.2	26.8	0.2	13.5	0.69
イソプロピル	超臨界二酸化炭素[f]	100	76.6	21.2	0.5	1.0	0.78
	2-プロパノール[d]	99.9	66.6	24.4	0.1	8.7	0.73
n-プロピル	超臨界二酸化炭素[f]	99.9	76.0	21.4	0.7	1.4	0.78
	2-プロパノール[d]	99.9	59.3	26.8	0.2	13.6	0.69
エチル	超臨界二酸化炭素[f]	100	73.7	23.1	0.5	1.3	0.76
	2-プロパノール[d]	99.8	60.1	26.1	0.1	12.6	0.70
メチル	超臨界二酸化炭素[f]	100	72.7	22.3	3.0	1.5	0.77
	2-プロパノール[d]	99.9	63.5	24.5	0.1	11.7	0.72

[a] 基質2.00mmol；導入水素圧2MPa；触媒量0.06g；反応温度313K；反応温度60分
[b] Catalyst weight, 0.10g。 [c] 全圧（水素＋二酸化炭素）17MPa。 [d] 10cm^3。 [e] 触媒量0.02g。
[f] 全圧（水素＋二酸化炭素）12MPa。

（2-プロパノール溶媒中と比較し）活性サイトであるロジウム表面の水素吸着量が大きいことがあげられる。2-プロパノール溶媒を用いた場合でも初期の主生成物はcis-4-tert-ブチルシクロヘキサノール，trans-4-tert-ブチルシクロヘキサノール，そして4-tert-ブチルシクロヘキサ

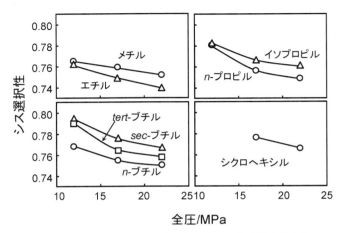

図5　アルキルフェノール水素化反応の二酸化炭素依存性

ノンであり，それぞれが一定の割合（19，8，70％）で生成する。最終的には4-tert-ブチルフェノールは4-tert-ブチルシクロヘキサノールに水素化されるが，超臨界二酸化炭素溶媒利用に比べてシス選択は反応の開始から0.70と低く，tert-ブチルシクロヘキサンの生成量も大きい。アルキルフェノール類の水素化反応では，アルキルフェノールが触媒に吸着し，部分水素化して生成したアルキルシクロヘキセノール中間体へ水素原子のシス付加によりシス体のシクロヘキサノールが得られ，アルキルシクロヘキセノールが反転一再吸着後に水素原子がシス付加するとトランス体のシクロヘキサノールが生成する（図4）。特に超臨界二酸化炭素溶媒中で高いシス比が得られたことは，二酸化炭素中では吸着4-tert-ブチルシクロヘキセン-1-オール種の脱離が抑えられることを示す。

　種々のアルキル基を有するアルキルシクロヘキサノールの水素化反応結果を表1に示す。どのアルキルフェノールについても超臨界二酸化炭素溶媒とロジウム触媒により，高いシス選択性と脱水酸基体の抑制が観測される。

　超臨界二酸化炭素溶媒の特徴の一つとして，分圧の可変がある。二酸化炭素分圧により反応速度や生成物選択性の制御ができる。二酸化炭素分圧とともに基質の溶解量が増加し，水素化反応速度が向上する。また二酸化炭素分圧によりシス選択性も変化する（図5）。二酸化炭素圧と共にアルキルブチルフェノールの溶解度のみならず，ロジウム表面に生成した吸着したアルキルブチルシクロヘキセン-1-オール種の脱離が促進されるため，脱離一反転一再吸着一水素化のパスが増え，結果としてtrans-4-tert-ブチルシクロヘキサノール選択性が向上するためである。

1.3　高温水を利用する多価アルコールの脱水反応

　セルロースのケミカルビルディングブロックとして，複数の水酸基を有する多価アルコールがあげられる。多価アルコールの分子内脱水により，機能性化学品原料となる環状エーテルが得ら

第7章　機能性材料を利用するバイオマスのアップグレード触媒技術

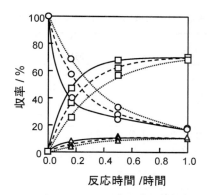

図6　1,2,5-ペンタントリオールの脱水反応

1,2,5-ペンタントリオール濃度1.0mol dm^{-3}，反応温度573K。1,2,5-ペンタントリオール（○），テトラヒドロフルフリルアルコール（□），3-ヒドロキシテトラヒドロピラン（△），二酸化炭素圧0MPa（点線），17.7MPa（破線），26.6MPa（実線）。

れる。通常脱水反応は酸触媒の利用により進行するが，高温水を反応場として用いると無機酸を加えなくても解離したプロトンにより脱水反応が進行することを述べる。また，高温水に高圧二酸化炭素を添加すると，炭酸の生成と炭酸由来のプロトンにより酸触媒反応が進行することについても紹介する[5]。

図6に1mol・dm^{3}の1,2,5-ペンタントリオール水溶液を300℃で処理した時の経時変化を示す。反応時間と共に1,2,5-ペンタントリオールが減少し，テトラヒドロフルフリルアルコールおよび3-ヒドロキシテトラヒドロピランが生成する。無機酸を添加しなくても高温水中で脱水反応が進行していることが分かる。分子構造からみて，5位にある水酸基が2位にある水酸基と反応して分子内脱水反応する経路が1位の水酸基との脱水経路より容易であることが，5員環であるテトラヒドロフルフリルアルコールが6員環である3-ヒドロキシテトラヒドロピランよりも優先的に生成する理由である。

17.7MPaの二酸化炭素を共存させる場合1,2,5-ペンタントリオールの減少速度とテトラヒドロフルフリルアルコールおよび3-ヒドロキシテトラヒドロピランの生成速度が増加する。二酸化炭素圧を26.6MPaにあげるとそれぞれの初期速度が更に増加する。最終的な脱水生成物の生成量は二酸化炭素添加量に依存しないことを考慮すると，二酸化炭素が水と反応して，炭酸が生成し，炭酸由来のプロトンが触媒となって反応速度を増大させていることが分かる。無機酸による触媒反応では反応終了時にアルカリによる中和処理が必要であること，副生する塩の処理が必要となるといった問題があるが，高圧二酸化炭素による酸触媒反応では，反応後に減圧することで容易に酸を除くことができ，プロセスが非常に簡略化できる。

種々の多価アルコールの高温水および高圧二酸化炭素を添加した高温水中での脱水反応速度を表2に示す。1,2,5-ペンタントリオールに限らず，多くの多価アルコールは高温水により脱水して環状エーテルができること，その反応速度は二酸化炭素の添加により大きく向上することが

バイオマスリファイナリー触媒技術の新展開

表2 種々の多価アルコールの脱水反応 [a]

反応物	生成物	二酸化炭素圧/MPa	生成初速度/10^{-4} mol dm^{-3} s^{-1}
1, 4-ブタンジオール	テトラヒドロフラン	0	0.68
		17.7	4.7
1, 2, 4-ブタントリオール	3-ヒドロキシテトラヒドロフラン	0	0.61
		17.7	1.7
1, 4-ペンタンジオール	2-メチルテトラヒドロフラン	0	0.86
		17.7	10
1, 5-ペンタントリオール	テトラヒドロピラン	0	0.063
		17.7	0.42
1, 2, 5-ペンタントリオール	テトラヒドロフルフリルアルコール	0	4.3
		17.7	5.9
	3-ヒドロキシテトラヒドロピラン	0	0.47
		17.7	0.87

[a] 基質濃度1.0mol dm^{-3},反応温度573K。

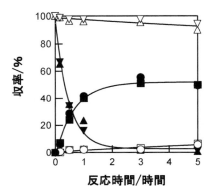

図7 2R, 5R-および2S, 5S-ヘキサンジオールの脱水反応
2, 5-ヘキサンジオール1.0mol dm^{-3},反応温度523K,二酸化炭素圧0MPa(△, ▽, ○, □)あるいは17.7MPa(▲, ▼, ●, ■)。
反応収率:2R, 5R-ヘキサンジオール(△, ▲),2R, 5R-ヘキサンジオールから生成した2, 5-ジメチルテトラヒドロフラン(○, ●),2S, 5S-ヘキサンジオール(▽, ▼),2S, 5S-ヘキサンジオールから生成した2, 5-ジメチルテトラヒドロフラン(□, ■)。

分かる。

　高温水や高圧二酸化炭素を利用する多価アルコールの分子内脱水反応において生成物である環状エーテルの立体選択性が発現することがある[6]。高温水中で2, 5-ヘキサンジオールを処理すると2, 5-ジメチルテトラヒドロフランが得られ,反応速度は二酸化炭素の添加によって増加する(図7)。2, 5-ヘキサンジオールは2位と5位に不斉炭素を有するが,2R, 5R-ヘキサンジオールおよび2S, 5S-ヘキサンジオールどちらを反応物として用いても2, 5-ジメチルテトラヒドロフランの生成量は同じである。また得られる2, 5-ジメチルテトラヒドロフランのシス体の選択性(*cis*-2, 5-ジメチルテトラヒドロフラン/(*cis*-2, 5-ジメチルテトラヒドロフラン+*trans*-2, 5-

第7章　機能性材料を利用するバイオマスのアップグレード触媒技術

ジメチルテトラヒドロフラン）は0.85以上の高い値を示す。硫酸などの無機酸を用いる脱水反応では脱水反応がS_N1機構で進行するため，シス選択性が0.5であるが，高温水や高圧二酸化炭素添加系においては，2,5-ヘキサンジオールの脱水反応がS_N2反応機構で進行することからシス選択性が高くなる。

1.4　おわりに

　超臨界二酸化炭素溶媒と担持金属触媒によるアルキルフェノールの水素化反応と，高温水と高圧二酸化炭素を利用する多価アルコールの脱水反応を例として，有害物質を使わないでバイオマスのケミカルビルディングブロックを有用化学物質に変換する技術について紹介した。更なる展開のために，高温高圧状態の水や二酸化炭素，そして水と二酸化炭素混合物の物性解明研究を行っている。

文　　献

1) "Top Value added Chemicals from Biomass, Volume I: Results of Screening for Potential Candidates from Sugars and Synthesis Gas", U. S. Department of Energy（2004）
2) "Top Value-added Chemicals from Biomass, Volume II: Results of Screening for Potential Candidates from Biorefinery Lignin", U. S. Department of Energy（2007）
3) N. Hiyoshi, C. V. Rode, O. Sato, H. Tetsuka, and M. Shirai, *J. Catal.*, **252**, 57（2007）
4) N. Hiyoshi, K. K. Bando, O. Sato, A. Yamaguchi, C. V. Rode, and M. Shirai, *Catal. Lett.*, **10**, 1702（2009）
5) A. Yamaguchi, N. Hiyoshi, O. Sato, K. K. Bando, and M. Shirai, *Green Chem.* **11**, 48（2009）
6) A. Yamaguchi, N. Hiyoshi, O. Sato, and M. Shirai, *ACS Catal.*, **1**, 67（2011）

2　固体触媒によるセルロースの糖化技術　現状と課題

小林広和[*1], 福岡　淳[*2]

2.1　はじめに

　地球温暖化を抑止し，持続可能な社会を実現するため，再生可能な資源であるバイオマスの有効利用法の確立が切望されている。近年，バイオマスとして主にサトウキビやトウモロコシなどの食物からエタノールを合成し，ガソリンに添加する試みがなされている。しかし，食料生産との競合により，価格の高騰や飢餓の増加が懸念される。このような背景から，非可食かつ化学原料としては有効に利用されてこなかった木質バイオマスが注目されている。木質バイオマスであるリグノセルロースは，植物の乾燥重量の40〜70％を占め，自然界で最も大量に存在するバイオマスである。リグノセルロースは，セルロース（40〜50％），ヘミセルロース（20〜40％），およびリグニン（20〜30％）から成る複合体であり，我々は特にセルロースに着目してきた。

　セルロースは，図1に示すようにD-グルコースが化学的に安定性の高い1,4'-β-グリコシド結合で繋がった剛直な構造の分子であり，分子内・分子間に多数の水素結合を持つ強固な会合構造を形成する。このため，水や一般的な有機溶媒には不溶である。以上述べた性質に起因して，セルロースは加水分解に高い耐性を示すため，その選択的な分解は極めて困難とされてきた。セルロースを資源として幅広く利用するためには，その効率的な分解方法の確立が必須である。さて，セルロースを無機酸で加水分解すればグルコースが得られることは古くから知られている[1]。しかし，硫酸は腐食性が高く，反応後に中和除去する必要がある。また，セルロース加水分解酵素（セルラーゼ）による加水分解も精力的に研究されているが[2]，セルラーゼは高価であり，また反応速度が比較的遅く，反応後の生成物分離が容易ではないという問題がある。これらの課題を克服する方法として固体触媒の利用が挙げられる。固体触媒は，①生成物と容易に分離回収可能であり，②何度もあるいは長時間使用でき，③様々な反応系を設計できる利点をもつ。我々は固体触媒の中でも特に担持金属触媒に着目してセルロース分解を検討してきた。本稿ではその詳細

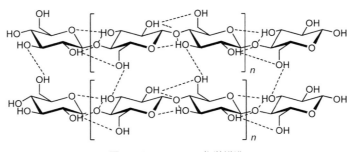

図1　セルロースの化学構造

[*1]　Hirokazu Kobayashi　北海道大学　触媒化学研究センター　助教
[*2]　Atsushi Fukuoka　北海道大学　触媒化学研究センター　教授

第7章　機能性材料を利用するバイオマスのアップグレード触媒技術

について述べる。

2.2　セルロースの水素化分解反応
2.2.1　水素化分解条件の適用

　前述したように，セルロースを加水分解すればグルコースが生成する。しかし，セルロースが化学的に安定である一方，グルコースは鎖状構造ではアルデヒド基を有するため反応性が高く，グルコースを高収率で合成することは非常に難しい。そこで，生成したグルコースを速やかに水素化してソルビトールとして安定化すれば，高収率でソルビトールを合成できるのではないかと考え，実際に反応が進行することを見出した（図2）[3]。糖アルコールであるソルビトールは甘味料として利用されるだけではなく，ポリエチレンテレフタレート（PET）の耐熱化など，樹脂の高性能化剤[4]，狭心症治療薬である硝酸イソソルビドなど付加価値の高い化合物に転換可能であるため，有用な化合物といえる。

　水素50気圧，190℃の熱水中，Pt/Al_2O_3触媒によりセルロース（Merck Avicel，微結晶セルロース，2日ミル処理）の水素化分解反応を実施したところ，糖アルコールであるソルビトールが32％，マンニトールが7％生成した（図3）。セルロースの転化率は89％であり，従って転化率基準の糖アルコールの選択率は43％と低い。副生成物としてソルビトールが脱水した1,4-ソルビタン（16％）や，C-C結合が水素化分解されたエチレングリコール，プロピレングリコー

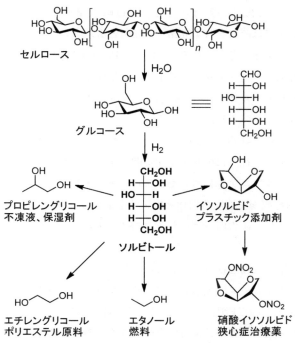

図2　セルロースのソルビトールへの変換ならびにその用途

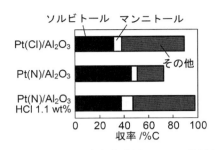

図3 セルロース水素化分解における前駆体
およびは塩酸添加効果

ル，グリセリンが検出された。つまり，糖アルコール収率をさらに高めるにはこれら副反応を抑制する必要がある。

ところで，白金触媒の前駆体には塩素を含有するH_2PtCl_6を用いてきた。塩素は水素化触媒活性や選択性に大きな影響を与える場合があるため，塩素を含まない白金前駆体$Pt(NO_2)_2(NH_3)_2$と比較することとした。以下，H_2PtCl_6を前駆体に用いた触媒を$Pt(Cl)$，$Pt(NO_2)_2(NH_3)_2$を用いた触媒を$Pt(N)$と表記する。$Pt(N)/Al_2O_3$触媒によりミルしたセルロースを水素化分解したところ，ソルビトール46％，マンニトール5％と良好な収率で糖アルコールを合成できた[5]。副生成物の生成が抑制され，糖アルコールの選択率は70％と高かった。$Pt(Cl)/Al_2O_3$は1.1wt％の塩素を含有するのに対し，$Pt(N)/Al_2O_3$からは塩素が検出されなかった（＜0.01wt％）こと，両触媒のXRDパターンはほぼ一致すること，CO吸着量から算出した$Pt(Cl)/Al_2O_3$と$Pt(N)/Al_2O_3$の白金粒子径はそれぞれ4.5nm，3.3nmと大差ないことから，反応選択性の違いは塩素の含有の有無に起因すると考えられる。実際に，$Pt(N)/Al_2O_3$触媒を用いた場合でも反応系中に塩酸を添加すると糖アルコール収率は低下し，副生成物が増加する。塩素は塩酸や塩化アルミニウム種などの酸としてソルビトールの脱水反応を進行させ，また金属表面に吸着して非選択的な水素化分解を進行させていると推測される。

以上述べたように$Pt(N)/Al_2O_3$は糖アルコールを選択的に合成可能な触媒であるが，担体のγ-アルミナの耐水性が低く，徐々に触媒劣化する問題がある。そこで耐水性が期待できる担体として炭素，チタニア，ジルコニアを検討したところ，カーボンブラックであるBP2000を担体に用いた$Pt(N)/BP2000$触媒が良好な選択性と耐久性を示すことを見出した。本触媒を3回繰り返し使用した場合，糖アルコールの収率はそれぞれ58％，64％，65％であり，活性劣化は観測されない。

本触媒系での反応初期生成物を検討したところグルコースが検出された。従って，本反応は当初期待したように，①セルロースの加水分解によるグルコースの生成，②グルコースの水素化によるソルビトールの生成，の二段階で進行していると考えられる（図2）。また，セルロースの加水分解は触媒無しでも進行するが，担持白金触媒を用いることによりセルロースの転化速度は加速した。担持金属触媒はグルコースの水素化だけでなく，セルロースの加水分解も促進する可

第7章　機能性材料を利用するバイオマスのアップグレード触媒技術

能性が示唆された。

　以上のように，貴金属触媒を使用すれば，良好な反応成績で糖アルコールを合成できる。しかし，貴金属は資源に乏しく高価であるという問題があるため，より豊富な卑金属への代替が望まれる。このような観点から各種担持卑金属触媒を検討したところ，Ni/TiO$_2$触媒が活性を示すことを見出した[6]。水素50気圧，190℃の反応では，ソルビトール収率39％，マンニトール収率6％，糖アルコール合計の選択率52％であった。収率を改善する余地はあるものの，卑金属触媒でも糖アルコールを合成できることが明らかになった。

　担持金属触媒はセルロースだけでなく，他の多糖類実バイオマスの水素化分解反応にも有効である。例えばビートファイバーを基質に用いた場合には，含有するヘミセルロース（アラビナン）からC5の糖アルコールであるアラビトールを合成できる[7]。

2.2.2　セルロースの移動水素化反応

　以上で述べた触媒系では，糖アルコールを合成するために50気圧の水素ガスを必要とするため，低圧化が望まれる。そこで水素ガスの替わりに2-プロパノールを用いた移動水素化反応を利用すれば，低圧で糖アルコールを合成できるのではないかと考えた（図4）[8]。

　本反応にRu/活性炭が高い触媒活性を示し，糖アルコールの収率はソルビトール36％，マンニトール9％であった。この時，2-プロパノールの脱水素が併発し，反応系中に8気圧の水素が蓄積した。一方，50気圧の水素加圧条件で活性なRu/Al$_2$O$_3$触媒は本反応には不活性であり，糖アルコールは全く生成しなかった。

　前述したように本反応では8気圧の水素が発生し，定常状態となった。このことは，式(1)の化学平衡が成り立っており，Ru/活性炭触媒を用いれば8気圧の水素を用いても糖アルコールを合成できることを示唆している。実際に，水素8気圧の条件下，Ru/活性炭触媒を用いると糖アルコールが収率38％で生成し，一方Ru/Al$_2$O$_3$触媒は極めて低活性（糖アルコール収率3％）であった。これは，両触媒の活性種が異なることを示唆している。

$$(CH_3)_2CH\text{-}OH \Leftrightarrow (CH_3)_2C=O + H_2 \tag{1}$$

　XRD，XPS，XAFSを用いて触媒のキャラクタリゼーションを実施したところ，活性炭上のルテニウム種はRuO$_2$・2H$_2$Oであり，一方アルミナ上のルテニウムは0価の粒子（平均粒子径9nm）であることが示唆された。RuO$_2$・2H$_2$Oまたはそれが還元されて生成するルテニウム種

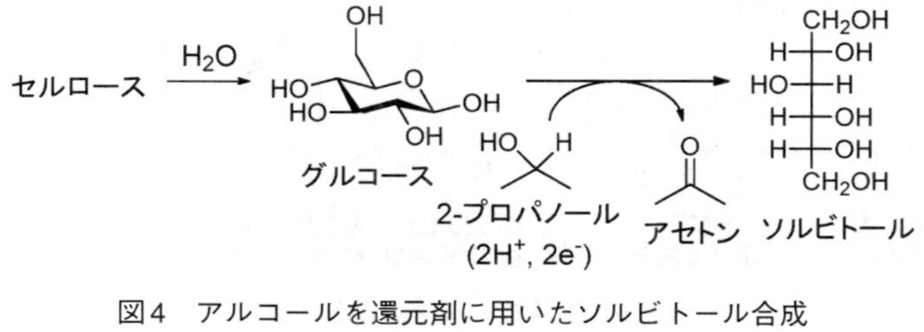

図4　アルコールを還元剤に用いたソルビトール合成

が触媒として機能していると推測される。

2.3 セルロースの加水分解反応

糖アルコールは有用な化合物であるが，セルロースの加水分解物であるグルコースを合成できれば，より広範な用途展開が期待できる（図5）。

原ら・恩田らは，セルロースの加水分解にスルホン化炭素触媒が有効であることを見出した[9, 10]。またSchüthらは，イオン液体中では陽イオン交換樹脂アンバーリストでも加水分解が進行することを明らかにしている[11]。しかし，これらの触媒系はスルホン酸基当たりのターンオーバー数（TON）が5以下と低活性であり，より高活性な触媒の開発が望まれる。ところで，2.2節で述べたように，我々は担持金属触媒がセルロースの加水分解を促進する可能性を見出している。そこで担持金属触媒によるセルロースからのグルコース合成を試みた[12]。

グルコースの逐次分解を抑制しながら，セルロースの加水分解を進行させるため，室温から230℃まで15分で昇温し，230℃に達すると同時に冷却する方法[13]を用いた。各種担持金属触媒を検討したところ，メソポーラス炭素CMK-3にルテニウムを2wt％担持した触媒が高い糖収率（グルコース28％，オリゴ糖15％）を与えた。グルコース生成量をルテニウム量で割りつけたTONは52である。セルロース転化率（59％）基準のグルコースとオリゴ糖合計の選択率は72％であり，副生成物としてフルクトースおよび5-ヒドロキシメチルフルフラールが検出された。本触媒は再使用可能であり，3回使用した時のルテニウムのTONは150である。次に，ルテニウム担持量を10wt％まで増加させたところ，グルコース収率は34％に増加し，オリゴ糖収率は5％に低下した。また，対照実験としてルテニウムを担持していないCMK-3を触媒に用いたところ，グルコース収率21％，オリゴ糖収率22％と，炭素のみでもセルロースの加水分解反応が進行した。いずれの場合も，グルコースとオリゴ糖合計の収率はほぼ等しいが，両者の比率が異なっている。CMK-3はセルロースの加水分解を促進し，ルテニウムは生成したオリゴ糖のグルコースへの加水分解活性が高いことが示唆された。

炭素がセルロース加水分解活性を示すことは興味深い。そこで拡散反射FT-IRおよび滴定法

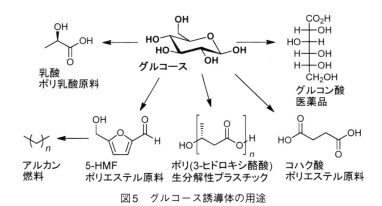

図5　グルコース誘導体の用途

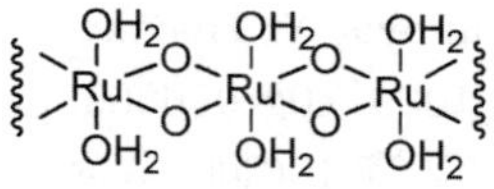

第7章　機能性材料を利用するバイオマスのアップグレード触媒技術

図6　$RuO_2 \cdot 2H_2O$ の推定構造

により官能基を検討したところ，CMK-3表面にはフェノール性水酸基が存在することが示唆された。フェノール性水酸基はセルロースと水素結合を形成し，会合しているセルロース鎖を引き剥がすことで反応性を高めているのではないかと推測している。次に，ルテニウムの触媒作用について知見を得るため，モデル反応として120℃でセロビオースの加水分解を実施した。CMK-3は本反応に不活性であったが，Ru/CMK-3触媒は活性を示した。本触媒上のルテニウム種は酸触媒として作用することが強く示唆された。2.2.2節で述べた触媒と同様に本触媒上のルテニウム種は $RuO_2 \cdot 2H_2O$ である。本化合物は1次元鎖状構造であり，ルテニウム原子上には2個の水分子が配位結合していると考えられている（図6）[14]。水分子が脱離すると空配位座となるため，ルイス酸性を発現することが期待される。本配位座にグリコシド結合の酸素が配位して活性化され，加水分解が進行するのではないかと推測している。

担持金属触媒系により合成したグルコース溶液は，酸や塩を含まない利点がある。実際に，グルコースから生分解性ポリマー合成するための遺伝子を組み込んだ大腸菌の培養に，セルロース加水分解物を全く中和・精製・濃縮することなく使用でき，充分な分子量を有するポリヒドロキシ酪酸（図5）を合成できることを実証している[15]。

2.4　おわりに

木質バイオマスの有効利用が進むことは，炭素循環という観点から意義深い。バイオマスの変換反応は急速に進展しつつあるが，反応条件の温和化，高収率化，実バイオマスへの適用など，実用化に至るまでには依然として多くの課題が残されている。触媒系の開発には幅広いアプローチが可能であり，特に固体触媒は生成物分離が容易であるという利点がある。この利点を生かして，今後，木質バイオマスの分解および変換反応の研究がさらに進展することが望まれる。

文　献

1) R. Rinaldi, F. Schüth, *ChemSusChem*, **2**, 1096 (2009)
2) Y. Sun, J. Cheng, *Bioresour. Technol.*, **83**, 1 (2002)
3) A. Fukuoka, P. L. Dhepe, *Angew. Chem. Int. Ed.*, **45**, 5161 (2006)
4) F. Fenouillot, A. Rousseau, G. Colomines, R. Saint-Loup, J.-P. Pascault, *Prog. Polym. Sci.*, **35**, 578 (2010)

5) H. Kobayashi, Y. Ito, T. Komanoya, Y. Hosaka, P. L. Dhepe, K. Kasai, K. Hara, A. Fukuoka, *Green Chem.*, doi: 10.1039/c0gc00666a, published online.
6) 保坂勇人, 小林広和, 原賢二, 福岡淳, 第106回触媒討論会, 3D13（2010）
7) S. K. Guha, H. Kobayashi, K. Hara, H. Kikuchi, T. Aritsuka, A. Fukuoka, *Catal. Commun.*, accepted.
8) H. Kobayashi, H. Matsuhashi, T. Komanoya, K. Hara, A. Fukuoka, *Chem. Commun.*, doi: 10.1039/c0cc04311g, published online.
9) S. Suganuma, K. Nakajima, M. Kitano, D. Yamaguchi, H. Kato, S. Hayashi, M. Hara, *J. Am. Chem. Soc.*, **130**, 12787（2008）
10) A. Onda, T. Ochi, K. Yanagisawa, *Green Chem.*, **10**, 1033（2008）
11) R. Rinaldi, R. Palkovits, F. Schüth, *Angew. Chem. Int. Ed.*, **47**, 8047（2008）
12) H. Kobayashi, T. Komanoya, K. Hara, A. Fukuoka, *ChemSusChem*, **3**, 440（2010）
13) T. Minowa, F. Zhen, T. Ogi, *J. Supercrit. Fruids*, **13**, 253（1998）
14) D. A. McKeown, P. L. Hagans, L. P. L. Carette, A. E. Russell, K. E. Swider, D. R. Rolison, *J. Phys. Chem. B*, **103**, 4825（1999）
15) K. Matsumoto, H. Kobayashi, K. Ikeda, T. Komanoya, A. Fukuoka, S. Taguchi, *Bioresour. Technol.*, **102**, 3564（2011）

3 ゼオライト触媒を用いたオレフィン類製造

稲葉　仁*

3.1 はじめに

現在，石油化学産業における主要な化合物は，ナフサ成分のクラッキングによって得られている。しかし，石油資源は枯渇への不安があり，価格の高騰もある。また燃焼することによって地球温暖化をもたらす二酸化炭素を排出する問題がある。そのため近年，石油資源に代わる原料が求められている。バイオマスは再生可能な資源であり，カーボンニュートラルでもあるため，地球温暖化防止の切り札としても注目を集めており，その有力な候補の一つである。

アルコールは主要なバイオマス由来化合物の一つである。バイオアルコールは通常，サトウキビやトウモロコシ，イモ等に由来する澱粉や糖などを発酵させることによって得られるが，これらの原料は可食性で食料と競合する問題があり，廃材や古紙由来のセルロースなど，非食用資源からのアルコール製造法の開発が望まれている[1]。発酵法で得られる主なバイオアルコールはエタノールであるが，プロパノール，ブタノールなども発酵法で生産される。バイオアルコールとしては，廃食用油からバイオディーゼルを製造する際の副生成物として大量に生産されるグリセロールなども含まれる。また，バイオマスをガス化した後に高圧下で触媒を用いて合成したアルコール類も広義にはバイオアルコールに含まれる。

木材を原料としたエタノール発酵は従来は硫酸を使用するものが多く，硫酸による装置の腐食や，使用済み硫酸の処理が困難であるなどの問題がある。産総研では，メカノケミカル処理や水熱処理を用いた前処理，通常の酵母では発酵できない五単糖ヘミセルロースを発酵する酵母の遺伝子組み換えによる創出など，様々な技術を集積して非硫酸法による発酵法を開発している[2]。

製造したバイオエタノールは大量の水分，硫黄などの不純物を含んでおり，触媒変換によるオレフィン類製造の過程において大きな障害となることが予想される。水分の除去については，従来の蒸留法では多大なエネルギーを消費するため効率が悪く，シリカライト膜などを用いた膜分離による水分除去が池上らによって報告されている[3]。また，硫黄などの不純物については，吸着剤を用いて除去する研究が行われている。

一方，ゼオライトは結晶性の多孔質物質で，細孔径が0.4～0.8nmでシリカアルミナなどと比較して均一な細孔径分布を持ち，穴の入口より小さな分子は細孔内に進入できるが，大きな分子は進入できないという分子ふるい作用を持つ。また固体酸性を有するものが多く，吸着作用，イオン交換作用の他，触媒作用など多方面に利用されている機能性物質である[4]。1980年代から90年代前半にかけてH-ZSM-5型ゼオライト触媒を用いてエタノールを変換する研究は多数報告されていたが，生成物は芳香族類が主であった[5～9]。非ゼオライト系触媒では，$Co-Al_2O_3$触媒を用いたエタノール変換がBerrierらによって報告されている[10]。その後しばらくバイオアルコール変換の研究は下火になっていたが，バイオマスが見直されるようになったここ数年で再

＊　Megumu Inaba　㈱産業技術総合研究所　エネルギー技術研究部門　研究員

び研究が行われるようになり，Gayuboらによって，H-ZSM-5型ゼオライトを用いた含水エタノールの変換[11~13]，バイオマス分解油に含まれる含酸素化合物の炭化水素への変換[14, 15]が報告されている。最近ではメソポアNi-MCM-41を用いてエタノール変換を行った，岩本らの報告がある[16]。また，8員環ゼオライトSAPO-34を触媒に用いたエチレン変換によるプロピレン製造について馬場らが報告している[17, 18]。固体酸触媒によってエタノール脱水反応が進行し，エチレンと水が生成するが，反応原料をエチレンからエタノールに替えても水の影響は殆ど見られず，プロピレンの生成速度と選択率に大きな違いは観測されなかった。

　我々は，ゼオライトを触媒としたアルコール変換によるオレフィン類の製造についての研究を行ってきたので，本稿ではこれまでの成果を中心に紹介する。

3.2　種々のゼオライト担体を用いたエタノール変換

　本反応では，エタノールを加熱して気化した状態で窒素と混合して反応管に流し，生成したガス生成物はガスクロマトグラフにて検出した。触媒量0.2g，反応温度400℃で反応を行った結果，Si/Al_2比が29と比較的小さいH-ZSM-5型ゼオライトでは芳香族類の選択率が高くなったが，Si/Al_2比の大きいH-ZSM-5ではエチレンの選択率が高くなった。またH-Beta．USY．H-Mordenite等，他種のゼオライトではエチレンが選択的に生成された。エチレンはエタノールの脱水反応によりジエチルエーテルを経由して生成していると考えられるが，生成したエチレンが重合してより炭素鎖の長いオレフィン類や芳香族類に変換されるには，形状選択性の他，適度な強度や量の固体酸が必要であると考えられた。

3.3　種々の金属を担持したH-ZSM-5型ゼオライト触媒によるエタノール変換

　前述のように，低Si/Al_2比のH-ZSM-5型ゼオライトでは，400℃程度の温度では芳香族類が高選択率で得られることも見出されているが[5~9]，我々は様々な金属を担持したH-ZSM-5型ゼオライト触媒のエタノール変換活性について検討を行った。ここではRu，Rh，Pd，Ir，Pt，Auといった貴金属類の担持量は2wt%，その他の金属の担持量は10wt%とした。結果を図1に示すが，貴金属類やGaなどを担持した場合は芳香族類の生成が多くなり（図1a），アルカリ土類金属を担持した場合はエチレンの生成が多くなった（図1b）。FeやCrを担持した場合，C_{3+}オレフィン類（C原子が3個以上のオレフィン類）の選択率が特に高くなった。これらの担持金属の場合，エチレンや芳香族類については中間程度の選択率を示した[19]。

　Feは安価かつ無害であるというメリットもあるため，本研究ではFeを担持したH-ZSM-5型ゼオライト触媒を用いた反応について，調製条件等の影響についての検討を行うこととした。

3.4　Fe担持H-ZSM-5型ゼオライト触媒によるエタノール変換
3.4.1　触媒の初期活性

　Feの担持は含浸法によって行った。Fe源として$Fe(NO_3)_3 \cdot 9H_2O$，$Fe_2(SO_4)_3 \cdot nH_2O$，

第7章　機能性材料を利用するバイオマスのアップグレード触媒技術

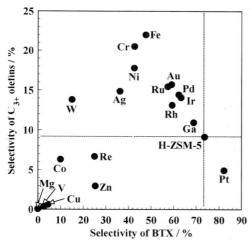 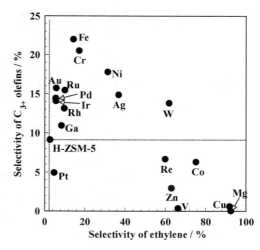

(a) Selectivity of BTX vs. selectivity of C_{3+} olefins.　　(b) Selectivity of ethylene vs. selectivity of C_{3+} olefins

図1　H-ZSM-5型ゼオライトおよび金属担持H-ZSM-5触媒を用いたエタノール変換における，生成物の選択率
　　〈調製条件〉Ru，Rh，Pd，Ir，Pt，Au担持量：2wt%，
　　　　　　　Mg，V，Cr，Fe，Co，Ni，Cu，Zn，Ga，Ag，W，Re担持量：10wt%，
　　　　　　　焼成温度：700℃
　　〈反応条件〉常圧，反応温度：400℃，触媒量：0.2g，EtOH/N_2＝0.22（水なし），N_2流速：60ml/min

$FeCl_3・6H_2O$ 等を用い，担持量は10wt%とした。含浸，乾燥後，空気流通下で焼成したが，焼成温度は500-900℃の間で変化させた。エタノールは無水エタノールと10vol.%の含水エタノールを用いた。生成物の選択率の経時的変化についても調べた。

反応結果を表1に示す。ここでは1回目のサンプリングにおける結果を載せるが，エタノールの変換率はほぼ100%で，経時的な変化も殆どなかった。エタノールに水分が含まれていても生成物の初期選択率に大きな差は見られず，Fe/H-ZSM-5触媒が含水エタノールに対しても有効であることが示唆された。多くの場合，C_{3+}オレフィン類の初期選択率はFe源や焼成温度にあまり影響されることはなかったが，$FePO_4・nH_2O$をFe源とした場合のみ特に低い選択率を示した。また，芳香族類の選択率は，高温で焼成した触媒では小さくなった[20]。

3.4.2　選択率の経時的変化と回復

一般的にエチレンの選択率は経時的に増加し，芳香族類の選択率は低下した。C_{3+}オレフィン類の選択率も経時的に若干低下する傾向があり，その低下の度合は調製条件に影響された。基本的に初期の選択率が高い触媒ほど経時的な選択率の低下が大きくなる傾向が見られたが，$Fe_2(SO_4)_3・nH_2O$や$FeCl_3・6H_2O$をFe源として700℃焼成した触媒ではC_{3+}オレフィン類の選択率の低下が小さくなった。

選択率低下の原因として，触媒上へのカーボン析出，ゼオライト骨格の崩壊などが考えられた。

表1 エタノール変換反応におけるH-ZSM-5触媒もしくはFe/H-ZSM-5触媒の触媒活性

Fe source	Calc. temp. (℃)	Water	EtOH conv. (%)	C-selectivity (%)				
				Ethylene	C_{3+} olefins	(Propylene)	Paraffins	Aromatics
No Fe loaded	500	No	100.0	6.9	11.9	(5.0)	20.4	59.6
		$+H_2O$	100.0	6.0	13.1	(5.6)	26.0	53.7
$Fe(NO_3)_3 \cdot 9H_2O$	500	No	100.0	22.4	22.4	(9.5)	20.2	35.0
		$+H_2O$	96.3	21.8	23.6	(11.2)	19.0	35.5
	700	No	97.0	24.9	23.2	(10.1)	20.4	31.5
		$+H_2O$	96.3	24.0	24.6	(11.8)	19.0	31.4
	900	No	91.5	22.9	26.8	(8.6)	37.3	13.0
		$+H_2O$	100.0	45.2	25.0	(11.9)	14.6	14.6
$Fe_2(SO_4)_3 \cdot nH_2O$	500	No	99.6	22.2	23.3	(10.0)	19.4	35.1
		$+H_2O$	100.0	12.5	22.8	(10.8)	22.5	41.8
	700	No	92.3	18.4	25.8	(11.5)	21.9	33.9
		$+H_2O$	97.0	17.6	24.3	(11.3)	20.7	37.5
	900	No	98.2	52.5	23.7	(11.0)	12.8	10.4
		$+H_2O$	99.9	52.4	24.9	(11.6)	13.5	8.9
$FeCl_3 \cdot 6H_2O$	500	No	99.6	30.9	19.5	(9.0)	18.5	30.8
		$+H_2O$	100.0	24.2	21.7	(9.7)	20.2	34.0
	700	No	100.0	29.8	25.0	(12.0)	15.6	29.6
		$+H_2O$	100.0	30.6	27.1	(12.5)	17.5	24.8
	900	No	99.9	39.0	25.3	(10.8)	14.6	20.9
		$+H_2O$	100.0	45.8	26.5	(11.9)	15.1	12.2
$FeC_2O_4 \cdot 2H_2O$	700	No	95.6	33.9	25.1	(12.0)	15.9	25.2
		$+H_2O$	100.0	32.0	26.5	(12.4)	16.5	24.6
	900	No	100.0	38.2	28.7	(12.8)	16.0	17.2
$FePO_4 \cdot nH_2O$	700	No	95.6	55.5	17.4	(8.1)	9.6	17.2
		$+H_2O$	100.0	60.9	19.5	(9.1)	11.0	8.5
	900	No	100.0	97.6	1.5	(0.8)	0.7	0.0

〈調製条件〉Fe担持量:10wt%
〈反応条件〉常圧,反応温度:400℃,触媒量:0.2g,EtOH/N_2=0.22 または H_2O/EtOH/N_2= 0.02/0.2/1,N_2流速:60ml/min

カーボン析出については,反応後の触媒のTG(熱重量分析)測定の結果,芳香族類の選択率の経時的低下は析出カーボンの燃焼に伴う重量減少と正の相関が認められたが,C_{3+}オレフィン類の選択率低下とTG測定による重量減少との間には弱い負の相関が認められた。芳香族類やオレフィン類の生成に固体酸性が必須であると考えられるが,触媒上に析出したカーボンが固体酸点を塞ぐことによって芳香族類の生成を優先的に阻害していると考えられた。これらの結果から,触媒上へのカーボン析出は選択率変化の原因の一部では有り得るが,全ての原因ではないと考えられる。

ゼオライト骨格の崩壊については,反応前と後の触媒のXRD(X線回折)測定を行い,ゼオライト担体の骨格の回折ピークの強度の変化を観察した。ゼオライト骨格の回折ピーク強度の低

第7章　機能性材料を利用するバイオマスのアップグレード触媒技術

下はゼオライト骨格の崩壊を意味している。その結果，オレフィン類の選択率の低下が比較的大きい，$Fe(NO_3)_3$由来で700℃焼成した触媒では，回折ピーク強度の低下が著しく，一方，選択率低下が比較的小さい，$FeCl_3$や$Fe_2(SO_4)_3$由来で700℃焼成した触媒では，回折ピークの強度低下がある程度抑えられていることが分かった。これはFe源に含まれるClやSが焼成後も残存し，ゼオライト構造の崩壊を抑制する役割を果たしているためか，もしくは残存するN種がCl種やS種以上にゼオライト構造崩壊を促進しているためと考えられる。

また，使用後の触媒に空気流通下で500℃焼成を行うことにより，ある程度触媒活性は回復するが，その回復度合もFe源や焼成温度などの条件に影響された。$FeCl_3$由来で700℃焼成した触媒ではほぼ完全に活性が回復した。900℃焼成した触媒でもFe源に関係なくほぼ完全に活性が回復したが，$Fe_2(SO_4)_3$や$Fe(NO_3)_3$由来で700℃焼成した触媒では完全には回復しなかった[20]。

3.4.3　反応機構

反応機構は図2のようになると推測される。エタノールがまず脱水反応を起こしてジエチルエーテルを経由してエチレンが生成し，エチレンの2量化／不均化等を経てC_{3+}オレフィン類が生成すると考えられる。更に反応が進行すると芳香族類が生成し，更に進行するとカーボンが析出すると考えられる。オレフィン類，パラフィン類，芳香族類の生成にはゼオライト担体の固体酸性が必須であると考えられるが，Feを担持することによって固体酸が部分的に潰され，芳香族の生成がある程度抑制されていると考えられた。また高温で焼成することによっても固体酸点が減少し，芳香族類の生成やカーボン析出が抑制されていると考えられた。反応が進行してカーボンが析出すると固体酸点が塞がれ，芳香族類の生成が優先的に抑制されると推測された[20]。

3.4.4　Fe担持量，反応温度の影響

オレフィン類の選択率を更に向上させるため，Fe担持量や反応温度を変化させた反応を試みた[21]。図3(a)にFe＝1wt％，反応温度400℃，(b)にFe＝10wt％，反応温度400℃，(c)にFe＝1wt％，反応温度450℃，(d)にFe＝10wt％，反応温度450℃における経時的変化をそれ

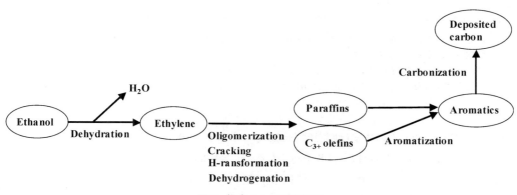

図2　推定される反応経路

バイオマスリファイナリー触媒技術の新展開

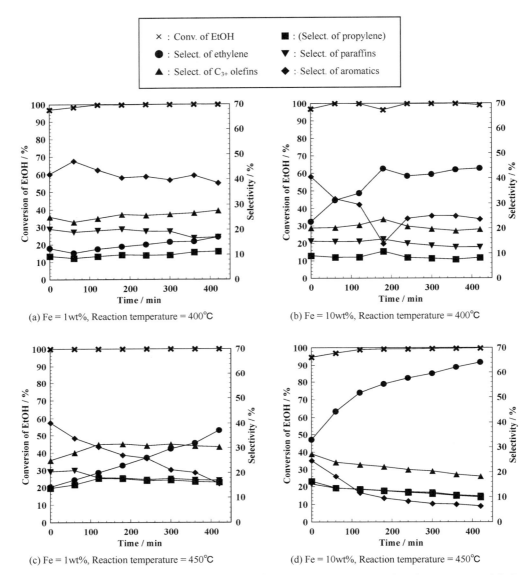

図3 Fe担持H-ZSM-5触媒を用いたエタノール変換における，Fe担持量や反応温度がエタノール変換率や生成物の選択率に与える影響
〈調製条件〉Fe源：$Fe(NO_3)_3 \cdot 9H_2O$，焼成温度：700℃
〈反応条件〉常圧，触媒量：0.2g，$EtOH/N_2 = 0.22$（水なし），N_2流速：60ml/min

それ示す。Fe=10wt%のまま反応温度を450℃とすると，400℃での反応に比べ，C_{3+}オレフィン類やプロピレンの初期選択率は若干高くなるが，経時的に大きく低下してしまうことが分かる(d)。一方，反応温度は400℃のままでFe担持量を1wt%とすると，芳香族類の選択率は高くなるものの，C_{3+}オレフィン類の選択率も向上し，経時的な低下も小さくなることが分かる(a)。

更に，Fe担持量を1wt％，反応温度を450℃とすることで，更にオレフィン類の選択率を高くすることができる(c)。しかし，450℃という反応温度では，選択率の変化が著しく，空気焼成による活性の回復も難しいため，耐久性を高める方法の開発が望まれている。

3.4.5 第2成分（P）添加の影響

触媒の活性や耐久性を向上させるため，Feの他に第2成分としてPも担持したH-ZSM-5型ゼオライト触媒を調製して反応を行った。Fe源にはFeCl$_3$・6H$_2$Oを用い，P源に(NH$_4$)$_3$PO$_4$・3H$_2$Oを用いた。それぞれ担持量は1wt％とした。FeとPの両者を担持した触媒は3種類調製した。①Feを担持して焼成した後にPを担持して焼成（P/Fe/H-ZSM-5），②Pを担持して焼成した後にFeを担持して焼成（Fe/P/H-ZSM-5），③FeとPを共担持して焼成（Fe-P/H-ZSM-5）。いずれも，含浸，乾燥後，空気流通下，700℃で3時間焼成を行った。これらの触媒を用いて450℃にてエタノール変換を行った。ここではバイオエタノールを用いた実験も行ったが，バイオエタノールのモデルとして，アルコール度数50％のウォッカ（Vodka）と無水エタノールを1：3の体積比で混合した物を用いた。

1回目のサンプリング結果を表2に示す。エタノール変換率はほぼ100％で，経時的な変化は見られなかったが，生成物の選択率は経時的に変化した。エチレン選択率とプロピレン選択率との間には正の相関があり，パラフィン類選択率とプロピレン選択率との間には負の相関が見られ

表2 エタノール変換反応におけるH-ZSM-5触媒もしくは（Fe and/or P）/H-ZSM-5触媒の触媒活性

Loaded element	EtOH	EtOH conv. (%)	C-selectivity (%)				
			Ethylene	C$_3$+ olefins	(Propylene)	Paraffins	Aromatics
No (500)	Neat EtOH	100.0	9.5	17.7	(9.6)	20.8	52.0
	Vodka＋EtOH	92.7	9.0	15.5	(8.1)	27.7	47.8
No (700)	Neat EtOH	100.0	18.2	27.2	(14.4)	22.4	32.1
	Vodka＋EtOH	98.1	24.2	34.7	(17.9)	15.6	25.2
P	Neat EtOH	99.8	17.0	25.3	(13.2)	24.1	33.3
	Vodka＋EtOH	97.5	11.2	24.2	(12.3)	24.5	39.7
Fe	Neat EtOH	94.9	22.0	26.5	(13.2)	21.8	29.4
	Vodka＋EtOH	96.0	15.7	27.5	(13.8)	22.6	33.9
Fe/P	Neat EtOH	97.7	26.5	33.2	(18.3)	21.2	18.3
	Vodka＋EtOH	96.2	34.0	32.7	(18.3)	14.9	17.7
P/Fe	Neat EtOH	97.8	30.9	32.6	(17.2)	18.9	17.4
	Vodka＋EtOH	99.7	34.4	29.4	(15.8)	17.3	18.0
Fe-P	Neat EtOH	98.6	33.8	23.5	(11.5)	19.3	22.9
	Vodka＋EtOH	100.0	26.4	31.4	(15.1)	24.3	17.9

無担持における括弧内数字（500, 700）は焼成温度（℃）
〈調製条件〉P源：(NH$_4$)$_3$PO$_3$・3H$_2$O，P担持量：1wt％，焼成温度：700℃。Fe源：FeCl$_3$・6H$_2$O，Fe担持量：1wt％，焼成温度：700℃。
Fe/P：P担持→Fe担持，P/Fe：Fe担持→P担持，Fe-P：共担持
〈反応条件〉常圧，反応温度：450℃，触媒量：0.2g，EtOH/N$_2$＝0.22，Vodka/EtOH＝0.33，N$_2$流速：60ml/min

た。更に,芳香族類選択率とプロピレン選択率との間にも負の相関が見られた。H-ZSM-5型ゼオライト単独の場合,高温で焼成することにより芳香族類の選択率が低下し,エチレン,プロピレン,C_{3+}オレフィン類の選択率が向上した。Fe,P単独の担持ではそれぞれの生成物の選択率に与える影響はそれ程大きくはなかったが,両者を担持した場合はパラフィン類と芳香属類の選択率を抑制し,エチレン,プロピレン,C_{3+}オレフィン類の選択率を向上させることができた。また,エタノール中の水分の有無が生成物の選択率に与える影響についてははっきりしなかった[22]。

生成物の選択率は経時的に変化するが,図4にはプロピレンの初期選択率と7時間反応後の選択率の変化のプロットを示す。プロピレンの初期選択率が高い触媒や条件であるほど選択率の経時的な低下が大きくなった。500℃焼成したH-ZSM-5型ゼオライト単独の場合やPやFeの単独担持などではプロピレンの初期選択率が低い代わりに経時的に選択率が向上した。PとFeの共担持では,含水エタノールを用いた方が無水エタノールを用いた場合よりも初期選択率が高くなり,いずれも経時的には選択率の若干の向上が見られた。PとFeの逐次担持では,初期選択率が高くなったが,経時的な選択率の低下が大きくなった[22]。

ここでもプロピレン選択率変化の原因として,触媒上へのカーボン析出,ゼオライト骨格の崩壊などが考えられた。カーボン析出については,高温での焼成によってカーボン析出が抑制され

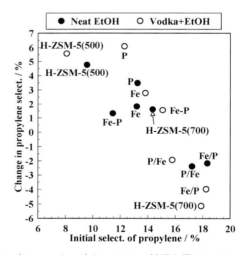

図4　H-ZSM-5触媒もしくは（Fe and/or P）/H-ZSM-5触媒を用いたエタノール変換における,プロピレンの初期選択率と7時間反応後のプロピレン選択率変化
　　　無担持における括弧内数字は焼成温度（℃）
　　〈調製条件〉P源：$(NH_4)_3PO_3 \cdot 3H_2O$,P担持量：1wt％,焼成温度：700℃。Fe源：$FeCl_3 \cdot 6H_2O$,Fe担持量：1wt％,焼成温度：700℃。
　　　　　　　Fe/P：P担持→Fe担持,P/Fe：Fe担持→P担持,Fe-P：共担持
　　〈反応条件〉常圧,反応温度：450℃,触媒量：0.2g,$EtOH/N_2=0.22$,$Vodka/EtOH=0.33$,N_2流速：60ml/min

第7章 機能性材料を利用するバイオマスのアップグレード触媒技術

ること，FeやP単独の担持ではカーボン析出はあまり抑制されないが，両者を担持することでカーボン析出が抑制されることが分かった。また含水エタノールを用いた場合には無水エタノールを用いた場合よりもカーボン析出量が少なくなる傾向が見られた。芳香族類の選択率の経時的低下はカーボン析出量との間に正の相関が認められたが，プロピレンの選択率低下とカーボン析出量との間にはやや弱いながらも負の相関が認められた。カーボン析出による芳香属類選択率の低下が，①プロピレンの選択率も低下する，②プロピレンの選択率が相対的に向上する，の2種類の結果をもたらしていた[22]。

ゼオライト骨格の崩壊については，反応前のXRDピーク強度はH-ZSM-5（500℃焼成）＞H-ZSM-5（700℃焼成）＞P/H-ZSM-5＞Fe/P/H-ZSM-5＞Fe-P/H-ZSM-5＞Fe/H-ZSM-5＞P/Fe/H-ZSM-5，の順となり，高温での焼成やFeもしくはPの担持が調製段階でゼオライト構造崩壊を促進していること，P担持よりもFe担持の方が構造崩壊を促進することが分かる。一方，（反応後／反応前）のXRDピーク強度比を見ると，H-ZSM-5単独では500℃焼成でも700℃焼成でもFeやPを担持した物に比べて構造崩壊が著しくなった。含水エタノールでは無水エタノールを用いた場合よりも構造崩壊が著しくなり，水分の存在が構造崩壊を促進することが分かる。ただし，ゼオライト構造の崩壊度とプロピレン選択率低下との間には明確な相関は見出せなかった。一方，ゼオライトの構造崩壊と芳香族選択率低下との間には明確な相関があり，ゼオライト骨格中に取り込まれたAl原子に由来する固体酸点が芳香族生成に必須であることを考えると，構造崩壊がそれぞれの生成物の選択率変化の原因の一つとなっていることが分かる[22]。

エタノール変換率や生成物の選択率の経時的変化について検討し，更に触媒を再生させるため，7時間反応後に空気流通下，500℃で1時間の焼成処理を行い，更に7時間反応させた結果について報告する。まず，Fe/H-ZSM-5触媒を用いて，無水エタノールを用いて反応させた結果を図5(a)に示す。ここでは1回目の反応ではC_{3+}オレフィン類およびプロピレンの選択率は7時間の反応で若干増える傾向にあったが，焼成処理後の2回目の反応ではC_{3+}オレフィン類およびプロピレンの選択率は1回目の反応よりも若干低くなった。また，エチレンの選択率増加や芳香族類の選択率の低下が大きく，焼成処理では触媒の活性が十分に回復できていないことが分かる。

P→Feの順で担持したFe/P/H-ZSM-5触媒を用いて，無水エタノールを反応させた結果を図5(b)に示す。Fe/H-ZSM-5触媒の場合と比べ，若干C_{3+}オレフィン類やプロピレンの選択率が向上したと同時に，エチレンや芳香族類なども含めた生成物選択率の経時的変化が小さくなった。また，焼成処理によってそれぞれの生成物の選択率が十分に回復していることが分かる。このことから，P担持によって触媒の活性や耐久性が向上していることが分かる。

一般的に含水エタノールの反応では無水エタノールの場合と比べて生成物選択率の経時的変化が大きくなり，しかも焼成処理でも活性が十分に回復しないことが多い。しかし，図5(c)に示すように，FeとPの共担持によって調製したFe-P/H-ZSM-5触媒を用いた反応では含水エタノールでも生成物の選択率の経時的変化が抑えられ，更に焼成処理によって活性が十分に回復する

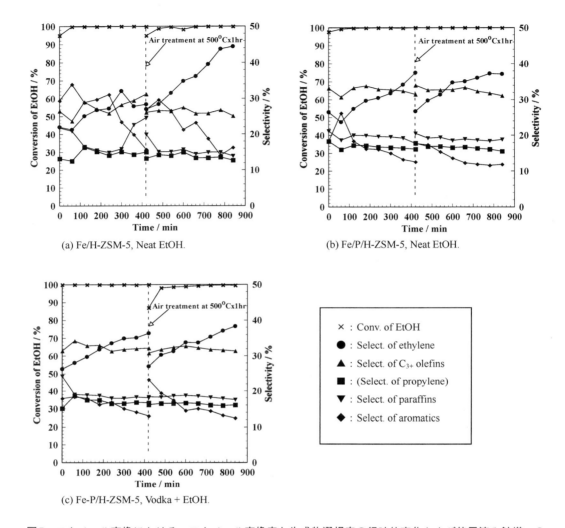

図5 エタノール変換における,エタノール変換率と生成物選択率の経時的変化および使用済み触媒への500℃空気焼成処理の影響
　〈調製条件〉P源:$(NH_4)_3PO_3 \cdot 3H_2O$,P担持量:1wt%,焼成温度:700℃。Fe源:$FeCl_3 \cdot 6H_2O$,Fe担持量:1wt%,焼成温度:700℃。
　　　　　　Fe/P:P担持→Fe担持,Fe-P:共担持
　〈反応条件〉常圧,反応温度:450℃,触媒量:0.2g,$EtOH/N_2=0.22$,$Vodka/EtOH=0.33$,N_2流速:60ml/min

ことが分かる[22]。

3.5 他の修飾H-ZSM-5型ゼオライト触媒を用いたエタノール反応

村田らの研究ではH-ZSM-5型ゼオライトにWを担持した触媒,更に少量のPやLaを担持した触媒も本反応に有効であることが見出されている[23]。また,Si/Al_2比が280と比較的大きい

第7章　機能性材料を利用するバイオマスのアップグレード触媒技術

H-ZSM-5型ゼオライトにLaを担持した触媒を用いた反応が井上らによって報告されている[24]。

アルカリ土類金属含有H-ZSM-5型ゼオライト触媒を用いたプロピレン製造が佐野らによって報告されている[25]。触媒活性や耐久性はアルカリ土類金属の種類や割合，H-ZSM-5のSi/Al$_2$比に大きく影響されるが，Si/Al$_2$比が184，アルカリ土類金属がSrでSr/Al比が0.1の場合に500℃での反応において特に優れた活性，耐久性を示すことが見出されている。

P修飾H-ZSM-5型ゼオライト触媒を用いた反応が藤谷らによって報告されている[26]。P担持量についての検討がなされ，H-ZSM-5（Si/Al$_2$=80）がP/Al=0.5の割合で修飾された時に550℃反応でのプロピレン選択率が最大となり，またP担持によって触媒の耐久性も向上することが見出されている。

実バイオエタノールを原料とした反応については報告例が少ないが，Ni添加H-ZSM-5型ゼオライト触媒を用いた実バイオエタノール反応が山崎らによって報告されている[27]。無水エタノール反応ではNi添加によって芳香族化合物の生成を強く抑制する一方，C3及びC4オレフィン類の生成選択性を大幅に向上させることができた。一方，トウモロコシ由来の実バイオエタノールは水分の他，メタノール，アセトアルデヒド，n-プロピルアルコール等の微量成分を含むとされ，これを用いた反応ではC3及びC4オレフィン類の選択率が減少し，Niサイトの芳香族生成抑制効果も低下した。

3.6　エタノール変換によるエチレン製造

エタノール脱水によるエチレンの生成については，より低温での反応を高原らが報告している[28]。結果を表3に示すが，エチレン生成においては，H-mordenite型ゼオライトが特に優れた活性を有しており，200℃程度の低温でほぼ100％のエチレン選択率を示した。低温での反応であるため基本的には失活は少ないが，Si/Al$_2$比が90と高いH-mordenite型ゼオライトでは同比が18.9と低いものより触媒活性が経時的に安定していた。本反応の失活の原因はカーボン析出であると考えられた。NH$_3$-TPD（昇温脱離法）やピリジン吸着IR（赤外分光法）測定の結果から，本反応には強い酸点が必要で，更にブレンステッド酸点が反応の活性点であることが示唆された。また，エタノール中に水分が存在すると活性が低下するが，無水エタノールに切り替えると活性が復活することから，水の存在は可逆的に脱水反応を阻害していると考えられた。

3.7　プロパノール変換によるプロピレン製造

前述のH-mordenite型ゼオライトを用いたエタノール脱水反応によるエチレンの製造は，プロパノール脱水によるプロピレン製造にも応用が可能である。1-プロパノール，2-プロパノールのいずれにおいても高選択率でプロピレンが得られたが，2-プロパノールの方がより反応性が高く，プロピレン収率は80％以上となった。また2-プロパノール反応の方が経時的に安定な活性を示し，1-プロパノールの反応では活性低下が非常に大きくなった。本反応では，エタノ

表3 エタノール脱水によるエチレン製造における固体酸触媒の活性

Solid acid (Si/Al_2 ratio)	Reaction temperature (℃)	W/F (g-cat min/mmol-EtOH)	Yield of ethylene (%)
H-mordenite (18.9)	180	12.5	93.9
	180	25.1	99.8
H-mordenite (90)	180	12.5	52.8
	180	25.1	99.9
H-ZSM-5 (25)	180	12.5	40.8
	180	25.1	95.9
H-ZSM-5 (90)	180	12.5	7.6
	180	25.1	23.3
	200	12.5	31.9
H-Beta (25)	180	12.5	34.4
	180	25.1	57.5
H-Y (5.6)	200	12.5	3.4
	250	12.5	71.3
Silica-alumina (9.2)	250	12.5	15.3
	300	12.5	76.7

〈反応条件〉常圧，EtOH/He＝0.04

ール脱水に比べて反応中の炭素析出による触媒活性の経時的低下が見られ，活性劣化対策が必要となる。将来プロパノールが発酵法にて安価に得られるようになった場合には，プロパノールからのプロピレン製造はエタノール由来よりもはるかに選択的であることから，有望技術となりうる可能性を秘めている。なお，遺伝子組み換え大腸菌による，植物由来原料からの2-プロパノール生産が㈱三井化学によって報告されている[29]。

3.8 ブタノール変換によるプロピレン製造

　ブタノールはエタノールと比べて発熱量が大きいという特長があり，燃料として優れている。糖を原料としたアセトン・ブタノール菌の嫌気発酵によりアセトンと共にブタノールが得られる。ブタノールは原料農産物の生産コストが高い，発酵産物の濃度が低い，その精製コストが高い，などの問題点があり，十分に普及しているとは言い難いが，遺伝子操作などによるアセトン・ブタノール菌の改良が進められている[30]。また精製コストの削減については，エタノールの場合と同様にシリカライト膜を用いた高効率の脱水方法が根岸らによって報告されている[31]。

　1-ブタノールからのプロピレン製造については，山形らが報告している[32]。本反応にはイオン交換によってアルカリ土類金属を添加したZSM-5型ゼオライト触媒が有効であり，450℃でプロピレン収率約30％となった。Si/Al_2比の高い触媒ではプロピレン選択率が向上し，アルカリ土類金属の種類を変えた触媒を用いた反応を行った結果，プロピレン選択率はBa＞Sr＞Ca＞Mgの順となった。一方，ブタノール変換率で示される触媒活性はその逆の順になった。このことから，アルカリ土類金属のイオン半径が大きく塩基性が高いとプロピレン選択率が高く

第7章 機能性材料を利用するバイオマスのアップグレード触媒技術

なるが,逆に活性が低下することが分かる。

3.9 グリセロール変換反応

　前述のように,グリセロールは廃食用油からバイオディーゼルを製造する際の副生成物として生産され,安価であるため,その有効利用が期待されている。グリセロールの変換反応としては,Pt担持H-ZSM-5型ゼオライト触媒を用いて高圧水素化でプロパンに変換する反応が村田らによって報告されており[33],またRu担持カーボン触媒と強酸性の陽イオン交換樹脂であるAmberlystを組み合わせ,グリセロールを高圧水素化で1,2-プロパンジオール等に変換する反応が宮澤らによって報告されている[34〜36]。その他様々な付加価値のある化合物に変換し得ることがPagliaroらの総説に報告されている[37]。グリセロールから直接プロピレンを製造する方法として,ゼオライト触媒を用いたものはまだ報告されていないが,ジルコニア・酸化鉄系触媒を用いた反応が多湖らによって報告されている[38]。本反応では,窒素雰囲気下で約350℃で反応し,低品位グリセリンを原料にできる,高圧装置・耐高温反応器・水素ガスが不要,といったメリットがある。

3.10 おわりに

　原油価格の高騰や,地球温暖化防止等の観点から,アルコールなどのバイオマスを変換して有用な炭化水素類を合成する技術は,今後ますます重要になると考えられる。そのためにもより高選択率でオレフィン類を製造でき,活性が長時間持続され,バイオアルコール中に不純物が含まれていても活性が損なわれない触媒の開発が望まれる。また,ガス生成物からの不純物の除去,生成物の分離をどのようにして効率的に行うかも今後の課題と言えよう。生成ガスからの水分除去については,カーボン膜モジュールを用いた脱水が可能であることが見出されている。これらの技術が経済的に見合うものなのか,環境への影響は問題ないのか等,実用化に向けて克服すべき課題は多いが,今後の研究の発展による課題克服,ひいてはそれが地球環境の改善になることを期待したい。

　本報告の一部は,㈱新エネルギー・産業技術総合開発機構（NEDO）の委託業務の結果得られた成果である。

文　献

1) 横山伸也, セルロース系バイオエタノール製造技術, p.3, NTS（2010）
2) 産総研プレスリリース

http://www.aist.go.jp/aist_j/press_release/pr2009/pr20090219/pr20090219.html
3) T. Ikegami et al., *J. Chem. Technol. Biotechnol.*, **79**, 896 (2004)
4) 小野嘉夫ほか, ゼオライトの科学と工学, 講談社サイエンティフィク (2000)
5) J. C. Oudejans et al., *Appl. Catal.*, **3**, 109 (1982)
6) V. R. Choudhary et al., *Appl. Catal.*, **10**, 147 (1984)
7) S. N. Chaudhuri et al., *J. Mol. Catal.*, **62**, 289 (1990)
8) S. K. Saha et al., *Catal. Lett.*, **15**, 413 (1992)
9) C. W. Ingram et al., *Catal. Lett.*, **31**, 395 (1995)
10) Ph. de Werbier d'Antigneul et al., *Catal. Lett.*, **1**, 169 (1988)
11) A. G. Gayubo et al., *Ind. Eng. Chem. Res.*, **40**, 3467 (2001)
12) A. T. Aguayo et al., *Ind. Eng. Chem. Res.*, **41**, 4216 (2002)
13) A. T. Aguayo et al., *J. Chem. Technol. Biotechnol.*, **77**, 211 (2002)
14) A. G. Gayubo et al., *Ind. Eng. Chem. Res.*, **43**, 2610 (2004)
15) A. G. Gayubo et al., *Energy Fuels*, **18**, 1640 (2004)
16) 笠井幸司ほか, 触媒 (Catalysts&Catalysis), **49** (2), 126 (2007)
17) H. Oikawa et al., *Appl. Catal. A: Gen.*, **312**, 181 (2006)
18) 馬場俊秀ほか, ファインケミカル, **37** (4), 66 (2008)
19) M. Inaba et al., *React. Kinet. Catal. Lett.*, **88**, 135 (2006)
20) M. Inaba et al., *Green Chem.*, **9**, 638 (2007)
21) M. Inaba et al., *React. Kinet. Catal. Lett.*, **97**, 19 (2009)
22) M. Inaba et al., *J. Chem. Technol. Biotechnol.*, **86**, 95 (2011)
23) K. Murata et al, *J. Jpn. Petrol. Inst.*, **51** (4), 234 (2008)
24) K. Inoue et al., *Catal. Lett.*, **136**, 14 (2010)
25) D. Goto et al., *Appl. Catal. A: Gen.*, **383**, 89 (2010)
26) Z. Song et al., *Appl. Catal. A: Gen.*, **384**, 201 (2010)
27) T. Yamazaki et al., *J. Jpn. Petrol. Inst.*, **52** (5), 239 (2009)
28) I. Takahara et al., *Catal. Lett.*, **105**, 249 (2005)
29) 日経産業新聞, 2010年5月10日
30) 進藤秀彰ほか, バイオ液体燃料, p.411, NTS (2007)
31) H. Negishi et al., *Chem. Lett.*, **39**, 1312 (2010)
32) 川上優ほか, 第105回触媒討論会, 1P63, 京都, 2010年3月24日
33) K. Murata et al., *React. Kinet. Catal. Lett.*, **93**, 59 (2008)
34) Y. Kusunoki et al., *Catal. Commun.*, **6**, 645 (2005)
35) T. Miyazawa et al., *J. Catal.*, **240**, 213 (2006)
36) T. Miyazawa et al., *Appl. Catal. A: Gen.*, **318**, 244 (2007)
37) M. Pagliaro et al., *Angew. Chem. Int. Ed.*, **46**, 4434 (2007)
38) 化学工業日報, 2010年3月31日

第8章 グリーンバイオケミストリーにおける触媒利用技術

1 リグニンの化学変換技術とケミカルス合成

坂　志朗[*]

1.1 維管束植物の化学

　図1に示すように，維管束植物（Tracheophyta）の代表として700種類の裸子植物（Gymnospermae）や25万種類の被子植物（Angiospermae）があり，前者には針葉樹が540種類存在する。被子植物には双子葉類（Dicotyledoneae）と単子葉類（Monocotyledoneae）があり，広葉樹類は双子葉類に含まれる[1]。これより明らかなように，針葉樹と広葉樹は分類学上明確に異なるものである。一方，単子葉類のイネ科（Gramineae）のモウソウチク（竹）（*Phyllostachys pubescens*），イネ（*Oryza sativa*），ムギ類，サトウキビ（*Saccharum officinarum*），トウモロコシ（*Zea mays*），ヤシ科のアブラヤシ（*Elaeis guineensis*）やココヤシ（*Cocos nucifera*）などは単子葉類に分類される。

　リグノセルロースという言葉は実に便利で，細胞壁がセルロースやヘミセルロースで構成され，これをリグニンが分子レベルで充填した天然の複合体を意味しており，上述のすべての植物を含んでいる。しかし，分類学上は多様な植物に分かれ，それぞれの特徴を有しているため，利用する場合にはその化学組成や特性を充分に理解しておく必要がある。

　この分類を踏まえて，昨今よく利用されているバイオマスを化学組成の視点から見てみる。ま

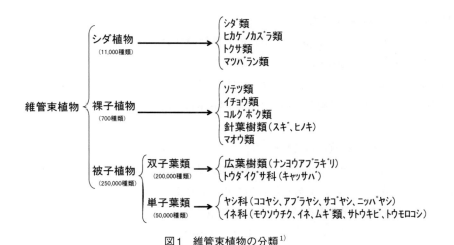

図1　維管束植物の分類[1]

---

[*]　Shiro Saka　京都大学　大学院エネルギー科学研究科　教授

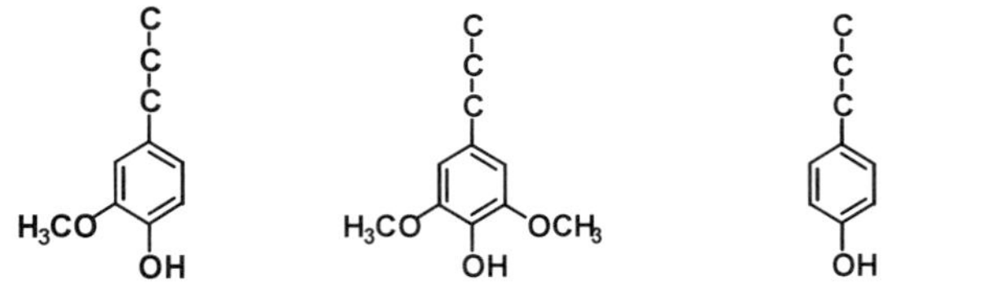

図2 リグノセルロースのリグニン構成単位

グアイアシルプロパン構造(1)　シリンギルプロパン構造(2)　p-ヒドロキシフェニルプロパン構造(3)

ず，セルロースについては，利用の観点から構造的には大差はない。しかし，ヘミセルロースは，主としてヘキソサン（6炭糖からなる多糖類）であるグルコマンナンとペントサン（5炭糖からなる多糖類）であるキシランからなっている。針葉樹類は前者が主であり，広葉樹類などの被子植物は後者のキシランを主成分としている。

一方，リグニンについては，図2に示す3種類のリグニン構成単位の脱水素重合により植物細胞壁で生合成される。針葉樹類のリグニンは主としてグアイアシルプロパン構造(1)と少量のp-ヒドロキシフェニルプロパン構造(3)からなり，広葉樹類，ヤシ類などは(1)に加え非縮合型エーテル結合が多い(2)からなり，脱リグニンしやすい。一方，ムギやイネワラなどの草本類には(1)および(2)以外に縮合型結合を作りやすい(3)が存在するため，脱リグニンはしにくくなる。

これらの特性は，バイオマスの利用における前処理の難易度を知る上で重要な指標となり，ペントサンを多く含むイネやムギの茎・葉については，エタノール生産の原料に用いる場合，遺伝子組み換え技術を用いなければならない上に，(3)のリグニンを含むため脱リグニンしにくい。

1.2 リグニンからの有用ケミカルス

針葉樹のスギ（*Cryptomeria japonica*）や広葉樹のブナ（*Fagus crenata*）を超臨界水処理（380〜400℃/100〜115MPa/数秒）した研究では，セルロース及びヘミセルロース由来物質は主に水可溶部として，リグニン由来物質は水に不溶なオイル状物質（メタノール可溶部）として回収され，この処理では分解しないものは超臨界水に不溶の残渣として回収されることが明らかとなっている[2]。

得られたリグニン由来物質の構造解析では，フェノール性水酸基を有する種々のリグニン由来の物質が得られることが確認された。グアイアシルグリセロール-β-グアイアシルエーテル(4)及びビフェニル(5)のリグニンモデル化合物を用いた検討では，前者のβ-O-4エーテル結合は超臨界水によって容易に開裂するが，後者の5-5縮合型結合は超臨界水に対し安定であることが確認された。これらの結果から，リグノセルロース中のリグニンは主にエーテル型結合が超臨界水により優先的に開裂し，縮合型結合を有するビフェニル型(6)，スチルベン型(7)，ジフェニルエタン型(8)及びフェニルクマラン型(9)の二量体やこれらの結合を有する三量体以上のリグニン由来物質（図3参照）が後述の通りオイル状物質として回収されることが示唆された。また，超

第8章　グリーンバイオケミストリーにおける触媒利用技術

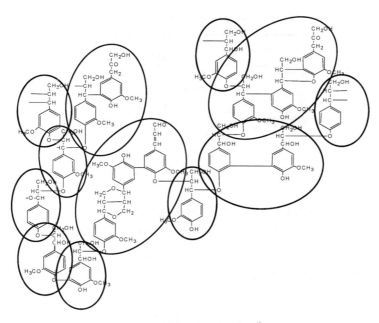

図3　針葉樹リグニンの構造[4]
〇印部は超臨界水処理により加水分解されて溶出するフラクションを示す。

臨界水不溶残渣には縮合型結合に富んだリグニンが得られてくることを明らかにした[3]。これを裏付ける結果として，この不溶残渣はアルカリ性ニトロベンゼン酸化生成物がほとんど無いものであることが確認されている。

さて，図3には針葉樹リグニンの構造[4]を，表1にはその結合様式の占める割合[5]を示している。この構造に対し上述のエーテル結合が超臨界水により加水分解された場合にオイル状物質として回収されるフラクションを〇印で示しているが，同様の化合物がガスクロマトグラフー質量分析計（GC-MS）によるリグニン由来物質の同定により明らかになっている。

245

表1 針葉樹リグニンの結合タイプ[5]

結合タイプ		リグニン構成単位100個に占める割合
エーテル型結合	β-O-4	45
	α-O-4	8
	4-O-5	5
縮合型結合	5-5	25
	β-5	14
	β-1	15
	β-β	17

　針葉樹リグニンでは，主としてグアイアシル核を有するフェニルプロパン骨格（C_6-C_3）として，コニフェリルアルコール(10)，イソオイゲノール(11)，プロピルグアイアコール(12)，グアイアシルアセトン(13)，コニフェリルアルデヒド(14)，プロピオグアイアコン(15)，フェルラ酸(16)などが見い出された。また，C_6-C_2骨格として，ホモバニリン(17)，ホモバニリン酸(18)，アセトグアイアコン(19)，エチルグアイアコール(20)，ビニルグアイアコール(21)など，C_6-C_1骨格として，バニリン(22)，メチルグアイアコール(23) など，C_6骨格として，グアイアコール(24)が確認された。

　広葉樹リグニンでは，それらに加えてシリンギル核を有する同様の骨格の物質が見い出された[6,7]。すなわち，C_6-C_3骨格として，シナピルアルコール(10')，プロペニルシリンゴール(11')，プロピルシリンゴール(12')，シリンギルアセトン(13')，シナピルアルデヒド(14')，プロピオシリンゴン(15') などが見い出された。C_6-C_2骨格として，アセトシリンゴン(19')，エチルシリンゴール(20')，ビニルシリンゴール(21') など，C_6-C_1骨格として，シリングアルデヒド(22')，メチルシリンゴール(23')，C_6骨格として，シリンゴール(24') などが見い出されている。これらの物質は，亜臨界水処理で得られるリグニン由来物質中でも見出されている[8〜12]。

　また，イソプロピルベンゼンを用いたモデル実験でも，C_6-C_3骨格のプロピル側鎖の脱アルキル化が報告されている[13〜16]。これらの結果から，エーテル結合だけでなくプロピル側鎖も一部開裂していることが明らかにされている。

　これらの分離されたリグニン由来物質は，燃焼による熱エネルギーへの変換のみならず，高付加価値な芳香族物質への転換も可能であり，リグノセルロースの総体利用を実現するためにも重要な研究対象である。

　以上の研究結果は超臨界水処理（380〜400℃/100〜115MPa/数秒）でのものであるが，近年の加圧熱水処理（230℃/10MPa/15分）でも上述のエーテル結合の加水分解が効果的に進行し，同様のリグニン由来物質が得られることが明らかになっている[17,18]。得られたこれらのリグニン由来物質は化石資源からは全く見い出されない化合物であり，亜臨界又は超臨界水による加水分解物で極めてクリーンなバイオケミカルスであり，今後の詳細な研究が期待される。

　一方，オルガノソルブリグニンやリグニンスルホン酸[19]等の単離リグニンの亜臨界及び超臨

第8章 グリーンバイオケミストリーにおける触媒利用技術

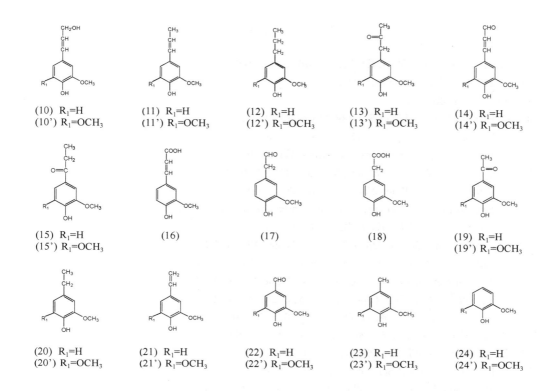

界水処理も検討されている。350～400℃/10～40MPaの条件でオルガノソルブリグニンを処理し，処理物をオイルと固体残渣（チャー）に分離した実験では，圧力が高いほどオイル収率が増加し，エーテル結合の加水分解によってフェノール性水酸基が増加していることが報告されている[20]。また，400℃で水密度を0.1～0.5g/cm^{3}と変化させた実験では，水密度が高いと加水分解反応が進行しやすくなるため反応性に富んだ官能基が生成し，これらが縮合することで高分子化することが示唆されている。これに対し，処理時にフェノールを添加し，反応性に富んだ官能基とフェノールとを反応させることで高分子化を抑制できることが報告されている[21]。なお，スルホン酸リグニンやフェノールの亜臨界及び超臨界水処理（310～504℃/20～30MPa）では，芳香核の開裂も報告されている[22, 23]。

以上のように，超（亜）臨界水処理はバイオマス資源からの有用なバイオ燃料やケミカルスを得る極めて有効な手段で，無触媒系での効率的な反応が期待できるため，これまでの石油化学でのペトロリファイナリーに替わるバイオリファイナリーとして，今後の発展が期待できる。

文　献

1) 島地謙, 木材工学事典, 工業出版, pp.253-254（1982）
2) S. Saka and R. Konishi, Progress in Thermochem. Biomass Conv., Blackwell Sci., pp.1338-1348（2001）
3) K. Ehara *et al.*, *J. Wood Sci.*, **48**, 320-325（2002）
4) K. Freudenberg, *Science*, **148**, 595-600（1965）
5) Y. Z. Lai and K. V. Sarkanen, Lignins, Wiley-Interscience, pp.165-240（1972）
6) D. Takada *et al.*, *J. Wood Sci.*, **50**, 253-259（2004）
7) K. Ehara *et al.*, *J. Wood Sci.*, **51**, 256-261（2005）
8) O. Bobleter and R. Concin, *Cellulose Chem. Technol.*, **13**, 583-593（1979）
9) R. Concin *et al.*, *Holzforsch.*, **35**, 279-282（1981）
10) R. Concin *et al.*, *Int. J. Mass Spec. Ion Phys.*, **48**, 63-66（1983）
11) R. Kallury *et al.*, *J. Wood Chem. Technol.*, **7**, 353-371（1987）
12) F. A. Agblevor and D. G. B. Boocock, *J. Wood Chem. Technol.*, **9**, 167-188（1989）
13) T. Sato *et al.*, *Ind. Eng. Chem. Res.*, **41**, 3124-3130（2002）
14) T. Sato *et al.*, *J. Anal. Appl. Pyrolysis*, **70**, 735-746（2003）
15) T. Sato *et al.*, *Chem. Eng. Sci.*, **59**, 1247-1253（2004）
16) T. Sato *et al.*, *AICHE J.*, **50**, 665-672（2004）
17) X. Lu *et al.*, *J. Wood Sci.*, **55**, 367-375（2009）
18) N. Phaiboonsilpa *et al.*, *J. Wood Sci.*, **56**, 331-338（2010）
19) T. Funazukuri *et al.*, *Fuel*, **69**, 349-353（1990）
20) C. Yokoyama *et al.*, *Sekiyu Gakkaishi*, **41**, 243-250（1998）
21) M. Saisu *et al.*, *Energy & Fuel*, **17**, 922-928（2003）
22) T. D. Thornton and P. E. Savage, *J. Supercritical Fluids*, **3**, 240-248（1990）
23) M. Drews *et al.*, *Ind. Eng. Chem. Res.*, **39**, 4784-4793（2000）

2 グリセロールからのプロピレングリコールとアクリル酸合成(ソルビトール,乳酸からプロピレングリコール合成を含む)

室井髙城*

バイオマスから多様な化学品を誘導することができる。バイオマスは含酸素化合物($C_6H_{12}O_6$)であるので誘導される化学品は含酸素化合物が有利である。バイオマス利用の合成反応の工業化は未だ先だと思われていたが,原油価格の高騰により石油を原料とした合成ルートの長いプロセスやグリーン的でない製法はバイオマスの利用に変わりつつある。既にグリセロールやグルコースを用いたプロピレングリコール(1,2-プロパンジオール)の製造が工業的に行われ始めた。アクリル酸についてはパイロットプラントが稼働を始めている。最近のプロピレングリコール(PG)とアクリル酸の合成触媒について述べる。

2.1 バイオマス原料
2.1.1 グリセロール
(1) グリセロールの製法

動植物に含有する天然の油脂はトリグリセラードとして存在している。水分やP,ガム質,遊離脂肪酸などの多くの不純物を含有しているので水蒸気処理,中和処理,活性白土処理などの前処理により精製された後,脂肪酸は250〜260℃,5〜6MPa,2〜3時間の条件で無触媒加水分解により製造されている。その際グリセロールは甘水と呼ばれる副生物として得られている。粗製グリセロールは甘水の水分を10%程度まで減圧濃縮して得られるが更に真空蒸留により精製されグリセロールが得られている[1](図1)。また,グリセロールは油脂からの石鹸製造時にも副生する。天然の高級アルコールは油脂をメタノールによりエステル交換した脂肪酸メチルエステルの水素化分解により製造されているが,グリセロールはこのエステル交換の際にも副生する。最近,バイオディーゼル油として脂肪酸メチルエステル(FAME:Fatty acid methyl ester)が注目され一部製造されるようになっている。FAMEがディーゼル燃料として普及するとグリセロールが大量に副生されると予想されている。

$$\begin{array}{l}CH_2OCOR_1\\CHOCOR_2\\CH_2OCOR_3\end{array} + 3H_2O \longrightarrow \begin{array}{l}CH_2OH\\CHOH\\CH_2OH\end{array} + \begin{array}{l}R_1COOH\\R_2COOH\\R_3COOH\end{array}$$

図1 脂肪酸製造時に副生するグリセロール

---

* Takashiro Muroi アイシーラボ 代表/早稲田大学 客員研究員/神奈川大学 非常勤講師

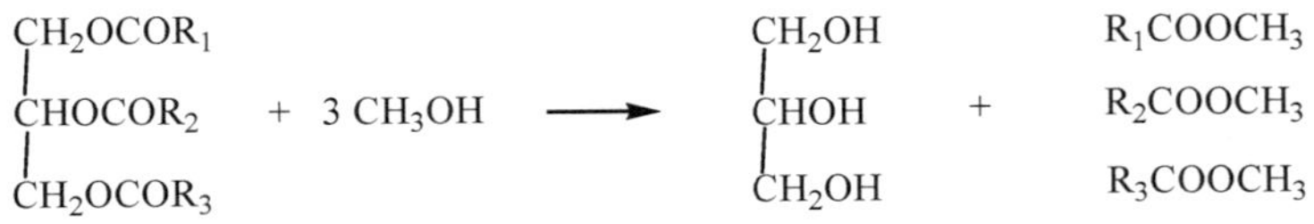

バイオマスリファイナリー触媒技術の新展開

$$\begin{array}{l} CH_2OCOR_1 \\ CHOCOR_2 \\ CH_2OCOR_3 \end{array} + 3\,CH_3OH \longrightarrow \begin{array}{l} CH_2OH \\ CHOH \\ CH_2OH \end{array} + \begin{array}{l} R_1COOCH_3 \\ R_2COOCH_3 \\ R_3COOCH_3 \end{array}$$

図2 油脂のエステル交換によるFAMEの合成

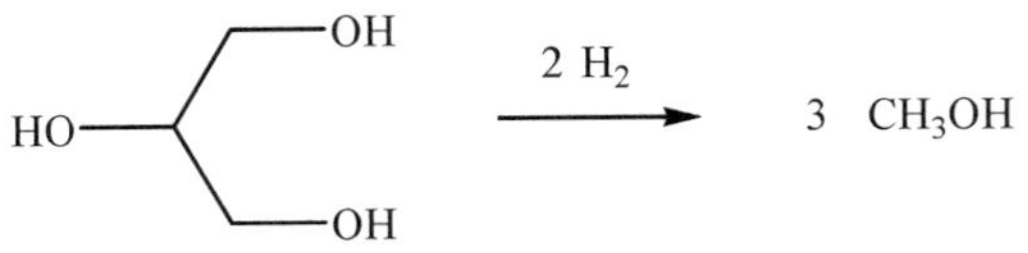

$$HOCH_2-CHOH-CH_2OH \xrightarrow{2\,H_2} 3\,CH_3OH$$

図3 グリセロールからメタノールの合成

FAMEはトリグリセライドであるパーム油などの天然油脂とメタノールとのエステル交換反応により製造される。触媒としてNaOHやNaメチラートが用いられる（図2）。

(2) 副生グリセロール供給の問題

天然油脂のエステル交換には3モルのメタノールが必要である。メタノールは天然ガスかグリセロールのNi触媒による水蒸気改質により製造される水素と一酸化炭素から合成できるが，グリセロールを直接水素化分解することによっても得ることができる。Oxford大学はRu担持触媒を用いて100℃，20barの条件でメタノールが高収率で合成できることを発表した（図3）[2]。

グリセロールを水素化したメタノールをエステル化に利用すればグリセロールはメタノールを経由して循環利用されるためにグリセロールは供給されることはなくなる。

また，FAMEは含酸素化合物であるのでディーゼル油として品質上の問題があることが自動車会社から指摘されている。更に天然油脂中のオレフィンや硫黄化合物を除去するために，水素化脱硫処理をするとエステルは容易に水素化分解してしまいC_3はC_3H_8やCH_4に転化してしまう。フィンランドのNeste Oil社はFAMEではなくパーム油の完全水素化分解による17万トン／年のディーゼル油の生産を2007年フィンランドのPorvoo製油所で開始し，2009年2基目の同規模プラントを建設し，2010年にはロッテルダム，2011年にはシンガポールにそれぞれ80万トン／年規模の完全水素化プラントを建設中だと発表している[3]。いずれの場合もグリセロールは副生しないことになる。バイオディーゼル（FAME）からの副生グリセロールの大量供給は未だ不透明である。

(3) セルロースからグリセロールの合成

グリセロールはソルビトールから製造可能である。ソルビトールはグルコースの水素化により得られグルコースはセルロースの水素化，加水分解により得ることができるのでセルロースからグリセロールが得られることになる。

プロセスは未だ確立されていないが，ソルビトールからは例えばNi-Re／カーボン粉末を用い水素化分解すればグリセロールが得られる[4]。

第8章　グリーンバイオケミストリーにおける触媒利用技術

セルロース → グルコース → ソルビトール → グリセロール

図4　セルロースからグリセロールの合成ルート

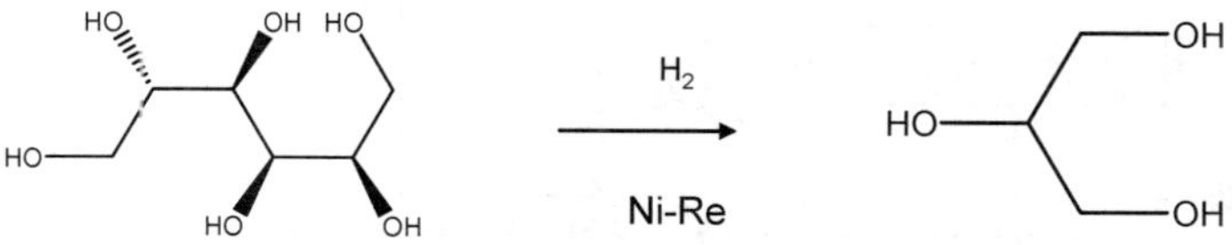

図5　ソルビトールの水素化分解によるグリセロールの合成

2.1.2　グルコース

グルコースはトウモロコシやサトウキビから酸又はグルコアミラーゼにより酵素分解して製造されている。ソルビットはNi又はRu触媒を用いグルコースを水素化することにより工業的に製造されている。また，グルコースは発酵法バイオエタノールの重要な原料となっている。

2.1.3　乳酸

乳酸は澱粉やグルコースから発酵法により容易に得ることができる。澱粉の場合は糖化後，乳酸菌により合成される。乳酸菌は嫌気性であるのでエタノール合成に用いられている酵母のように酸素を消費しない。Cargill-Dow社は既にトウモロコシからの澱粉を原料として発酵法による140,000ton/年のポリ乳酸プラントを稼働させている。

乳酸はグリセロールからNaOHにより 300℃，10MPa，90minで90％の収率で得ることもできる[5]。

2.2　PGとアクリル酸の合成ルート

セルロース又は澱粉，油脂を原料としたPG，1,3-プロパンジオール及びアリクル酸の合成ルートを図6に示す。PGに関してはグルコース，アクリル酸に関してはグリセロールが基本原料であることが分かる。

2.3　グリセロールからPG

グリセロールの脱水水素化によりPGを合成することができる。最初に脱水反応が生じヒドロキシアセトンが生成し水素化されてPGが生成する。脱水により3-ヒドロキシプロピレンアルデヒドが生成すると1,3-プロパンジオールが生成する（図7）。

米国のCargill社はグリセロールを原料とした65,000ton/年のPGプラントを2007年に稼動させている。更に米国のGTC Technology社は中国のLanzhou InstituteとGT-ProGプロセスと呼ばれるPG製造プロセスを開発しライセンシングを開始している。触媒は担持金属酸化物で反応条件は190℃，4～8MPa，Conv. 70％，Sel. ＞95％と言われている[6]。

Cu-ZnOx（Cu/Zn＝0.89）触媒では，270℃，100bar，触媒/グリセロール＝0.15，グリセロール：300g/L，2時間の反応条件で転化率96％，選択率PG：86％，EG：4％，PrOH：

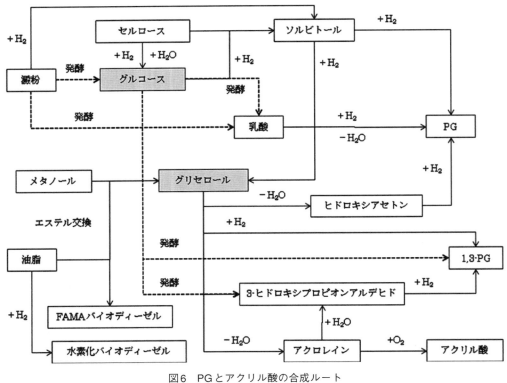

図6　PGとアクリル酸の合成ルート

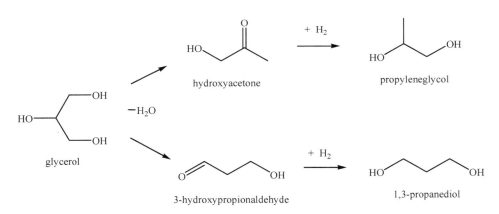

図7　グリセロールの脱水水素化によるPGの製造

3.5％が得られている[7]。Ni-Ru/カーボンを用いるとPG，EGがそれぞれ選択率76％と3％で得られると報告されている[8]。Michigan State UniversityのMillerはグリセロールからのPG合成ルートを図8に説明している[9]。

米国Missouri-Columbia大学のGalen J. Suppes教授はCu-CrOx触媒を用いた反応蒸留で

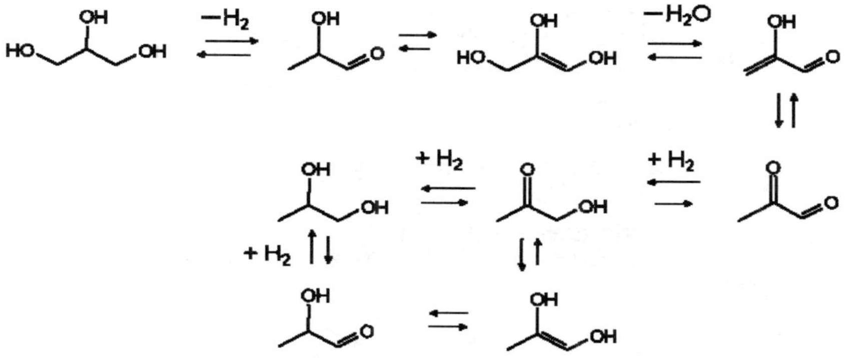

第8章 グリーンバイオケミストリーにおける触媒利用技術

図8 グリセロールからのPG合成ルート

220℃ 1.0MPaという低圧での合成法を発表し2006年米国グリーンケミストリー大統領賞のAcademic awardを受賞している。触媒の組成は40-60％CuO-40-50％Cr_2O_3である[10]。水素圧を低くすることによりヒドロキシアセトンの収率を上げ反応蒸留によりヒドロキシアセトンの収率を＞90％で得ている。更にヒドロキシアセトンを水素化することにより＞95％の収率でPGとすることができる。化石資源からのヒドロキシアセトンは約＄5/lbであるがSuppesの方法では約50セントで製造できると言われている。2万5千トン／年の最初のコマーシャルプラントが2006年に稼働している[11]。

Schusterは68％CoO-17％CuO-6％MnO_2-4％H_3PO_4，5％-MoO_3触媒により固定床で86.5％純度のグリセロールを用い反応条件は210～220℃，295barと厳しいが92％の収率でPGを得ている[12]。

三井化学は2008年8月グリセリンから収率95％でPGが得られる触媒を開発したとプレスリリースしている。触媒については開示されていない。

ナノスケールのAu粒子が活性があることが知られているが，Au/ZrO_2にPtを添加すると反応速度が2倍になり水素圧0.5MPa，150℃でほぼ定量的にPGが合成できたことが報告されている[13]。

2.4 グリセロールから1,3-PD

1,3-PDはDupont社が開発したSoronaと呼ばれるポリトリメチレンテレフタレート（PTT）の原料として用いられる。PTTはナイロンとポリエステルの両方の特性を兼ね備える夢の合成繊維と言われている。今のところグリセロールの選択水素化分解による1,3-PDは選択性が低く収率は低い。Dupont社は遺伝子組み換え技術によるグルコースを原料とした発酵法を工業化した。

2.4.1 グリセロールの水素化分解

産総研はグリセロールの水素化分解をPt/WO_3/ZrO_2触媒を用い水素圧8MPa，170℃の条件で，18hrs，溶媒に1,3-ジメチルイミダゾリンを用いて収率24.2％の1,3-PDを得ている。1,

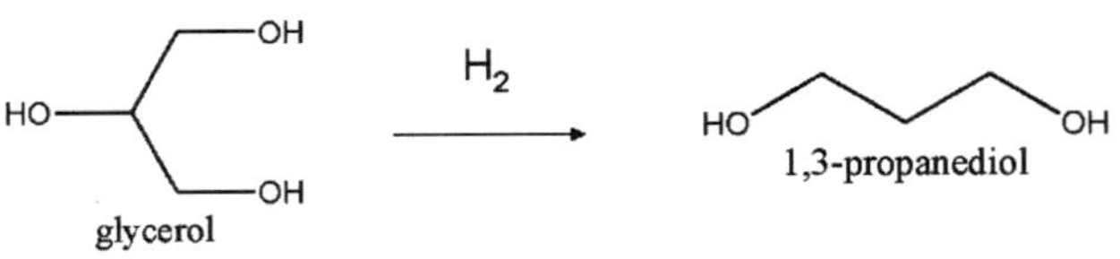

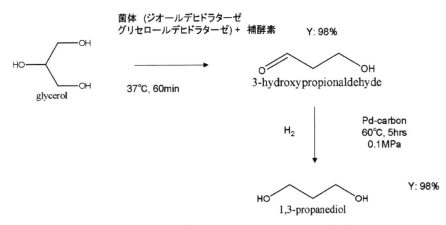

図9 グリセロールの水素化による1,3-PDの合成

図10 菌体触媒によるグリセロールからの1,3-PDの合成ルート

3-PDの他に1,2-PDが12.5％ n-プロパノールが6.7％得られている（図9）[14]。

2.4.2 菌体による3-ヒドロキシプロピオンアルデヒドを経由した1,3-PGの合成

菌体（ジオールデヒドロターゼグリセロールデヒドラターゼ）に補酵素を加えた系でグリセロールから98％の高収率で3-ヒドロキシプロピオンアルデヒドを得る技術が日本触媒から開示されている。反応条件は37℃，60分である。3-ヒドロキシプロピオンアルデヒドはPd/カーボンにより60℃，0.1MPa，5hrsという温和な条件で収率98％の1,3-プロパンジオールに水素化されている[15]（図10）。

2.4.3 グリセロールからの連続合成

発酵法によりグリセロールから1,3-PDを合成することはできるが，連続発酵プロセスは開発されていない。東レは多孔性分離膜を開発した。バイオ触媒には遺伝子組み換え技術により製造した微生物を使い多孔性分離膜を用いた連続プロセスを用いて微生物又は培養細胞の培養液を連続的にろ液から分離，1,3-PDを回収している。発酵原料は連続的に追加される。37℃，pH7.0の条件で連続的に25～31％の収率で1,3-PDを得ている[16]。

2.5 グルコースから1,3-PGの合成

Dupont Tate & Lyle Bio Products社は1億ドルの建設費をかけてトウモロコシ原料のグルコースから45,000 ton/年の1,3-PDの合成プラントを2006年11月稼働させ2007年米国化学会からHeroes of Chemistry賞を受賞している。Dupont社とGenencor社が共同開発した遺伝子組み

第8章 グリーンバイオケミストリーにおける触媒利用技術

換え技術を基にコーン澱粉をスタートにしたグルコースを原料として用いた発酵法である。遺伝子組み換え大腸菌（genetically modified Escherichia Coli）E-Coliがグルコースのグリセロールへの分解酵母と一緒に用いられている。澱粉は最初に混合培養物の中の酵母により分解されグルコースとされ，続いて混合培養物の中の活性ジオールデヒドロターゼ又は活性グリセロールデヒドロターゼ酵素が組み込まれたE-Coliにより1,3-PDに転換される。嫌気性雰囲気の反応で35℃, 24～48時間，pH 6.8の条件で35wt％以上の高い収率で1,3-PDが得られていると言われている（図11）[17]。

反応は下記ルートで進行する。

　　Glucose → Dihydroxyacetone phosphate → Glycerol 3-phosphate → 3-Hydroxypropanal → 1,3PD

発酵培地から1,3-PDはシクロヘキサンなどの有機溶媒により抽出される。

2.6 乳酸からPG
2.6.1 乳酸の水素化脱水

乳酸の水素化脱水によるPGは2.5％Ru2.5％Re/カーボン粉末により高収率で得ることができることがMullerにより開示されている。反応条件は150℃, 2500psi, 4hrsでConv.95.8％, Yield：92.3％である（図12）[18]。

2.7 ソルビトールからPG
2.7.1 ソルビトール

ソルビトールはグルコース又は澱粉の水素化により製造することができる。ソルビトールの水素化は懸濁床ではスポンジNi触媒やRu/カーボン粉末，固定床ではRu/カーボン粒により行わ

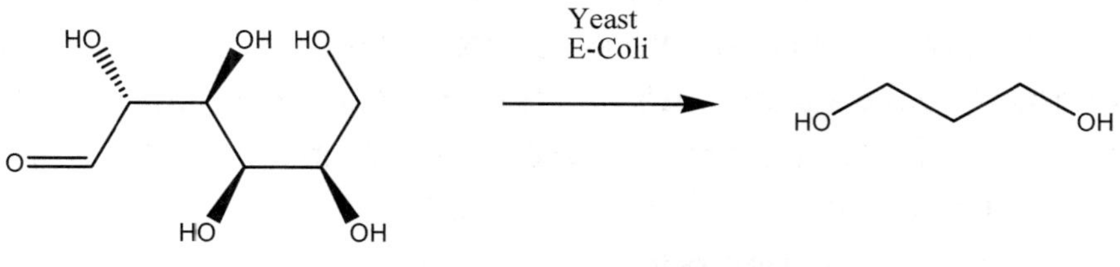

図11　グルコースから1,3-PDの合成

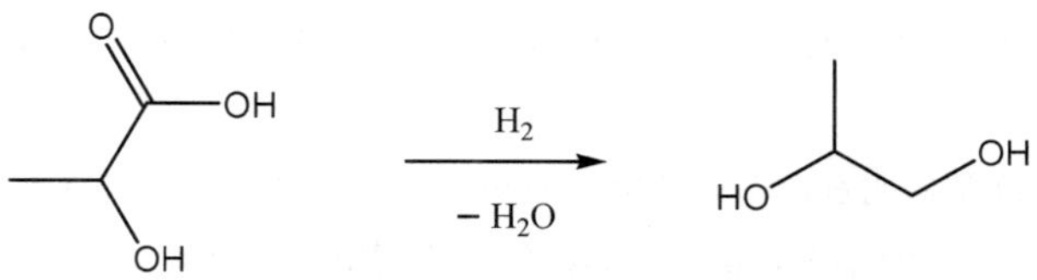

図12　乳酸の水素化脱水によるPGの合成

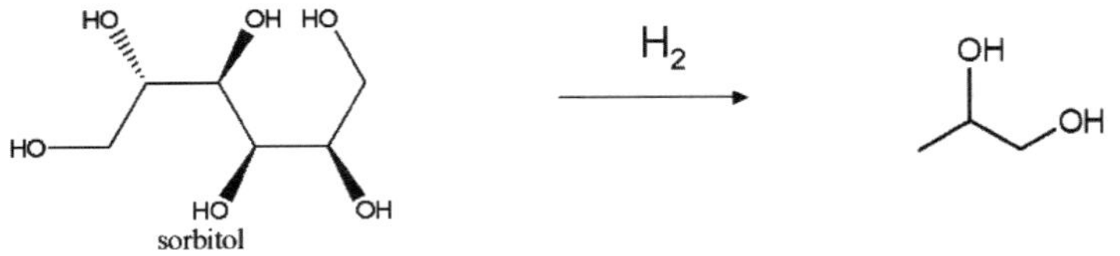

図13　ソルビトールからPGの合成

れている[19]。木質資源からバイオエタノールの製造が検討されているが，木質資源のセルロースは糖化されるとグルコースが生成される。

2.7.2　ソルビトールの水素化分解

PGはソルビトールの水素化分解により一段で合成することができる（図13）。Ni-Ru/カーボンを用いると水溶媒，200℃，1,200psigでPG，EGがそれぞれ選択率76％，3％で得られる。活性の序列は

Ni-Ru/Granular or Extruded Norit Carbon ＞ Ni-Ru/ZrO_2，Ni-Ru/TiO_2

と報告されている[20]。

International Polyol Chemicals社はソルビトールからプロピレングリコールの製造プロセスを開発し中国で実証プラントを建設した。10,000ton/年プラントが中国の長春で2004年から稼動している。2基目は200,000ton/年プラントで2007年には稼動したと思われる。触媒は担持Ni触媒で反応条件は100～300℃，7～30MPa，溶媒は水で未反応のソルビトールはリサイクルされ，生成物はプロピレングリコール，エチレングリコールとグリセロールである[21]。

2.8　アクリル酸の合成

2.8.1　プロピレンからのアクリル酸の合成

プロピレンの選択酸化によるアクリル酸の合成反応は大きな発熱反応であるので選択性を上げるために一段目でアクロレインへの酸化を行い，二段目でアクロレインのアクリル酸への酸化が行われている。一段目では例えばMo-Bi-Fe-Co(Ni)担持触媒を用いると300～350℃で95％前後の収率でアクロレインが得られる。二段目ではα-Al_2O_3やSiO_2-Al_2O_3，SiCなどを担体としたMo-VOxにより約300℃で75％以上の収率でアクリル酸が得られている。触媒寿命は2～3年と推定される（図14）。

2.8.2　グルコースからアクリル酸の合成

アクリル酸への酸化の中間体であるアクロレインはバイオマス原料であるグリセロールの脱水により合成できるため，グリセロールが新たなアクリル酸の原料として注目されている（図15）。

日本触媒は触媒の詳細は明らかにしていないが，グリセロールから酸塩基担持触媒を用いて80～90％のアクロレイン収率を目標に最適条件を探索中で，今年度中にベンチ試験を終了し，2009～2010年パイロット設備を姫路製造所に建設し，2012年には商業プラントをスタートす

第8章 グリーンバイオケミストリーにおける触媒利用技術

$$CH_2=CHCH_3 + O_2 \rightarrow CH_2=CHCHO + 81.4 \text{ kca/mol}$$
プロピレンの酸化によるアクロレイン

$$CH_2=CHCHO + 1/2\, O_2 \rightarrow CH_2=CHCOOH + 60.7 \text{ kcal/mol}$$
アクロレインの酸化によるアクリル酸

図14 プロピレンからのアクリル酸への酸化反応

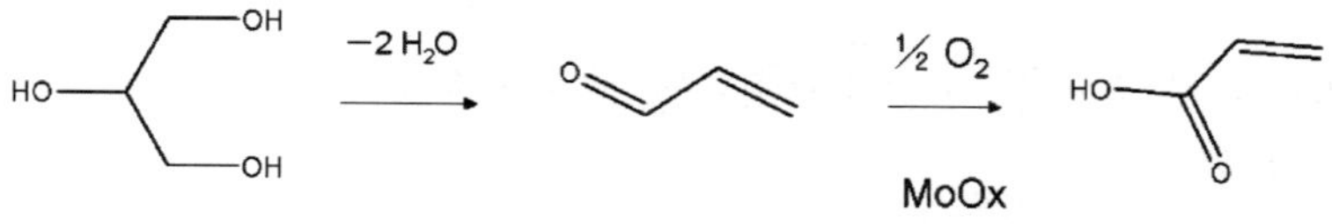

図15 グリセロールからアクリル酸の合成反応

ることを発表している。このプロジェクトは今年度NEDOのイノベーション実用化開発費助成対象として採択されている[22]。

2.8.3 バイオアクロレインの合成

(1) ヘテロポリ酸によるグリセロールからアクロレインの合成

中国の清華大学のDr. Songはグリセロールからアクロレインの合成にヘテロポリ酸担持触媒を気相で用いている。$H_2W_{12}PO_{40}/\alpha\text{-}Al_2O_3$は活性劣化が早いが650℃で焼成した $H_2W_{12}PO/ZrO_2$は転化率79％以上，アクロレインの選択率は70％で少なくても10時間は活性劣化していないことを報告している[23]。

一方，千葉大学の佐藤教授は$H_4SiW_{12}O_{40}/SiO_2$が転化率98.7％でアクロレインの選択率は72.3％であるが10nmのメソ孔を持つバイモダルSiO_2は転化率100％で選択率は87％と報告している[24]。

(2) ゼオライトによるグリセロールからアクロレインの合成

固体酸としてのMFIゼオライトがグリセロールの脱水触媒として有効である。日本触媒はH-MFIを用いると転化率100％，選択率72.3％でアクロレインが得られることを開示している。反応条件は360℃，SV：640hr^{-1}である[25]。カーボン質の付着により活性は劣化するが600℃，約1時間の酸化処理によるデコーキングにより再生可能である（表1）[26]。

(3) WO_3/ZrO_2によるグルコースからアクロレインへの脱水

独国アーヘン大学のDr. Hülderichはジルコニア担持固体酸（WO_3/ZrO_2）がグルコースからアクロレインへの脱水反応が安定して転化率99％，選択率70.5％で得られることを発表している。触媒寿命は不明である[27]。

(4) $H_3PO_4/\alpha\text{-}Al_2O_3$によるグルコースからアクロレインへの脱水

α-アルミナ担持燐酸は極めて安定して脱水反応を進行させている。20％グリセロールの水溶液をガス化し300℃で$H_3PO_4/\alpha\text{-}Al_2O_3$を通すとグリセロールの転化率100％，アクロレインの選択率70.5％，他に副生物として10％の1-ヒドロキシアセトンが生成するが，触媒は少なくと

表1　H-MFIによる再生結果[26]

	新触媒	再生前 （18時間使用後）	再生条件	
			360℃×18時間	600℃×約1時間
SV hr^{-1}	640	640	640	950
グリセロール転化率　%	100	83.4	99.6	98.6
アクロレイン収率　%	63.0	41.0	62.8	61.1

反応器加熱温度：360℃

も60時間は劣化していない[28]。1-ヒドロキシルアセトンは水素化すれば容易にプロピレングリコールとすることができる。

2.9　おわりに

バイオマスを原料としたプロピレングリコールの製造が既に始まっている。バイオディーゼルにFAMEが工業的に多量に使われるのか，使われたとしてグリセロールがどの程度副生するのか，FAME製造に必要なメタノールを合成ガスから製造するかグリセロールを水素化して製造するかでグリセロールの価格と供給は大きく変動してしまう。大量供給は困難になることも考えられる。一方，ソルビトールからのPGの製造が工業化されている。PGやアクリル酸原料として穀物澱粉以外の草本類などのセルロースからのグルコースを経由したソルビトールの製造技術の確立も急がれる。

バイオマス由来のPGとアクリル酸の工業化の時期は今後の原油価格とプロピレンの供給状況そしてグリセロールの市況の変化により決まると考えられる。

文　　献

1) 黒崎, 八木, 油脂化学入門, 産業図書（1995）
2) WO2009/130452
3) M. Honkanen, The Commemorative Int'l Symposium on the 50th Anniversary of JPI（2008）
4) USP6, 992, 209（2004）Oodd Werpy Battle memorial Institute
5) 岸田央範, 日立造船技法, Vol.67, No1（2007）
6) Zhongyi Ding GTC Technology biofuels Q4 2008 29
7) USP5, 214, 219 Bruno Casale *et al.*
8) Pacific Northwest National Laboratory, UOP
9) D. Miller, Michigan State University
10) WO 2007/053705 Suppes
11) http://wwwgscn.net/r&d/

12) USP 5, 616, 817 Ludwig Schuster *et al*.
13) M. Haruta, J. Suenaga, T. Iguchi, H. Okatsu, T. Ishida, T. Takei, TOCAT6/APCAT5, IL-D02（2010）
14) JP2008-143798A 産総研, 阪本薬品工業
15) JP 2005-102533A 日本触媒
16) JP2008-43329A 東レ
17) 特表平 10-507082 Dupnt
18) USP6, 841, 085 B2, Battelle Memorial Institute
19) 室井髙城, 工業貴金属触媒, JITE, 283（2003）
20) Pacific Northwest National Laboratory, UOP
21) http://www.agbob.com/polyol.htm
22) Chemical Engineering 10, 14（2009）
23) Song-Hai Chai, Yu Liang, Bo-Qing Xu, 14ICC presymposium Kyoto, OC307（2008）
24) 佃, 佐藤, 髙橋, 袖澤, 第98回触媒討論会, A, 93（2006）
25) JP2008-162908 日本触媒
26) JP2008-110298 日本触媒
27) W. H. Hülderich, A. Ulgen, S. Sabater, 14ICC pre-symposium, Kyoto, P2113（2008）
28) USP5387720（1995）

3　バイオマスを原料とするアクリル酸製造技術

高橋　典*

3.1　アクリル酸の市場と用途

　アクリル酸は，高吸水性樹脂，粘接着剤，塗料等の原料として用いられ，全世界で350万～400万t／年の生産量がある主要な基礎化学品の一つである。需要の伸びは3～4％／年と推定されており，今後も成長が期待されている。アクリル酸は重合させることにより各種用途に用いられるが，精製アクリル酸として用いられる場合と，アクリル酸エステルとして用いられる場合がある。精製アクリル酸の需要は全体の半分弱で，その主な用途は高吸水性樹脂である。残りはほぼアクリル酸エステルとしての利用であり，アクリル酸ブチルを主として繊維加工，粘・接着剤，塗料，合成樹脂，紙加工，アクリルゴムの原料として用いられている。

3.2　石油由来のアクリル酸製法および触媒

　アクリル酸の製法は，過去にはアセチレンを原料とするレッペ法，アクリロニトリルを原料としてアクリルアミドを経由する方法が実用化されたが，1990年代には閉鎖され，現在はプロピレンの2段酸化法が唯一の製法となっている。この方法は，プロピレンを1段目でアクロレインに酸化し，2段目でアクリル酸まで酸化する方法である。1段目のプロピレン酸化には，モリブデン，コバルト，ビスマスを主成分とした複合酸化物触媒が用いられ，2段目のアクロレイン酸化にはバナジウム，モリブデンを主成分とした多成分系触媒が用いられている。

3.3　石油資源から再生可能資源へ

　アクリル酸の原料であるプロピレンの価格は，原油価格の影響を大きく受ける。例えば，2008年の原油高騰時には，プロピレン価格は2004年の3倍近い価格まで上昇し，アクリル酸価格にも大きな影響を与えた。国際エネルギー機関（IEA：International Energy Agency）のWorld Energy Outlook 2009の参照シナリオでは，原油価格は名目で2015年までに102＄，2020年までに131＄，2030年までには190＄／バレルになると予測されており，プロピレン価格も2030年には現在の倍以上の200円台半ばになる可能性があると推測される。石油資源量自体も，従来型石油資源では需要が賄えず，天然ガス液やオイルサンド等の新規資源が必要と予測されている。以上のような価格上昇，資源枯渇の問題に加え，温暖化ガス排出削減に対する社会的要求も年々強くなっており，経済的問題だけではなく社会的責任を果たす意味でも，化石資源から再生可能資源への原料転換の必要性は高まっている。

3.4　バイオマスアクリル酸製造技術

　以上のような状況下，バイオマス資源を原料とする各種化学品製造の技術開発が始まってい

＊　Tsukasa Takahashi　㈱日本触媒　GSC触媒技術研究所　室長

第8章　グリーンバイオケミストリーにおける触媒利用技術

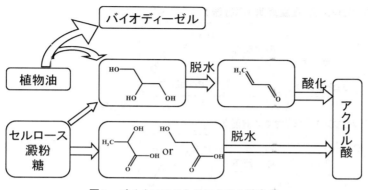

図1　バイオマスからのアクリル酸合成

る[1]。アクリル酸についてもいくつかの方法が検討されており，日本触媒，アルケマ，ストックハウゼン，昭和電工，三菱化学，カーギル，デグサ，バテル研究所等から特許が出願されている。

現在知られているバイオマスからのアクリル酸製造方法としては，図1に示したように，グリセリンからアクロレインを経由する経路と乳酸または3-ヒドロキシプロピオン酸を経由するルートがある。

①グリセリン経路：原料となるグリセリンは植物油を原料とするバイオディーゼルの副生物として大量に発生しており，クルードグリセリンと呼ばれる80％濃度のものは，燃料評価程度の価格で売買されることもあり汎用化学品の原料として利用可能な価格での入手が可能になってきている。バイオディーゼルはグリセリンの脂肪酸エステルである植物油とメタノールのエステル交換により得られるメチルエステルであり，触媒としては苛性ソーダ・カリ，メトキシド等のアルカリ触媒が使われてきたが，グリセリンに塩類等不純物が混入する問題があった。この課題に対しては，日本触媒や仏IFPからは固体酸化物触媒を用いて，バイオディーゼルと共に高純度のグリセリンも得られる固定床プロセスが発表されている。ローム・アンド・ハース社からもイオン交換樹脂を用いる方法が発表されており，新規な触媒／プロセスも開発されている。また，グリセリンは油脂だけではなく，糖類から発酵法で得ることも可能である。

グリセリンを原料とするアクリル酸の製造方法は，グリセリンを脱水してアクロレインを得る反応と，得られたアクロレインを酸化してアクリル酸とする反応からなっている。現行法もプロピレンを酸化してアクロレインを得る前段反応とアクロレインを酸化してアクリル酸を得る後段反応から成っており，アクロレイン酸化には現行法の後段反応の工程が適用出来る。製品側の工程が同じであることから，まったく異なる工程で製造する方法よりも，既存のアクリル酸との同等性を高め易い。

アクロレイン酸化の工程に現行法を適用できることから，主要な技術開発はグリセリンの脱水反応である。この反応自体は古くから知られており，1900年代の初頭に主にフランスで研究さ

バイオマスリファイナリー触媒技術の新展開

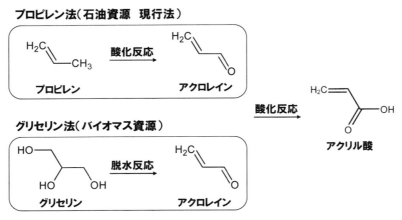

図2　グリセリンを原料とするアクリル酸合成経路

れたようであるが，日本でも1934年には既に報告がなされている[2]。この脱水反応は，液相でも気相でも進行し，液相法については，1910年に$KHSO_4$を触媒とした方法が記載されている[3]。特許としては，1951年にはH_3PO_4，HPO_3，$H_4P_2O_7$，P_2O_5を担体に含浸した触媒を高沸点溶媒中に分散し，250℃以上の高温に保持したところに，グリセリンを供給して脱水反応を行う方法が出願されている[4]。また，1994年にはデグサ社からはゼオライトやモルデナイトを用いた固定床反応の実施例が記載されている[5]。また，最近になって三菱化学より，カルボン酸共存下で，あるいはグリセリドを原料としてモンモリロナイト等の粘土鉱物を触媒に用いて脱水反応を行う方法が報告されている[6]。酵素を用いた方法も1914年には既に報告されている[7]。気相法については1918年にアルミナ，銅，酸化ウランを触媒に用いた報告があり[8]，1933年にはリン酸銅，リン酸リチウムを触媒に用いた特許が出願されている[9]。近年になっては，デグサ社よりハメットの酸度関数値が＋2以下の固体触媒という定義でアルミナ担体にリン酸を含浸した触媒を使用した例が報告されている[10]。また，アルケマ社からはハメットの酸度関数値が－9～－18の強酸性固体触媒を用いるという定義で，硫酸やタングステンを担持した触媒[11]や日本化薬との共願によるヘテロポリ酸やリン酸バナジウム触媒[12]が示されている。日本触媒からは，多数の触媒に関する特許が出願されておりP，Zr，Mnを担体に含浸した触媒[13]，Pとアルカリ金属を含有する触媒[14]，メタロシリケート触媒[15]，ヘテロポリ酸触媒[16]，リン酸の希土類金属塩結晶を含有する触媒[17]等が報告されている。近年発表された学術文献については表1にまとめた。

　以上のようにグリセリンを脱水してアクロレインを得る方法は，古くから知られている反応であったが，アクリル酸の製造方法としては報告が無く，2004年に日本触媒から最初の出願がなされ[18]，続いて2005年にアルケマ社より出願がなされており[19]，以後触媒及びプロセスに関する特許が両社より多数出願されている。

　直近の状況としては，アルケマ社はドイツのHTE社と共同で触媒の開発に成功し，2～4年以内にデモプラント建設すると2009年3月に発表[20]。日本触媒も触媒に目処をつけ，NEDOの助

第8章　グリーンバイオケミストリーにおける触媒利用技術

表1　グリセリン脱水反応

Ref. No	触媒系	収率	出典
G1	$H_3PMo_{12}O_{40}・xH_2O$ $H_4PVMo_{11}O_{40}・xH_2O$		Applied Catalysis A：General 391（2011）102-109
G2	$H_3PW_{12}O_{40}$ $FePO_4$	収率92.1	Catalysis Today, Volume 157, November 2010, 351-358
G3	Cs添加heteropolyacid (CsPW, CsSiW, Ru, Pd, Pt添加)	初期転化率100％，収率98％ 5h転化率41％，収率39％	Applied Catalysis A：General 378（2010）11-18
G4	$VOHPO_4$	収率64％	Applied Catalysis A：General 376（2010）25-32
G5	nanocrustalline HZSM-5	転化率100〜57％ 選択率60〜67％	Journal of Catalysis Volume 269, January 2010, 71-79
G6	H-MFI zeolite	-	Applied Catalysis A：General 360（2009）66-70
G7	WO_3/ZrO_2	収率70％	Catalysis Letter 131（2009）122-128
G8	アルミナ担持リン酸，チタニア担持リン酸，SAPO-11，SAPO-34	Al：転化率100％，選択率42％， Ti：転化率98％，選択率37％， S-11：転化率88％，選択率62％， S-34：転化率59％，選択率72％	Journal of Molecular Catalysis：A Chemical, Volume 309, August 2009, 71-78
G9	$H_3PW_{12}O_{40}/ZrO_2$	転化率76％ 選択率71％	Applied Catalysis A：General 353（2009）213-222
G10	希土類-ピロリン酸塩	転化率96.4％ 選択率82.7％	Catal Lett 127（2009），419-428 DOI 10.1007/s10562-008-9723-y
G11	Y-ZEOLITE/SI-AI，ZSM5（流動灰）	Comv：100 選択率：62.1	Journal of Catalysis 257（2008）163-171
G12	heteropolyacid/ (Si, Al, Si-Ai)	収率75％	Journal of Catalysis Volume 258, Issue 1, 15 August 2008, Pages 71-82
G13	$heteropolyacids/SiO_2$	収率84.7	Catal. Commun. 8（2007）1349-1353.
G14	solid acid-base catalysts	収率48％	Green Chem. 9（2007）1130-1136
G15	Al_2O_3，USY，ZSM_5，SiC	-	J. Catal. 247（2007）307-327
G16	H_2SO_4	転化率93％ 収率74mol％	Bioresource Technology 98（2007）1285-1290
G17	Nb_2O_5	9-10h 転化率88％ 選択率51％	Journal of Catalysis, Volume 250, Issue 2, 10 September 2007, Pages 342-349
G18	Zn-S（超臨界，亜臨界）	収率75％	Green Chem.（2006），8，214-220

成金事業として2010年度よりパイロットプラントを建設すると発表しており[21]，両社とも技術的には企業化を視野に入れられるレベルに達していると推測される。

　②3-ヒドロキシプロピオン酸ルート：原料となる3-ヒドロキシプロピオン酸（3HP）については，生化学的方法によって合成することが検討されている[22]。例えばカーギル社からはグルコ

ースを原料としてβ-アラニンを経由し，3HPを合成する方法が示されており，同社のホームページによれば，米国DOEの助成を受けてノボザイムス社との共同開発を行っているとの事である[23]。また，日本触媒／岡山大学からはグリセリンを原料とした，3HP製造方法が報告されている[24]。特許等を見る限り3-ヒドロキシプロピオン酸の生産のレベルは重量収率10％，発酵濃度2.7g／L，発酵速度0.12g／L／h程度であり[25]，乳酸発酵に比べてかなり低いレベルに留まっており，今後の開発が望まれる。

3HPを原料とした場合，1段の脱水反応でアクリル酸を得ることができる。最も古いと思われる学術文献は，過塩素酸存在化でのアクリル酸と3HPの平衡を検討したものであるが[26]，3HPの脱水に関する学術文献は，3HPの入手が困難であるためかあまり見当たらない。最も古い特許はUS2469701と思われ，硫酸や燐酸等の酸触媒を用い銅の共存下で反応を行う事が示されている。特許には，3HP塩の分解脱水を記載しているものも多く，3HPが発酵工程での中和により塩として得られることを想定していると思われる。例えばバテル研究所とカーギルから共願されているWO-2007106100には，ベータヒドロキシカルボン酸のアンモニウム塩の連続式脱水方法が記載されているが，実施例にはTi系の触媒を用い180℃程度で反応させて，転化率98.3％，選択率99.4％でアクリル酸が得られたとの記載がある。請求項では強酸から塩基までの固体酸からイオン交換樹脂，ガス等が上げられており，具体的に実施例で開示されている触媒はTi系，Si／Al系，水酸化ジルコニウムである。CIBA社出願のWO200595320には，高比表面積のアルミナ，シリカ，チタニアが触媒として有効との記述があり，250℃に保持したこれら触媒の充填層に3HPを通じることにより，98.2％の収率でアクリル酸を得ている。また同特許には不活性なセラミックパッキンをつめて300℃に加熱した充填層に3HPを通じる事により，収率83％でアクリル酸を得たとの記述もある。筆者もアクリル酸水溶液を無触媒，封管中で100～200℃で加熱することにより，目立った副生物も無く容易に3HPA-AA混合物を得た経験があり，本平衡反応はアクリル酸あるいは3HP自身が酸触媒として作用している可能性がある。本ルートについては，公知情報を見る限りは3HPの脱水反応は容易であり，主要な技術課題は3HP製造技術と思われる。次の乳酸経路でも述べるのと同じ理由で3HPの価格はプロピレンより相当安価であることが要求され，現在の乳酸発酵技術以上のレベルが要求されると思われる。

③乳酸経路：2-ヒドロキシプロピオン酸である乳酸はポリ乳酸の原料でもあり，すでに発酵法による生産技術が確立されている。化学法での合成もフルクトース等のレトロアルドール反応によって乳酸が得られることがわかってきており，Sn，Zr，Ti，をβゼオライトに担持した触媒が報告されており，スクロースを原料としてSn-βゼオライト触媒を用いた時，乳酸エステルが64％の収率で得られる例が示されている[27]。日本では，産総研が以前から糖類から化学法でヒドロキシカルボン酸を作る方法を検討しており，2004年には糖とアルコールを金属ハロゲン化物の存在化で反応させてヒドロキシカルボン酸エステルを製造する旨の特許が出願されており，実施例で乳酸エステルの生成を確認している[28]。また，最近では有機錫の塩化物が高い収率を与える旨の報告を行っている[29]。乳酸の脱水反応は3-ヒドロキシプロピオン酸の脱水に比べ

第8章　グリーンバイオケミストリーにおける触媒利用技術

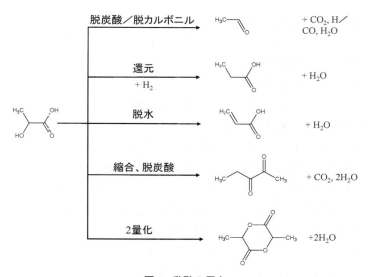

図3　乳酸の反応
(J.Miller et al., Ind. Eng. Chem. Res., **37**, 2360 (1998))

難度が高く，脱炭酸，縮合，2量化等の副反応が起こり，古い学術文献を見る限り，10％程度と極めて低い収率の報告しか見られない反応であった。副生成物はアセトアルデヒドと2，3-ペンタンジオンが特に多く発生し，触媒によってはこれらが主生成物である。しかしながら，2007年以降中国において文献ならびに特許出願が相次いでおり，学術文献に記載されている収率も60％を超える報告がされるようになっている[30, 31]。NaYやNaZSM5，及びこれらのアルカリを一部置換した触媒が多く報告されているが[32]，硫酸カルシウムにその他の硫酸塩，リン酸塩，アルカリ金属等を加えた触媒も報告されている。これらに述べられている触媒は，アルカリ，アルカリ土類金属を多量に含むものがほとんどであり，3-ヒドロキシプロピオン酸の脱水に有効な触媒とされているのが，概ね酸性触媒であったのとは，まったく異なっている。塩基の作用は不明であるが，この反応に必要不可欠な役割を担っていると思われる。触媒寿命については相当に改善の余地があり，寿命が改善できたとしている報告でも最初の10時間で選択率が初期の2/3程度まで低下している[33]。

　副反応を押さえて高収率を得る方法として，乳酸の水酸基をエステル化した後，脱カルボン酸を行う方法が報告されている。例えば乳酸メチルと酢酸から乳酸の水酸基をエステル化したメチル2-アセトキシプロピオン酸を合成した後，脱酢酸を行う方法が開示されており，90％以上の収率が示されている[34]。この方法の問題点としては，エステル化が平衡反応であるため効率が悪く，エステル化反応を容易にするために無水酢酸等の酸無水物を用いた場合は，酸無水物の再生が必要な事である。例えば酢酸からの無水酢酸の再生の場合はケテン化工程が必要になり，設備費の増大や再生ロス等の問題が生じる。酸無水物の再生を容易にするために無水フタル酸や無水マレイン酸を用いるとの報告もあるが，実施例にはエステル化工程が示されているのみであり，

脱カルボン酸工程については不明である[35]。

　乳酸から生化学的にアクリル酸を合成する方法についても研究がなされており，Clostridiumpropionicumおよび Megasphera elsdeniiにおいて，乳酸からアクリル酸が発酵生成されることが報告されている[36,37]。

　以上3つのルートについで述べたが，いずれも分子量減少の反応であるため，現行法であるプロピレンの酸化に比べて重量収率の面では不利である。例えば乳酸から100mol％収率でアクリル酸を得ても80wt％であり，プロピレンを原料として同様の計算を行えば171wt％となる。また，プロピレンの酸化と比較して発生熱量の点でも不利であることも加わり，これらのルートはプロピレンに比べて十分安価な原料が必要である。よって，脱水反応の改良と共に，ヒドロキシプロピオン酸等，原料価格の大幅な低減を可能とする技術の開発も望まれる。

　以上バイオマスからのアクリル酸合成に関する触媒技術について述べてきた。いずれも脱水反応がキーとなっているが，日本触媒ではバイオディーゼルの副生物を用いるグリセリンルートについてパイロットレベルでの開発を行っており，エチレンイミン，ビニルピロリドン等脱水を企業化した技術蓄積を生かして早期の実用化に取り組んでいる。

文　　献

1) NEDO平成16年度調査報告書「バイオリファイナリーの研究・技術動向調査」
2) 羽生龍郎, 柳橋寅男, 工業化学雑誌, **37**, 538（1934）
3) Senderens, J. B, *Compt. rend.*, **151**, 530（1910）
4) 米国特許2558520
5) 特開平6-211724
6) 特開2009-275039
7) Voisenet, H., *Compt.rend*. **58**, 195（1914）
8) Sabatier, Paul; Gaudion, Georges, *Compt. rend*. **166**, 1033（1918）
9) 米国特許1916743
10) 特開1994-211724
11) 特表2008-530151
12) WO2009127889, WO2009128555, WO2010047405
13) 特許第4041512号
14) 特許第4041513号
15) 特開2008-13795
16) 特開2008-088149
17) 特開2009-274982
18) 特開2005-213225
19) 特表2008-538781

20) アルケマ社ホームページ, プレスリリース, (2009/3/12)
21) 日本触媒ホームページ, ニュースリリース, (2009/10/26)
22) Metabolic Engineering, 6 (4), 245, 2004
23) カーギル社ホームページニュースリリース (2008/1/14)
24) 特開2007-82476
25) WO2008-027742
26) Pressman, D.; Lucas, H. J., *Journal of the American Chemical Society*, **64**, 1953-7 (1942)
27) Martin S. H., Shunmugavel S., Esben T., *Science*, **328**, 5978, 602-605 (2010)
28) 特開2004-359660
29) 第106回触媒討論会3D24 スズ触媒を用いた糖類からの触媒的乳酸合
30) Jinfeng Z., Jianping L., Peilin C., *Canadian Journal of Chemical Engineering*, **86** (6), 1047-1053 (2008)
31) Zhang JF, Lin JP, Xu XB, et al., *Chinese Journal of Chemical Engineering*, **16** (2), 263-269 (2008)
32) Wang H., Yu D., Sun P., Yan J., Wang Y., Huang H., *Catalysis Communications*, 9, 1799-1803 (2008)
33) Sun P., Yu D., Fu K., Gu M., Wang Y., Huang, H., Ying, H., *Catalysis Communications*, **10** (9), 1345-1349 (2009)
34) W. P. Ratchford, C. H. Fisher, *Ind. Eng. Chem.*, **37** (4), 382 (1945)
35) 米国特許6545175号
36) Gartner, D.H. *et al.*, *Appl. Biochem. Biotechnol.*, **70** (2), 887-894 (1998)
37) Sanseverino, J., *et al.*, *Appl. Microbiol. Biotechnol.*, **30**, 239-242 (1989)

4 グリセリンからのプロパンジオール製造のための触媒開発

冨重圭一[*1]，中川善直[*2]

4.1 緒言

バイオマスからの燃料と化学品製造を行うシステムをバイオマスリファイナリと呼び，様々な研究が進められている。現在石油を原料として製造している化学品を，バイオマス関連化合物から製造する技術に注目が集まっている。石油は酸素含有量が低い炭化水素系資源であるため，含酸素化学品の製造は，空気酸化等により酸素原子を付加して製造するケースが多い。一方で，バイオマス関連原料は酸素含有率が非常に高いため，バイオマスから製造する場合には，石油系原料から製造する場合と逆で，還元などによって脱酸素する反応により合成することになる。

グリセリンはバイオマスリファイナリのプラットフォーム分子のひとつであると位置づけられている。これは，油脂やバイオディーゼルに関連していることによっている。特にバイオディーゼルは，脂肪酸のトリグリセリドである植物油等を原料として，塩基を触媒としたメタノールとのエステル交換反応により製造される。このバイオディーゼル生産プロセスにおいては，バイオディーゼルに対して重量比で約10％のグリセリンが副生する。この副生グリセリンは現在十分な利用法が確立されておらず，廃棄物として処理されることも多い。そのため，グリセリンを付加価値の高い物質へと変換する方法に関する研究が盛んに行われている。グリセリン変換については，様々なターゲット化合物が検討されているが，ここでは，1,2-及び1,3-プロパンジオールへの変換について述べる。1,2-及び1,3-プロパンジオールは，グリセリンの水素化分解反応により合成され，水素化分解反応とは，C-O結合切断し，切れた個所に水素を付加する反応である。グリセリンの水素化分解反応スキームを図1に示す。グリセリン分子中には，2種類のC-O結合が存在するため，外側のC-O結合が切断されれば，1,2-プロパンジオールを与え，内側のC-O結合が切断されれば，1,3-プロパンジオールを与える。一方で副反応としては，C-C結

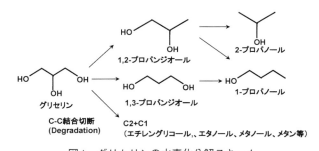

図1 グリセリンの水素化分解スキーム

[*1] Keiichi Tomishige 東北大学 大学院工学研究科 応用化学専攻 教授／(独)科学技術振興機構

[*2] Yoshinao Nakagawa 東北大学 大学院工学研究科 応用化学専攻 助教

第8章　グリーンバイオケミストリーにおける触媒利用技術

合切断が進行し，C2やC1の化合物が副生する可能性があり，この反応をdegradationと呼ぶ。生成物である1,2-及び1,3-プロパンジオールも逐次水素化分解を受け，1-及び2-プロパノールが生成する。これらを踏まえると，プロパンジオールを高収率で得るためには，グリセリンの水素化分解の選択率が高いと同時に，逐次水素化分解活性が低いことが必要とされる。

4.2　グリセリンの水素化分解触媒の開発
4.2.1　修飾Rh触媒

グリセリンの水素化分解触媒については，多くの報告があり，Cu，Ni，Ru，Pt，Rh等多くの単独金属触媒は主生成物として，1,2-プロパンジオールを与える[1〜5]。特にCu触媒は，高収率で1,2-プロパンジオールを与えるということが報告されている。一方で，1,3-プロパンジオールは1,2-プロパンジオールより付加価値が高いにも関わらず，水素化分解反応においては1,3-プロパンジオールを選択的に与える触媒はほとんど知られていないため，触媒開発や触媒設計指針は極めて重要である。Rh/SiO_2触媒は，以前からよく知られていたRu/C触媒を超える活性を示すことが報告された[5]。さらにRu/Cは1,3-プロパンジオールの逐次水素化分解の活性が極めて高いのに対して，Rh/SiO_2は1,3-プロパンジオールの逐次水素化分解活性が低いという特徴を持つことが分かった。そこで，Rh/SiO_2を様々な金属種で表面修飾した効果を検討した[6,7]。図2にグリセリンの水素化分解反応結果を示す。1,3-プロパンジオール生成に対して，W，Mo，Reが顕著な促進効果を示すことを見出した。これは，それぞれの添加量については最

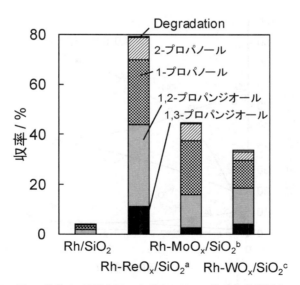

図2　修飾Rh触媒を用いたグリセリンの水素化分解反応
反応条件：20％グリセリン水溶液20ml，水素圧8.0MPa，反応時間5h，触媒重量150mg，
^{a}Re/Rh＝1/2，^{b}Mo/Rh＝1/16，^{c}W/Rh＝1/8，反応温度393K。
Degradation(分解生成物)＝(ethylene glycol＋ethanol＋methanol＋methane)

適化したものを示している。WはこれまでもRhやPtとの組み合わせで促進効果が報告されているものの，MoやReは新たに見出されたものといえる。重要なこととして，Re，W，MoのみをSiO$_2$に担持した触媒は水素化分解活性を全く示さないことを踏まえると，高活性はRhとRe，Mo，Wとのシナジー効果によると解釈できる。Re種で修飾したRh触媒の構造解析の結果から，3nm程度のRh金属微粒子の表面上に＋2～＋3価程度まで還元されたReO$_x$種の酸化物クラスターが形成していることが示唆されている。RhとReは直接相互作用しており，境界面が活性点として機能している可能性が高い。Re表面修飾による活性向上の効果は際立っている一方で，1,3-プロパンジオール生成の選択率は未だ改善の余地があり，触媒開発が重要になっている。

4.2.2 Re修飾Ir触媒（Ir-ReO$_x$/SiO$_2$）[8]

上に述べた知見をヒントに触媒探索した結果として，Ir-ReO$_x$/SiO$_2$触媒がグリセリンの水素化分解反応に極めて有効であることを見出した。Ir-ReO$_x$/SiO$_2$（Re/Ir＝1）触媒は逐次含浸法により調製し，乾燥後773Kで3時間空気焼成を行った。Ir，Reの前駆体はそれぞれH$_2$IrCl$_6$，NH$_4$ReO$_4$水溶液を，担体はSiO$_2$（535m^2/g）を用いた。Irの担持量は4wt％でReの担持量はRe/Ir＝1とした。グリセリンの水素化分解反応は回分式反応装置を用いて行った。反応は温度393K，水素圧8.0MPaを標準条件として行った。前処理として水素圧8MPa，473K，1h還元処理を行った。

図3に反応時間依存性を示す。反応初期において，1,3-プロパンジオール生成の選択率は，60-70％程度と極めて高いことが見て取れる。この結果は，グリセリン中の2種類のC-O結合

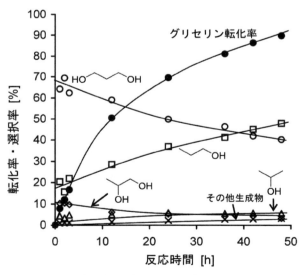

図3　Ir-ReO$_x$/SiO$_2$（Re/Ir＝1）を用いたグリセリン水素化分解反応：
反応時間依存性
反応条件：触媒（150 mg，31μmol Ir），グリセリン（4g），水（1g），硫酸（H$^+$/Ir＝1），水素（8MPa），反応温度393K。

第8章　グリーンバイオケミストリーにおける触媒利用技術

のうち，内側にあるC-O結合を極めて高い確率で切断していることを意味する。選択率は，1,3-プロパンジオールの1-プロパノールへの逐次的な水素化分解反応が進行するため，転化率が高くなるにつれて減少するが，反応時間を長くして高転化率条件に持っていった場合でも比較的高い選択率が維持された。反応時間36 hで1,3-プロパンジオール収率は38％を与え，これは，従来の報告と比較して，飛躍的に高いものであると言える。また，反応後の溶液についてICP分析を行ったところ，本反応条件では，IrとReの溶出はほとんどないことを確認している。触媒寿命を検討するために，反応後の触媒を分離し，繰り返し使用した場合でも5回程度ではほとんど活性低下は見られないことも確認している。

表1に基質となるアルコールの種類を変化させた結果を示す。また，活性序列をまとめたものを図4に示す。高い反応性を示す基質は，グリセリン及び1,2-プロパンジオールであることから，2つのOH基が隣接していることが重要であると考えられる。一方，2,3-ブタンジオールの反応性は高くないことを踏まえると，1級の炭素に結合したOH基の存在が高い反応性に不可欠であると考えられる。同時に表1に示されているように，グリセリンや1,2-プロパンジオールの水素化分解反応では，2級炭素に結合したOH基の水素化分解選択率が高いことが特徴としてあげられる。これらの結果は，Ir-ReO$_x$/SiO$_2$触媒では，一級であるCH$_2$OH基に隣接する炭素

表1　Ir-ReO$_x$/SiO$_2$（Re/Ir＝1）を用いた様々なアルコールの水素化分解

アルコール（mmol）	生成物（収率（％））	水素化分解選択率（％）	
		1級炭素-O	2級炭素-O
グリセリン（43）	1,3-プロパンジオール（31），1,2-プロパンジオール（6），1-プロパノール（21），2-プロパノール（5）	19	51
1,2-プロパンジオール（53）	1-プロパノール（61），2-プロパノール（7），プロパン（4）	11	64
1,3-プロパンジオール（53）	1-プロパノール（23）	11	-
2,3-ブタンジオール（44）	2-ブタノール（15），n-ブタン（4）	-	11
1-プロパノール（67）	プロパン（16）	15	-
2-プロパノール（67）	プロパン（22）	-	21

反応条件：Catalyst（150mg, Ir 4wt％），alcohol（4g），water（16g），H$_2$（8MPa），sulfuric acid（H$^+$/Ir＝1），393K, 24h。

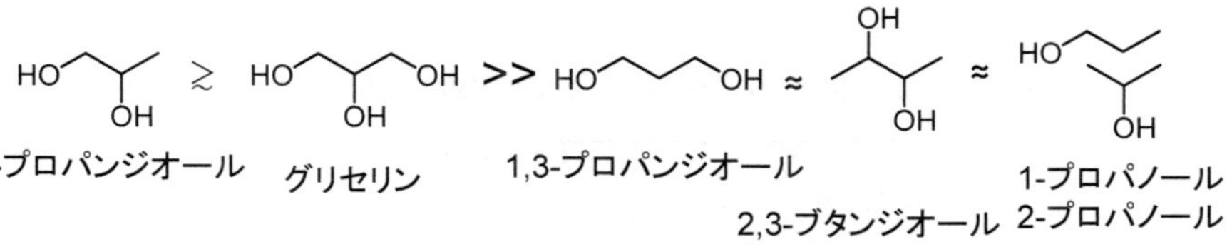

図4　Ir-ReO$_x$/SiO$_2$（Re/Ir＝1）上のアルコールの水素化分解活性序列

に結合したOH基を水素化分解する能力が高いことが示唆される。

　この特徴的なIr-ReO$_x$/SiO$_2$触媒の挙動を解釈する上で触媒構造の理解が不可欠である。還元処理後及び反応後の触媒についてXRDパターンを測定し，そのピークの半値幅から求めたIr金属微粒子の粒子径は，2.3nm程度であった。また，TEMで観測された粒子径は，2nm程度であり，XRDの結果とよく一致するものとなった。一方で，粒子径から算出される分散度と比較してCO吸着量が少なく，金属微粒子の表面がRe種で覆われていることが示唆される。Re種の酸化状態については，L_3-edge XANESから+3価程度の価数をとっていることが分かった。Ir及びReのL_3-edge EXAFSスペクトルのカーブフィッティング解析の結果を表2に示す。Ir-Ir結合の配位数は，9.3であり，バルクの配位数が12であることを踏まえると高分散な状態であると解釈でき，TEMやXRDの粒子径とよく一致する。一方，Re周りについては，Re-O結合が観測され，Reが酸化状態をとっているというXANESの結果と対応する。Re-Re or Ir結合については，ReとIrの原子番号が極めて近く，散乱原子としてReとIrを区別できないため，このように記述している。この配位数の解釈には，Reを含んだ様々な触媒の解析結果を踏まえる必要がある。Pt-ReO$_x$/SiO$_2$ (Re/Pt=0.5)触媒では，PtとReは散乱原子をかろうじて区別でき，Re-Pt結合とRe-Re結合の配位数は，それぞれ3.4と4.3であった[9, 10]。一方，Re担持量が少ないPt-ReO$_x$/SiO$_2$ (Re/Pt=0.2)では，Re-Pt結合とRe-Re結合の配位数はそれぞれ3.8と2.9であった。この結果は，Reの担持量を増やした場合には，Re-Ptの配位数はそれほど変化しないのに対して，Re-Reの配位数が顕著に増加したが，これは，Pt金属微粒子表面，例えばエネルギー的に安定は（111）面のthree-fold hollowサイトにReが吸着し，担持量が増加するごとに2次元的にアイランドが成長していくと解釈できる。また，Rh-ReO$_x$/SiO$_2$ (Re/Rh=0.5)触媒では，RhとReは散乱原子としてはっきりと区別できるため，Re-Rh結合とRe-Re結合の配位数を決定することができ，それぞれ3.6と2.8であることを報告しているが，ここでもRh金属微粒子表面上にRe酸化物の2次元的なクラスター構造をとっていると考えられる[11, 12]。これに対して，Ir-ReO$_x$/SiO$_2$ (Re/Ir=1)では，他の触媒でのRe-PtとRe-Reの配位数の和（3.4+4.3，3.8+2.9），Re-RhとRe-Reの配位数の和（3.6+2.8）と比較してRe-Re or Irの配位数が5.5と小さいことが特徴といえる。金属微粒子との相互作用であるRe-Irは他の触媒系と同様に3程度と考えると，Re-Reの寄与は，2.5程度ということになる。また，Reの添加量が他の触媒系と比較して多いこと，ReO$_x$にはCO分子は吸着せず，CO吸着量から覆われている割合を考え合わせると，Re種は正四面体型構造のような3次元的な構造をとっていることが示唆されている。

表2　還元処理後のIr-ReO$_x$ (Re/Ir=1)/SiO$_2$のEXAFSカーブフィッティング結果

吸収端	結合	配位数	結合距離 [nm]
Ir L_3	Ir-Ir	9.3	0.268
Re L_3	Re-O	1.2	0.203
	Re-Ir(or-Re)	5.5	0.269

第8章　グリーンバイオケミストリーにおける触媒利用技術

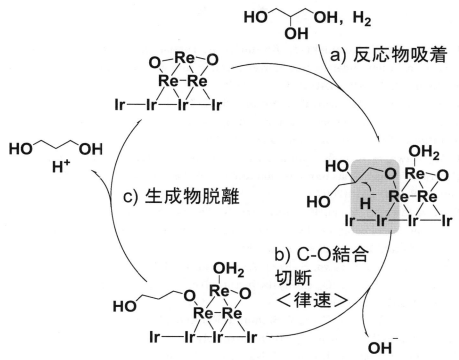

図5　Ir-ReO$_x$/SiO$_2$（Re/Ir＝1）上のグリセリン水素化分解による
1,3-プロパンジオール生成メカニズム

　Ir-ReO$_x$/SiO$_2$触媒ではIr/SiO$_2$及びReO$_x$/SiO$_2$触媒の活性は，百分の一程度と極めて低いことから，Ir金属表面とReO$_x$の界面が活性点となっていることが推測される。図5に推定される反応機構を示す。ReO$_x$3次元クラスターは，グリセリンを吸着し，1-グリセリドを形成する役割を持ち，Ir金属表面は，水素分子を活性化して活性な水素種を生成し，それが-CH$_2$OH基に隣接する炭素原子を攻撃することで水素化分解反応が進行すると考えている。

4.3　まとめ

　グリセリンのような類似した官能基を複数個含む基質において，特徴的な選択性を持った触媒を開発することは容易ではない。しかし，バイオマスに関連する化合物の多くは，より複雑な構造を持っているものも多い。そのため，複数個あるうちの一つだけを反応させるためには触媒が基質のその部位を認識する必要がある。一般的にはこのような高度な選択性は酵素などの生体触媒では可能であるが，固体触媒の得意としてきた分野ではない。しかし，バイオマスから様々な基礎化学品を比較的大量に製造するという観点に立つと，生成物と触媒の分離が容易であり，触媒再利用にも適した固体触媒の役割は大きくなると期待される。

文　献

1) T. Miyazawa, Y. Kusunoki, K. Kunimori, K. Tomishige, "Glycerol conversion in the aqueous solution under hydrogen over Ru/C＋an ion-exchange resin and its reaction mechanism", *J. Catal.*, **240**, 213-221 (2006)
2) Y. Kusunoki, T. Miyazawa, K. Kunimori, K. Tomishige, "Highly active metal-acid bifunctional catalyst system for hydrogenolysis of glycerol under mild reaction conditions", *Catal. Commun.*, **6**, 645-649 (2005)
3) T. Miyazawa, S. Koso, K. Kunimori, K. Tomishige, "Catalyst development of Ru/C for glycerol hydrogenolysis in the combination with the ion exchange resin", *Appl. Catal. A: Gen.*, **318**, 244-251 (2007)
4) T. Miyazawa, S. Koso, K. Kunimori, K. Tomishige, "Glycerol hydrogenolysis to propylene glycol catalyzed by a heat-resistant ion-exchange resin combined with Ru/C, *Appl. Catal. A: Gen.*, **329**, 30-35 (2007)
5) I. Furikado, T. Miyazawa, S. Koso, A. Shimao, K. Kunimori, K. Tomishige, "Catalytic performance of Rh/SiO$_2$ catalysts in the glycerol reaction under hydrogen", *Green Chem.*, **9**, 582-588 (2007)
6) A. Shimao, S. Koso, N. Ueda, Y. Shinmi, I. Furikado, K. Tomishige, "Promoting effect of Re addition to Rh/SiO$_2$ on glycerol hydrogenolysis", *Chem. Lett.*, **38**, 540-541 (2009)
7) Y. Shinmi, S. Koso, T. Kubota, Y. Nakagawa, K. Tomishige, "Modification of Rh/SiO$_2$ catalyst for the hydrogenolysis of glycerol in water", *Appl. Catal. B: Environ.*, **94**, 318-326 (2010)
8) Y. Nakagawa, Y. Shinmi, S. Koso, K. Tomishige, "Direct Hydrogenolysis of Glycerol into 1,3-Propanediol over Rhenium-modified Supported Iridium catalyst", *J. Catal.*, **272**, 191-194 (2010)
9) Y. Ishida, T. Ebashi, S. Ito, T. Kubota, K. Kunimori, K. Tomishige, "Preferential CO oxidation in a H$_2$-rich stream promoted by ReO$_x$ species attached on Pt metal particles", *Chem. Commun.*, 5308-5310 (2009)
10) T. Ebashi, Y. Ishida, Y. Nakagawa, S. Ito, T. Kubota, K. Tomishige, "Preferential CO oxidation in H$_2$-rich stream on Pt-ReO$_x$/SiO$_2$: catalyst structure and reaction mechanism", *J. Phys. Chem. C*, **114**, 6518-6526 (2010)
11) S. Koso, I. Furikado, A. Shimao, T. Miyazawa, K. Kunimori, K. Tomishige, "Chemoselective hydrogenolysis of tetrahydrofurfuryl alcohol to 1,5-pentanediol" *Chem. Commun.*, 2035-2037 (2009)
12) Y. Amada, S. Koso, Y. Nakagawa, K. Tomishige, "Hydrogenolysis of 1,2-propanediol for the production of biopropanols from glycerol", *ChemSusChem*, **3**, 728-736 (2010)

第9章　バイオ燃料の精製・分離技術と課題

1　バイオアルコール等の濃縮・脱水技術

京谷智裕[*1]，倉田恒彦[*2]，中根　堯[*3]

1.1　発酵によるバイオアルコールの意義

　エタノール発酵は人類史上最も古くからある化学プロセスで，飲用エタノールや工業用エタノールなどの製造技術はほぼ成熟した技術である。しかし，この10年生産量が世界的に大きく延びている燃料用バイオエタノールの製造技術は，燃料であるためコストに直結する生産効率と経済性が何よりも重視され，セルロース由来バイオエタノールの製造技術にみられるように，まだまだ発展途上にある技術と言うことができる。このため，現在新しい視点の要素技術開発や既往技術の改良・改善等が国内外で精力的に進められている。

　また，有限の石油資源に依存する社会的・経済的リスクと地球温暖化問題への対策，再生可能な視点に立つ新しい技術体系確立の必要性などから，最近では発酵ブタノール等エタノール以外のバイオマス由来アルコールや，バイオエチレン・バイオプロピレン等のバイオマス由来基礎化学品の意義などが改めて認識され，その製造技術の開発等が国内外で進められ始めている。

　中でも発酵により比較的容易に製造できるバイオエタノールは，従来からの食品用途・工業用途・燃料用途のみならず，バイオエチレンやバイオプロピレン等の原料としても有用であるため，その工業的意義は今後増々高くなると考えられ，これが非食用原料に依存するセルロース由来バイオエタノールの製造技術開発を欧米・日本等の各国政府が強力に推進している理由である。

　なお，セルロースの経済的糖化技術が確立されれば，それは単にアルコール原料に留まらず，アルコール以外のバイオマス由来の各種化学品や飼料用蛋白など各種発酵原料確保への途が拓かれることを意味する。

　バイオエタノールに関しては，2009年の世界生産量は約7280万kLで，米農務省によれば2017年にはそれが約9,400万kL程度まで増加すると推定されている。我が国では，2020年までに国内のガソリン消費量の3％相当量（バイオエタノール換算）のバイエタノール（バイオエタノール由来ETBEも含む）の導入を目指すと2010年6月に閣議決定されている。したがって，2005年のガソリン消費量は約6,100万kLであったがその後は減少し続けており，2020年におけるガソリン消費量はその約2/3の4,200万kLまで減少すると推定されているため，バイオエタ

[*1]　Tomohiro Kyotani　三菱化学㈱　イオン交換樹脂事業部　分離膜プロジェクト　TL
[*2]　Tsunehiko Kurata　三菱化学㈱　イオン交換樹脂事業部　分離膜プロジェクト　PL
[*3]　Takashi　Nakane　三菱化学㈱　イオン交換樹脂事業部　分離膜プロジェクト　AD

ノール換算で約124万kLのバイオ燃料が導入される予定となる。そのバイオエタノールは，地産地消を原則とした国産バイオエタノールをベースとするものの，その不足分が輸入されることになっており，実際はかなり大量のバイオエタノールが輸入されることになると考えられている。しかしながら，輸出余力があるのはブラジルのみであり，その調達にある程度不安があるのも事実であるため，できるだけ多くの国産バイオエタノールが安価に製造されることが強く期待されている。

このような最近の社会的・経済的動向を背景に，本稿では，バイオアルコールに関する上記技術分野における具体的な技術課題や，この分野へのゼオライト膜適用の意義・効果及び技術的可能性等についてその概況を紹介する。

1.2 バイオエタノールの製造プロセスとその技術課題

発酵法によるバイオエタノール製造の基本プロセスを，図1に示す。先ず，発酵槽でグルコース，シュークロースなどの糖質を対象に酵母を用いて発酵させて5～8wt％程度エタノールを含む"もろみ液"を作製し，この低濃度エタノール液を蒸留法で90wt％以上に濃縮・精製して"含水エタノール"とする。そしてこの含水エタノールをさらに共沸蒸留法等で95.6wt％の共沸点を越える99.5Vol％（約99.3wt％）以上まで脱水濃縮して"無水エタノール"としている。

しかし，原料が砂糖黍である場合は，その搾汁液や砂糖製造時の副産物である糖蜜を直接発酵原料とすることができるが，原料がトウモロコシや小麦，芋など穀類の場合は，そのデンプン質をアミラーゼなどの酵素を用いて糖化してから発酵させる必要があり，発酵プロセスの前段で糖化等の前処理が必要である。また，最近世界的に開発が進められている非食用の草本類あるいは木材等のセルロース質を原料とする場合は，先ずこれらの原料を粉砕して微細化したセルロースを得る物理的な前処理プロセスと，この微細化セルロースを糖化する化学的な前処理プロセスが必要である。セルロース質由来バイオエタノールの製造においては，このセルロース糖化プロセスがその効率と経済性を極めて大きく左右するため特に重要で，硫酸など鉱酸でセルロース質を

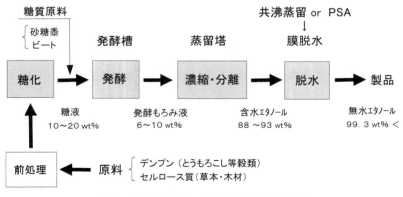

図1　バイオエタノール製造の基本プロセス

第9章　バイオ燃料の精製・分離技術と課題

分解・糖化する方法や，セルロース質を比較的低濃度の酸で分解後セルラーゼ等の酵素を用いて糖化する方法，セルロース質を高温の熱水（亜臨界水）中で分解・糖化する方法など各種プロセスが検討されている。中でもセルラーゼを用いる酵素法が現在主流とされているが，糖化効率の高い安価なセルラーゼの開発がその鍵となっている。

しかし，何れの糖化プロセスを用いても，現状では得られる糖質濃度が高々10wt％前後であり，実際にはまだ6～8wt％程度であることも多く，発酵エタノール濃度は基本的に糖質濃度の約50％（他は炭酸ガスとなる）であるので，エタノールの生産性を上げると共に分離濃縮の所要エネルギーも低減させてその経済性を向上させるためには，さらに糖質濃度を上げることが必須の技術課題となっている。

発酵プロセスでは，使用酵母の種類とその回収方法，発酵温度等が重要な技術要素となっている。風味が重視される酒類の製造においては，通常低温で長時間を掛けた慎重な発酵操作が行われるが，燃料用エタノールの製造においては経済性が最優先されるため，使用酵母はエタノール生産性と共に適用温度域等が重視されて選択されている。エタノール発酵では発酵熱の除去が必要不可欠であるため，燃料用エタノールの製造においては特に適用温度域が重要で，その冷却に通常の冷却水が使用できるかチラー水が必要であるかがその経済性を大きく左右する。また，酵母使用量の節約のため，欧米やブラジル等においては通常遠心分離で回収した酵母を何回か繰り返し使用しているが，凝集性酵母を使用すると，その回収・再利用操作が極めて簡便となる。

因みに，後述の1.4項で紹介する環境省の宮古島PJにおいては，塩濃度が高い宮古島産糖蜜に対応して耐塩性とエタノール生産性が高く，且つ37℃以上でも使用できる高機能な凝集性酵母を探索・開発し，先進的な発酵操作を実施している。

なお，セルロース由来バイオエタノールの発酵では，上記糖化プロセスで得られた糖液中には，通常の酵母が発酵できるグルコースなどの6単糖だけではなく，ヘミセルロース由来のキシロースなど5単糖もかなり存在するため，エタノール回収効率を高める観点から，この5単糖を資化する酵母・菌類等の開発も大きな課題となっている。

発酵法によるエタノール製造においては，図1に示すように，発酵槽で作製されるもろみ液中のエタノール濃度は高々10wt％程度であることが多く，これを無水エタノールまで濃縮脱水する分離プロセスが極めて重要で，その所要熱量はエタノール燃焼熱の半分近くまでなることもあり，その省エネルギー化が工業的にもLCA的にも重要な技術課題となっている。特に，発酵エタノールの濃度は，その後の蒸留による濃縮の所要エネルギーに直接大きく影響するため，経済性の視点からは，もろみ液のエタノール濃度はできるだけ高いことが望ましい。

"含水エタノール"を得る後段の蒸留プロセスは，利用目的が工業用エタノールの場合は，不純物を除去するために数本の蒸留塔を用いる精留が行われるが，可燃性有機化合物の存在がある程度許容される燃料用エタノールの場合は，分離・精製は無機物質や有機酸・メタノール等の除去など必要最小限でよいため，実際にはかなり簡便な蒸留操作が適用されてその所要エネルギーの低減化が図られている。

なお，既述のように，もろみ発酵槽で製造されるもろみ液のエタノール濃度は高々10wt％程度であるため，その濃縮・分離プロセスからはエタノール生産量の10倍以上の蒸留廃液等が発生し，各種洗浄水など他プロセスで発生する廃水を考慮すると，実際にはエタノール生産量の15倍以上の廃水が発生し，その処理が大きな技術課題となっている。また，蒸留廃液等から回収された有価物の再利用も大きな技術課題である。因みに，トウモロコシを原料とする米国におけるバイオエタノール工場では，蒸留廃液から回収されたトウモロコシに含まれるタンパク質を主成分とする副産物（DGGS）が家畜飼料として販売されており，その販売額はエタノール販売額に匹敵すると言われている。

1.3 バイオエタノールの濃縮脱水プロセス
1.3.1 既往脱水プロセスとその技術的問題点

もろみ液からエタノール分を分離する初段の蒸留塔は，エタノールの回収が主目的であるため，その塔頂から得られる濃縮液のエタノール濃度は通常40wt％前後である。したがって，有機酸等の分離操作は次段の濃縮塔で行われる。しかし，エタノールは常圧下では95.6wt％で共沸組成を形成するため，通常の蒸留塔ではそれ以上に濃縮することができない。また，この共沸組成は，加圧下では圧力が高くなるにつれてその濃度が低い方に移行する。

この共沸組成を越えて濃縮するために，以前はシクロヘキサンやペンタン等の添加剤（エントレーナー）を加えて共沸組成を移動させて蒸留する共沸蒸留法で無水エタノールを製造していた。しかし，この共沸蒸留法では，添加剤を回収するための蒸留塔（回収塔）も必要であり，無水化のためにかなり多量なエネルギーが必要とされた。現在でも高純度であることが要求される工業用エタノールの製造においては，この共沸蒸留法が依然として国内外で利用されている。しかしながら，所要エネルギーの低減化が必要不可欠な燃料用エタノールの製造分野においては，ゼオライトなどの吸着材を使用して省エネルギー的に脱水・無水化ができるPSA吸着法が開発され，欧米や最近東南アジア等で建設された燃料用バイオエタノール製造プラントにおいては，そのほとんどでこのPSA吸着法による脱水プロセスが採用されている。なお，ブラジルにおいては，現在でもそのほとんど全てのプラントにおいて脱水プロセスには共沸蒸留法が採用されている。これは，ブラジルでは発酵原料として砂糖黍が使用されており，その搾汁残渣として大量に発生するバガスを燃料として使用することができるためで，トウモロコシや小麦等の穀類を原料とする欧米においては，バガスのように燃料として利用できる部分がほとんどないため，蒸留の燃料としては石炭か天然ガスを利用せざるを得ない。

そこでPSA脱水プロセスの概要を，図2に示す。但し，図内の記載数値は一例である。PSA吸着法は，基本的には粒状のA型ゼオライト等の吸着材を充填した吸着塔に含水エタノール蒸気を通し，水分を吸着させて脱水・無水化する方法であるが，吸着材に吸着された水分を減圧下の加熱で脱着させて再生する工程が必要であるため，脱水を連続的に行うためには吸着塔を2塔用意して，脱水と再生を交互に同時並行的に行うことが必要である。脱水操作は，温度100℃以上

第9章　バイオ燃料の精製・分離技術と課題

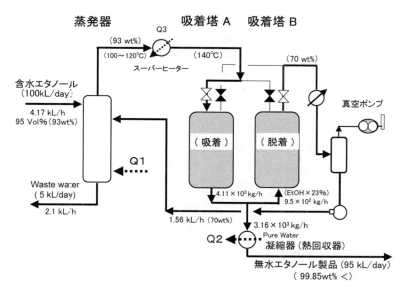

図2　PSA脱水プロセスの概念

で圧力400〜700kPa程度にスーパーヒートさせた含水エタノール蒸気をフィードして行われる。再生操作は，通常減圧下で行われるが，脱着促進のため，脱水された製品無水エタノール蒸気の2〜4割相当量がパージガスとして使用されている。したがって，脱着された水分を20〜40％程度含む低圧のパージエタノール蒸気が多量に発生するが，この高含水エタノール蒸気は濃縮塔に戻されて再び含水エタノール濃度まで濃縮される。このため濃縮塔は，無水エタノール製品量の1.2〜1.4倍の含水エタノールを留出させる能力が必要とされ，必然的にその分だけ過剰な熱エネルギーが必要となる。したがって，吸着塔の負荷を少なくするためには，供給される含水エタノール蒸気の濃度はできるだけ高いことが望ましく，濃縮塔はできるだけ共沸点近くまで濃縮されるよう高い還流比で操作されており，その所要エネルギーは大きくなる。また，濃縮塔の塔頂蒸気をスーパーヒートさせて直接吸着塔に供給するように，濃縮塔を加圧塔にすることもあるが，加圧下では圧力が高くなるにつれて共沸組成が低濃度側にシフトし，圧力600kPaではその濃度が90wt％程度まで低下することに留意する必要がある。しかし，これらの設定条件を最適化することにより，既往の共沸蒸留法より少なくとも40％程度は省エネルギーが可能とされている。

1.3.2　親水性ゼオライト膜による脱水技術

上記のPSA吸着法では，ゼオライトの結晶孔中に水分を吸着させて脱水操作を行うが，その再生工程が必要なため本質的にはバッチ操作となる。そこで親水性ゼオライトを膜状に形成して，その膜表面で水分を吸着させて，その裏側で脱着させることにより，水分を膜透過させて脱水を連続的に行う概念がゼオライト膜による脱水技術である。含水エタノールの脱水に利用できるこのようなゼオライト膜は，現在国内では，三菱化学㈱，三井造船㈱，日立造船㈱の3社で各々製

造・販売されており，国内外のプラントで使用されているが，いずれも親水性のA型ゼオライト製の管状多結晶膜である。そこで以下に，弊社製のゼオライト膜（ダイアメンブレン）を例に，その概要を紹介する。

（1） 膜構造と膜特性

エタノール脱水用等のゼオライト膜は，管状（1000mmL・外径16mm）のアルミナ製多孔質膜を支持体とし，その外表面に水熱合成で厚さ3～5μm程度のA型ゼオライト層が緻密に形成されている。その様子を写真1に示す。なお，高倍率の透過型電子顕微鏡観察により，結晶と結晶の間に形成される粒界は8nm程度に制御されており，粒界の内側はシリカ系物質でほぼ閉塞されているものと推定されている[1]。10cm程度にカットした膜で90wt%エタノール水溶液を用いて測定された膜性能例を，図3に示す。操作温度が高くなるほどフィードの水蒸気圧が高くなるため，水の膜透過流束は高くなる。この場合，膜透過の駆動力は厳密には化学ポテンシャル差であるが，エタノール濃度が99wt%以上となり蒸気圧差が小さくなる場合などを除き，工学的には水の蒸気圧差として扱っても特に問題はない。なお，膜の分離特性を示す分離係数 α（$H_2O/EtOH$）は，図3のケースではいずれも10,000以上であった。

また，当社製の膜は，液体をフィードするPV（Pervaporation；浸透気化）と，蒸気をフィードするVP（Vapor Permeation；蒸気透過）の何れの方式でも利用可能であるが，燃料用バイオエタノールの脱水に使用する場合は，高い水の膜透過流束の活用と膜表面の汚染防止等の見地から，120～130℃の含水エタノール蒸気をフィードするVP方式での使用を原則としている。

ユーザーの関心は膜の耐久性にあると思われるが，特に留意する必要があるのはエタノール濃度とpHである。A型ゼオライトは親水性の高いゼオライトであるため，熱水中に長時間浸漬す

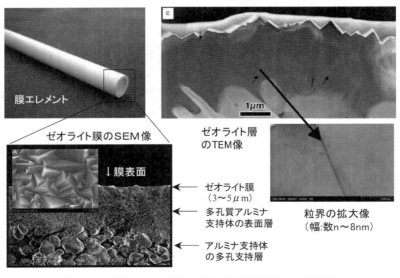

写真1　A型ゼオライト膜の外形と電子顕微鏡による観察像

第9章　バイオ燃料の精製・分離技術と課題

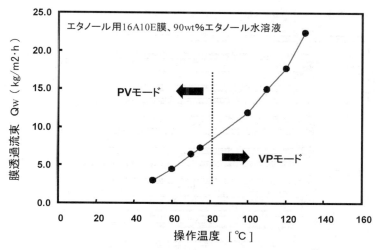

図3　脱水用A型ゼオライト膜"ダイアメンブレン"の膜性能例

るとその結晶構造が破壊されるなど本質的に水への耐久性が乏しいため，エタノール濃度は少なくとも80wt％以上（望ましくは85wt％以上）で，操作温度140℃以下，pH6～10での使用を原則としている。膜寿命は，水処理用高分子膜の場合と同様に使用条件に大きく依存するが，管理された条件下で使用すれば一応3年以上と考えている。水の膜透過流束は，使用時間の経過と共に次第に低下する傾向を示すが，構造解析の結果から，これはゼオライト膜中のNaイオンが水素イオン等とイオン交換するためと推定された[2]。このように当社製のA型ゼオライト膜については，FE-SEM・TEM・S-TEM・XRD・GIXRD・FTIR-ATR等による多面的・詳細な構造解析をしており，それらの結果は各種学会誌等に報告されている。また，各種プロジェクトでの実証試験結果等もNEDO・環境省等の報告書や各種雑誌・成書等に各々報告されているので，詳細はそれらを参照して戴きたい[3～8]。

なお，膜透過液のエタノール濃度は，設定膜面積と操作条件によってかなり異なる。バイオエタノールの脱水にゼオライト膜を使用する場合，実際にはこの膜透過液の処理方法がプラント全体の経済性をかなり左右する。プラントの運転開始直後や膜交換した直後は濃度がやや高いことが多いが，時間の経過と共に次第に安定化し，通常は少なくとも数％以下になる。しかし，積算運転時間が長くなると，膜透過流束が次第に低下する傾向を示し，それに伴い膜透過液濃度も少しずつ増加する傾向を示す。実操業プラントでは，膜透過液はもろみ蒸留塔に戻されることが多いが，所要エネルギーの視点からは，膜面積を少し大きめにして膜透過液濃度を1％以下に維持し，工場内にある廃水処理施設で別途処理する方が有利である。但しこの場合，膜導入の固定費が増加するので，実際にはその最適化を図る必要がある。

（2）モジュール構造

これらの膜は，実際には数十本～数百本を束ねてユニット化した膜モジュールの形で使用され

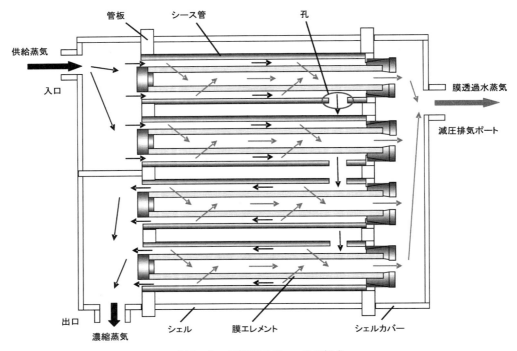

図4 シース管型モジュールの概念

る。その基本構造はシェル&チューブ型で，ステンレス製耐圧容器内に装着されたシース管の内側に膜を1本ずつ挿入した2重管方式となっている。その概要を，図4に示す。この場合，処理対象の含水エタノール蒸気は膜表面とチューブ内側との間に設けられた1〜2mm程度の隙間にフィードされ，膜透過した水蒸気は10kPa以下の減圧状態に維持された膜の内側空間を通してその端部から系外に取り出され，通常の冷却水もしくは5℃以下のチラー水で冷却される熱交換器の中で凝縮・捕集される。

また，半導体製造プロセスの洗浄工程等で使用されているイソプロピルアルコール（IPA）等溶剤の再生プロセスにおける脱水工程にもA型ゼオライト膜が用いられるが，その場合には，このようなシース管方式のシェル&チューブ型モジュールではなく，図5に示すように，ステンレス製耐圧容器内にゼオライト膜が直接装着され，その膜と垂直にフィードの乱流化を促進する目的でバッフル板を設けたバッフル方式のシェル&チューブ型モジュールが使用されている。因みに，三井造船㈱では，エタノール脱水用にも大型ではあるが基本的にはほぼ同形態のバッフル型モジュールを使用している。

なお，PV・VPプロセスにおける膜透過挙動や，これらのモジュールの使用方法と必要膜面積の算出方法等のエンジニアリングについては，シーエムシー出版発行の成書や[8]，㈳化学工学会・人材育成センター発行の膜プロセス設計講座用テキスト「ガス系膜分離プロセス及び膜反応器設計」におけるPV・VP記載項目等を参考とされたい。

第9章 バイオ燃料の精製・分離技術と課題

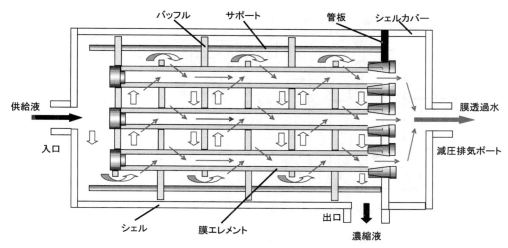

図5 バッフル型モジュールの概念

(3) 濃縮脱水プロセスの省エネルギー化

濃縮塔の塔頂から得られる含水エタノールの脱水にゼオライト膜を用いる場合，ゼオライト膜で濃縮されたエタノール液の一部を濃縮塔の還流液として戻すと，その還流比を著しく低くすることができる。したがって，このような膜脱水との組み合わせにより，濃縮塔自体の省エネルギー化が図れる可能性がある。

筆者らは，旧NEDO出水工場（現・日本アルコール産業㈱出水工場）でNEDOにより実施されたセルロース由来燃料用エタノール製造実証試験においてこの現象を実験的に検討し，共沸組成より高濃度のエタノール液を還流しても，震動現象等を起こすことなく，還流比1以下でも安定な蒸留操作を維持できることを実証している。そこで筆者らは，図6に示すようなプロセスを設定し，理論段数を水／エタノール2成分系でエタノール8wt％の液（5000kg／h）を99.6wt％まで濃縮する際のもろみ・濃縮2蒸留塔との合計の所要熱量を求めた。この場合は，ケース1の標準モデルに基づき，脱水膜前段の蒸留塔の最適理論段数30段を求めるところから始めており，その試算結果を表1に示す[9]。

なお，このような蒸留とゼオライト膜による脱水のハイブリッドプロセスにおける所要エネルギーや経済性については，シミュレーションで詳細に検討された例が他にもある。しかし，何れも設定条件や設備・膜モジュールのコスト等が各々異なっており，当然その計算結果も絶対値としては各々異なるが，相対的な比較・傾向等は参考になるかと思われる[10, 11]。

1.3.3 疎水性ゼオライト膜による濃縮技術

疎水性ゼオライトであるシリカライトで焼結ステンレス製の支持体表面に膜を形成させたシリカライト膜では，水よりエタノールの方に親和性が高いため，そのゼオライト孔にエタノールが優先的に取り込まれ，その結果としてエタノールが選択的に膜透過する。このような特異な特性を示すシリカライト膜は，1994年に旧工業技術院・物質工学工業技術研究所（現・産業技術総

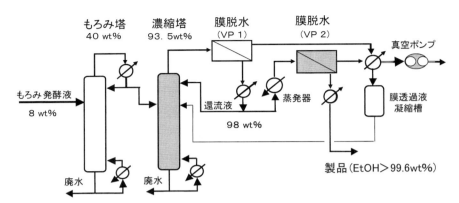

図6 蒸留＋膜脱水プロセスの蒸留塔リボイラー熱量を試算した設定モデル

表1 蒸留塔のリボイラー熱量の試算結果（膜濃縮液の還流効果）

	操作圧力	塔頂蒸気の EtOH濃度	留出液・還流液の EtOH濃度	最小還流比	リボイラーの所要熱量
ケース1	常圧	93.5wt%	93.5wt%	4.0	873,000kcal/h
ケース2	常圧	85 wt%	85 wt%	0.97	627,000kcal/h
ケース3	常圧	90 wt%	90 wt%	1.27	631,000kcal/h
ケース4	常圧	93.5wt%	98 wt%	0.53	630,000kcal/h
ケース5	400kPa	89.5wt%	89.5wt%	1.28	789,000kcal/h
ケース6	400kPa	85 wt%	85 wt%	0.79	772,000kcal/h
ケース7	400kPa	89.5wt%	99.6wt%	0.40	770,000kcal/h

合研究所）で開発された。しかし，実はこのシリカライト膜こそが世界で初めて水熱合成で膜状に形成された実用レベルの性能を有すゼオライト膜で，現在実用化が先行している親水性ゼオライト膜はその後に山口大学で開発されたものであるので，シリカライト膜は言わばゼオライト膜開発への途を拓く先鞭をなすものであった[12]。このようなエタノール選択透過膜を用いると，原理的には，もろみ液中のエタノールを直接抜き出して一段で80wt％以上に濃縮することが可能となる。もし，80wt％以上まで濃縮することができれば，それ以上は親水性ゼオライト膜で濃縮脱水を行うことができ，現行の蒸留＋膜脱水プロセスを膜濃縮＋膜脱水の膜単独プロセスに代替させることができ，燃料用バイオエタノール濃縮脱水プロセスの更なる省エネルギー化が可能となる。しかし，実際にもろみエタノール液を処理対象にすると，時間の経過と共にエタノールの膜透過流束が急激に低下する現象が見られる。これはコハク酸など有機酸が膜表面に吸着され，膜表面が親水化されるためである。そこで産総研では，シリカライト膜の表面を疎水性のシリコン樹脂でコーティングすることにより，このような有機酸の吸着を防ぐと共に，膜透過流束を維持して安定な濃縮を行うことに成功している。図7に，このようにして膜性能が改善された平板型シリカライト膜の膜性能例を示す[13]。

このシリコンコーティングは膜欠陥を塞ぐ効果もあり，図7に示されているように，分離係数

第9章 バイオ燃料の精製・分離技術と課題

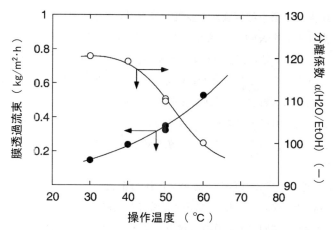

図7 シリコン樹脂コーティングシリカライト膜の分離性能
（試験液：5wt% EtOH/H₂O, 30℃）

$α(EtOH/H_2O) > 100$の高性能膜を再現性よく作製することができる。その後同所では，膜濃縮時のトラブル発生源である有機酸を産生させない酵母等の探索的研究や，管状シリカライト膜の開発等へとその研究を発展させている[14]。

同様なエタノール選択透過膜は，日本ガイシ㈱が多孔質アルミナ製のレンコン型支持体の内側に疎水性のZSM5型ゼオライト膜を形成させたいわゆるモノリス型のモジュールとして開発し，上市している[15]。しかし，支持体がアルミナ製であるため，膜形成の水熱合成過程で支持体から溶出したアルミ分がシリカライト膜の形成過程でその一部が取り込まれ，結果的に微量のアルミ分を含むZSM5型のゼオライト膜になってしまうためか，現状ではエタノール選択透過の分離係数がシリカライト膜における値の半分程度以下と低くなってしまっている。また，このモノリス型モジュールを用いて実際にもろみ液からの濃縮を試みたところ，有機酸の吸着に起因すると見られる膜透過流束の低下が観察されたと報告されている。

1.4 A型ゼオライト膜によるバイオエタノール濃縮脱水の実施例

燃料用バイオエタノールの製造に当社製A型ゼオライト膜を用いることにより，その省エネルギー化に成功した例を，以下に紹介する。

沖縄本島の那覇市に隣接する浦添市に本社がある㈱りゅうせきは，沖縄産糖蜜からの燃料用バイオエタノール製造技術を開発してそれを実証するプロジェクトを，平成16年度より環境省から受託し実施している。平成17年度末には，宮古島にある沖縄製糖㈱宮古工場内に1.2kL/d規模の技術検証プラントを建設し，以後平成20年度末までその運転研究を行うと共に[16]，得られたバイオエタノールを用いて，数百台以上の既販車両によるE3ガソリン使用の実車走行実証試験を実施している[17, 18]。

同社では，この事業をさらに発展させた形で，引き続き平成21年度から沖縄産糖蜜からのバ

バイオマスリファイナリー触媒技術の新展開

イオエタノール生産実証事業を環境省から受託すると共に，E3ガソリン等の製造・保管・利用技術の確立を図る実証事業をNEDOから受託して，宮古島におけるバイオエタノール生産・利用の経済性向上と，将来の全島E3化を目指したE3利用の技術確立を目的とする実証事業を総合的に実施・展開している。そしてこの第2期環境省プロジェクトにおいては，平成22年3月に第1期プロジェクトで建設した技術検証プラントをスケールアップ・改善した5kL/d規模の生産実証プラントを建設し，燃料用バイオエタノールの製造のみならず，廃水処理や発酵残渣・蒸留残渣の有効利用等をも検討し，バイオエタノール製造の経済性向上を図るための実証事業を幅広く総合的に推進している[19]。

当社は，平成21年度末までこれらの実証事業に協力企業として参加し，両実証プラントにおける脱水プロセスの設計・建設・運転等に当社関係者が直接関与している。そこで図8に，平成21年度末に新たに建設した5kL/d規模の燃料用バイオエタノール生産実証プラントにおける濃縮脱水主要部の概略フローを示す。

このプラントでは，容量20kLの発酵槽3基を用いて，沖縄製糖㈱宮古工場で副生された宮古島産糖蜜を2倍強に希釈して糖分約15wt％に調製した糖蜜希釈液を発酵槽に供給し，高機能凝集性酵母を用いて温度37℃以上の繰り返しバッチ方式による発酵が行われている。宮古島産糖蜜は塩濃度が極めて高いため，発酵で得られるもろみ液のエタノール濃度は概ね6～7wt％程度である。このもろみ液は，並列に設置された2基の常圧・減圧もろみ蒸留塔に各々導入されて蒸留され，その塔頂から40～50wt％程度に濃縮された粗留エタノール液が得られる。これをさらに加圧濃縮塔に導き，操作圧約500kPaで還流を掛けながら蒸留し，塔頂から得られたエタノー

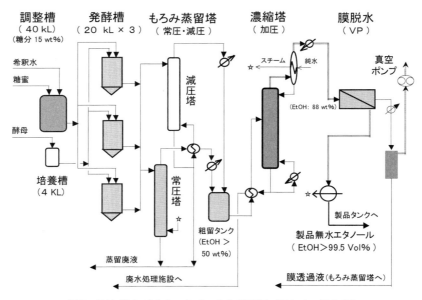

図8　宮古島のバイオエタノール生産実証プラント（5kL/日）

第9章　バイオ燃料の精製・分離技術と課題

ル濃度約88wt％の蒸気を外部からの加熱によりスーパーヒートさせ，この蒸気を直列に連結された4基のゼオライト膜モジュールに順番に導入し，VPモード下で脱水操作が行われる。膜モジュールからの流出蒸気は，日本自動車技術会の自主規格であるJASO規格（M361）では燃料用バイオエタノールは99.5Vol％（約99.3wt％）以上と規定されているが，同プラントでは運転操作を担当する㈱りゅうせきの内規として99.5wt％以上まで脱水・無水化されており，これを凝縮してさらに冷却した液を製品の無水エタノールとして製品タンクに送られて保管される。最近の同社公表資料に基づき，このプラントで製造された製品無水エタノールの品質を，表2に示す[20]。

　表2記載の酸度は何れも規定値を下廻っているが，これは同プラントでは脱炭酸設備が付設されているからである。発酵槽からくるもろみ液は炭酸ガス飽和液であるが，何塔もの蒸留塔を使用する工業用エタノール製造ではそれが問題となることはない。しかし，燃料用バイオエタノールでは，既述のように省エネルギーのため濃縮塔の還流比を下げるなど蒸留操作を簡素化しているため，その塔頂蒸気凝縮液中には少なくとも既定値以上のCO_2由来酸分が残留しているのが普通であり，その除去が必要である。

　なお，膜を透過した水蒸気は外部に設けられた熱交換器で5℃以下の温度で凝縮され，膜透過液タンクに送られる。膜透過液のエタノール濃度は，操作条件にもよるが，現在のところは数％以下で安定している。

　また，もろみ蒸留塔を常圧・減圧の並列とし，濃縮塔を加圧としているのは，3重効用の効果を期待して設計されたもので，同様なコンセプトに基づき第1期プロジェクトで建設された技術検証プラントの運転結果に基づいている。表3に，その技術実証プラントで得られた実績値を示す。これによれば，同条件で試算された蒸留＋共沸蒸留プロセスよりは約56％，蒸留＋PSAプロセスと比較しても約25％の省エネルギーとなっている[21]。但し，現在稼働している生産実証

表2　宮古島で製造された燃料用バイオエタノールの品質

監視項目	JASO（361）規格	ロット番号（100524）	ロット番号（100721）
外　観	無色透明で懸濁物や浮遊物を含まないこと	無色透明で懸濁物や浮遊物を含まないこと	無色透明で懸濁物や浮遊物を含まないこと
エタノール分（V/V％）	99.5以上	99.9	99.9
水分（wt/wt％）	0.7以下	0.11	0.24
メタノール（g/L）	4.0以下	0.04	0.07
メタノール以外の有機不純分（g/L）	10以下	1.7	1.8
電気伝導度（μS/m）	500以下	33	45
蒸発残分（mg/L）	50以下	0.4	0.1
銅（mg/kg）	0.1以下	0.01未満	0.01未満
酸度（酢酸としてmg/kg）	70以下	43	37
pHe	6.0～8.0	7.0	7.6
硫黄分（mg/kg）	10以下	3未満	3未満

表3 宮古島の膜脱水を利用した濃縮脱水プロセスにおける
所要エネルギー実績値と他プロセスとの比較

プロセス	蒸留＋共沸蒸留 （シミュレーション値）	蒸留＋PSA （シミュレーション値）	蒸留＋膜脱水 （宮古島実績値）*
所要エネルギー （KJ/L-EtOH）	9,000	5,350	3,970

*技術検証用旧プラントでの実績値

プラントでは，脱水されて製品化された高温の無水エタノール蒸気を凝縮する際の凝縮熱を回収しているが，この技術検証プラントでは回収用の熱交換器は設備されていなかったので，本表では，一応凝縮熱を回収したとしてその熱交換効率も考慮した値を示している。

1.5 シリカライト膜のバイオリファイナリーへの応用検討例

1.3.3項で述べたように，旧物質研（現・産総研）の研究グループは，1994年のシリカライト膜開発以来，一貫してその実用化を目指した研究を展開しており，最近はNEDOのバイオリファイナリープロジェクトの下で，アセトン・ブタノール発酵におけるブタノール回収への応用を検討している[22]。

ブタノール発酵は，1900年代前半にはジャガイモ等のデンプンや糖蜜などを原料として工業的に実施されていたが，1950年以降の石油化学工業の発達と共に衰退し，現在ではほとんど行われていない。しかし，最近では再生可能エネルギーとセルロース由来糖質原料の活用視点から，再び注目され始めているが，燃料用途も視野に入れるからには，その分離精製エネルギーの低減化が必須の技術課題となっている。現在知られているブタノール発酵菌（Clostridium属細菌）では，その代謝経路から，ブタノールと共にアセトンとエタノールを生産し，しかもその生産物阻害がブタノールで15g/L，その他ソルベントで20g/Lと極めて低濃度で発現するため，これらの生産物を連続的に系外に取り出しつつ発酵を進める必要がある。しかも，低濃度発酵液からの抽出と濃縮が課題であるため，その抽出操作にこれらの有機物を選択的に膜透過させるシリカライト膜を用いることによりその濃縮効率を高めることが可能となり，従来検討されてきた蒸気ストリッピング＋蒸留プロセスより40％以上省エネルギーになるとの試算が報告されている。その報告によれば，最も省エネルギーな方法は，シリカライト膜で抽出後，さらにシリカライト粒子による吸着を組み合わせたプロセスで，ブタノール回収の所要エネルギーは約8,000kJ/kg-BtOHとなり，上記ストリッピング＋蒸留プロセスの1/3程度になるという[23]。

そこで産総研では，図9に示すようなブタノール回収プロセスを想定して検討したところ，その回収の所要エネルギーは約7,600kJ/kg-BtOHになると試算した。但しこの場合，シリカライト膜のブタノールに対する分離係数は$\alpha(BtOH/H_2O)=110$と設定している。このプロセスでは，低濃度ブタノール液からシリカライト膜で浸透気化（PV）分離する工程で膜透過物質を凝縮させるチラー電力が全所要エネルギーの半分近くを占めるため，凝縮潜熱の大きい水の膜透

第9章　バイオ燃料の精製・分離技術と課題

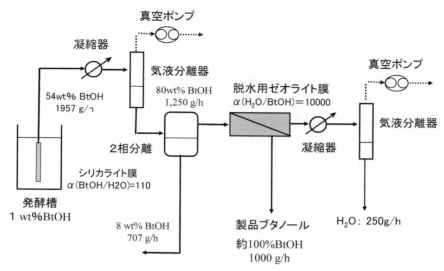

図9　浸透気化法（PV）による無水ブタノール回収プロセス（1kg/h）

過をできるだけ抑制することが重要で，シリカライト膜の分離係数はできるだけ高いことが望ましく，その値が全所要エネルギーを左右する大きな技術要素となっている[24]。

　因みに最近産総研は，ブタノールに対して$\alpha(BtOH/H_2O)>400$と高い選択透過性を示す高性能なシリコンコーティングした管状シリカライト膜を開発しており，この膜を用いると1wt％のブタノール水溶液から約82wt％のブタノールを浸透気化モード下1段で回収可能とのことである。しかし，その膜透過流束は，まだ約$0.04kg/m^2 \cdot h$弱と低いため，その改善が今後の課題である[25]。

　なお，図9に示されているように，ある程度濃縮された含水ブタノール蒸気を凝縮させると，ブタノール約80wt％のブタノールリッチな相と，ブタノール約8wt％の水リッチな相に2相分離するため，製品ブタノールはブタノールリッチ相の液を親水性ゼオライト膜で脱水することにより得られる。また，ブタノールを発酵させる原料は，セルロース由来糖質を想定している。

1.6　ゼオライト膜の将来展望

　現在ゼオライト膜の主用途は，バイオエタノールの脱水濃縮とIPA等有機溶剤の脱水である。しかし，今後利用が進展する可能性の高い分野として，化学合成プロセスの省エネルギー化を図る技術分野が考えられる。但しそのためには，現在のA型ゼオライト膜より耐水性や耐酸性に優れた新規ゼオライト膜の開発が必要不可欠である。このような新しいゼオライト膜を用いた膜脱水プロセスの適用が考えられる具体的な合成プロセスとしては，メタノール合成や酢酸合成，テレフタル酸合成，PVA合成等が考えられる。特に酢酸系が一番有望で，上記プロセスの中でメタノール合成以外は何れも水／酢酸系の分離が対象となる。

　そこで松方は，酢酸／水＝50／50の混合液100kg/hを処理して，各々99wt％の成分を分離

回収する酢酸回収系プロセスにおける膜脱水の適用による省エネルギー効果を検討し，既往の蒸留プロセスと比較した結果を報告している。それによれば，分離係数 $\alpha(H_2O/AcOH)=400$ の水透過型ゼオライト膜のみで分離するプロセスは，蒸留プロセスによる分離より約85％省エネルギーとなり，蒸留と $\alpha(H_2O/AcOH)=150$ の膜と $\alpha(H_2O/AcOH)=20$ の膜を組み合わせた蒸留と膜のハイブリッドプロセスでも，蒸留プロセスより約78％の省エネルギーとなるとしており，酢酸分離用の耐酸性ゼオライト膜開発の工業的意義を強調している[26]。

また，バイオエタノールからバイオエチレンを合成するプロセスは，過去にインド等で実際に実施されていたと言われるが，副生する水分をゼオライト膜で脱水すればその効率向上を図ることが可能となる。NEDOの調査報告書によれば，このようなバイオエタノール由来のバイオエチレンを実用化すると，石油由来エチレンを利用する場合より約70％の CO_2 削減効果があるという。但しこの試算は，何れのエチレンも最終的には焼却処理するものとの仮定の下で行われたものである。

したがって，もし現在のA型ゼオライトと同程度の水選択透過性を有し，耐水性や耐酸性に優れた高性能なゼオライト膜を開発することができれば，化学分野における低炭素社会への実現等にも大きく貢献することができる。筆者らは，そのような考えの下で，新しいゼオライト膜の開発とその利用技術確立に現在鋭意努力しているところである。

文　献

1) Z. Liu, T. Kyotani, T. Nakane, *et al.*, *Chemistry of Materials*, **18**, pp.922-927 （2006）
2) T. Kyotani, T. Nakane, *et al.*, *Ind. Eng. Chem. Res.* **48**, 10870 （2009）
3) T. Kyotani, T. Nakane, *et al.*, *Journal of Membrane Science*, **296**, pp.162-170 （2007）
4) K. Sato, T. Nakane, *et al.*, *Microporaous & Mesopourous Materials*, **115**, 184 （2008）
5) T. Kyotani, T. Nakane, *et al.*, *Analytical Sciences July 2006*, **22**, 1031 （2006）
6) 京谷智裕, 触媒, **51**, 239 （2009）
7) 京谷智裕ほか, 分析化学, **57**, pp.339-344 （2008）
8) 青木克裕, 中根堯, 「バイオリファイナリー技術の最前線」, シーエムシー出版, p 263 （2008）
9) 田中稔, 倉田恒彦ほか, 平成20年度環境省委託事業 "エコ燃料実用化地域システム実証事業（宮古島）委託業務成果報告書", 3-2-1 （2009）
10) 岩崎博, 山田與一ほか, *Journal of the Japan Institute of Energy*, **84**, 852 （2005）
11) 岡部和宏, 中井龍資ほか, 化学工学論文集, **36**, （5）, 486 （2010）
12) T. Sano, H. Yanagishita, *et al.*, *Journal of Membrane Science*, **95**, 221 （1994）
13) T. Matsuda, H. Yanagishita, T. Nakane *et al.*, *Journal of Membrane Science*, **210**, 433 （2002）

第9章　バイオ燃料の精製・分離技術と課題

14) H. Negishi, K. Sakaki, H. Yanagishita, *et al., J. Am. Ceram. Soc.*, **89** (1), 124 (2006)
15) 鈴木憲次, 富田俊弘, 分離技術, **38** (2), 77 (2008)
16) 和泉航, 中根堯ほか, 化学工学, **71** (12), 812 (2007)
17) 奥島憲二, 菅田孟ほか, 環境研究, **142**, 102 (2006)
18) 奥島憲二, 芳山憲雄, 中根堯ほか, 電子情報通信学会誌, **90** (11), 972 (2007)
19) 田村真紀夫, 環境浄化技術, **10** (3), 90 (2011)
20) 奥島憲二,「日中経済問題先端フォーラム2010－IN 沖縄」講演要旨, 2010.12.4.（那覇）
21) 鍋谷浩志, 中根堯, "次世代バイオエタノール生産の技術革新と事業展開" 鮫島正浩編, p171, フロンティア出版（2010）
22) 根岸秀之, 池上徹, 榊啓二, 燃料電池, **10** (4), 50 (2011)
23) N. Qureshi. *et al., Bioprocess Biosys. Eng.* **27**, 215 (2005)
24) 榊啓二, 根岸秀之, 池上徹, 環境浄化技術, **8** (7), 20 (2009)
25) H. Negishi, K. Sakaki, *et al., Chem. Lett. 2010 (Chem.Soc.Japan)*, **39**, 1312 (2010)
26) 松方正彦, *PETROTECH*, **33** (6), 403 (2010)

2 バイオエタノールなどの濃縮用膜と応用展開

喜多英敏*

2.1 はじめに

地球温暖化防止等の観点から、化石燃料であるガソリンの代替として、カーボンニュートラルなバイオマスを原料としたバイオエタノールの利用が推進されようとしているが、アルコールの製造においてエネルギー消費量が多いのは蒸留精製工程である。無水アルコールの製造ではベンゼンやシクロヘキサンを用いた共沸蒸留が使用されているが、これらのエントレーナを使わない、共沸蒸留に替わる膜分離技術として浸透気化（Pervaporation（PV））がある[1,2]。これまでに、水／エタノール系のPV分離については高分子膜による数多くの報告があり、架橋ポリビニルアルコールを分離活性層とした平膜複合構造の脱水膜（GFT膜）モジュールがドイツで実用化され、日本国内でも40数基の実用化実績が報告されている[3]。さらに、近年は耐熱性高分子であるポリイミドを用いた水／エタノール分離用の中空糸膜モジュール[4]も報告されている。

水／エタノールの分離における、代表的な水選択透過膜による分離例を表1に、エタノール選択透過膜による分離例を表2に示す。分離膜の性能は、透過流束Qと分離係数αの二つの指標で表される。透過流束は(1)式で示され、単位には、g/(m²h)、kg/(m²h)、などが用いられている。

$$Q = w/(A \cdot t) \quad [kg/(m^2 \cdot h)] \tag{1}$$

ここで、w [kg] は透過物重量、A [m²] は有効膜面積、t [h] は透過時間である。

分離係数αは、2成分系では、供給側（液側）のA、B成分のそれぞれの重量分率、あるいはモル分率をX_A, X_B、透過側のA、Bそれぞれの重量分率、あるいはモル分率をY_A, Y_Bとすると、

表1 水選択透過膜による水／エタノールの浸透気化分離例

膜	水濃度 [wt%]	測定温度 [℃]	透過流束 [kg/(m²h)]	分離係数 ―
マレイン酸架橋ポリビニルアルコール複合膜	5	80	0.24	9500
ポリアクリル酸ポリイオンコンプレックス膜	5	60	1.63	3500
イオン化キトサン（SO_4^{2-}）膜	10	60	0.1	600
酢酸セルロース膜	5	20	0.2	6
ポリイミド（PMDA-ODA）膜	10	75	0.01	850
アクリルアミド／シリカ膜	10	50	0.3	3200
A型ゼオライト膜	10	75	2.2	10000
T型ゼオライト膜	10	75	1.3	2200
炭素膜（フェノール樹脂前駆体）	10	75	0.1	570
炭素膜（リグノクレゾール前駆体）	10	75	1.2	700

* Hidetoshi Kita　山口大学　大学院環境共生系専攻　教授

第9章 バイオ燃料の精製・分離技術と課題

表2 エタノール選択透過膜による水／エタノールの浸透気化分離例

膜	水濃度 [wt%]	測定温度 [℃]	透過流束 [kg/(m²h)]	分離係数 —
ポリジメチルシロキサン（PDMS）膜	90	25	0.03	11
ポリトリメチルシリルプロピン膜	95	40	0.28	18
パーフルオロプロパンプラズマ重合膜	95	25	7.5	7.3
PDMS-ポリスルホン-ポリヒドロキシスチレン共重合体膜	90	25	4.5	6.8
シリカライト60wt%含有PDMS膜	95	23	0.045	17
シリカライト77wt%含有PDMS膜	93	22	0.07	59
シリカライト膜（ムライト支持体）	5	60	0.93	106
シリカライト膜（アルミナモノリス支持体）	10	70	2.2	43

A成分に対するB成分の分離係数 $\alpha_{B/A}$ が(2)式で示される。

$$\alpha_{B/A} = \frac{Y_B/Y_A}{X_B/X_A} = \frac{X_A/Y_B}{X_B/Y_A} \tag{2}$$

　高分子膜の場合，水選択透過膜では分離は透過成分（水とエタノール）の膜への溶解差の寄与と各成分の膜中への拡散速度差の寄与があり，高い水選択性を示す膜が数多く報告されている。選択性，透過性ならびに耐久性の向上を目指す膜素材の開発指針として，透過物質と選択的に強い相互作用を有する官能基を高分子鎖中に導入する試みや複合膜の分離活性層に荷電膜を用いる試みが行われている。一方，シリコーンゴム膜，シリカライト分散シリコーンゴム膜やポリトリメチルシリルプロピン膜などのエタノール選択透過膜の場合，エタノール分子が水分子より大きいことから拡散過程での分離は困難で，分離は溶解度の差を利用するが，選択性は水選択透過膜に比べて小さく実用化には到っていない。

　一方，近年実用化が進んだ無機多孔質膜では，ミクロ孔を有するシリカ膜やゼオライト膜で優れた透過物性が明らかになり，有機溶剤の脱水膜として後述するA型とT型ゼオライト膜が実用化されている[3]。多孔質膜による分離は，膜に開いた孔に対する分子の透過性の差を利用して分離するもので，透過する物質の種類，条件，膜の孔径などにより，クヌーセン拡散，表面拡散，毛管凝縮またはミクロポアフィリングおよび分子ふるいによる分離に分類され，高い分離性は細孔径が数ナノメートル以下での表面拡散，毛管凝縮またはミクロポアフィリングおよび分子ふるい機構で発現する[1,2]。特に，2nm以下のミクロ孔を有する膜素材として，非晶質のシリカ，アルミナ膜や炭素膜，多孔質ガラス膜，結晶体のゼオライト膜などがあり，以下に実用化が進んでいるゼオライト膜と炭素膜について述べる。

2.2 ゼオライト膜

　ゼオライト膜[1,5~8]は水／アルコールの分離に代表される共沸混合物・近沸点混合物の分離

バイオマスリファイナリー触媒技術の新展開

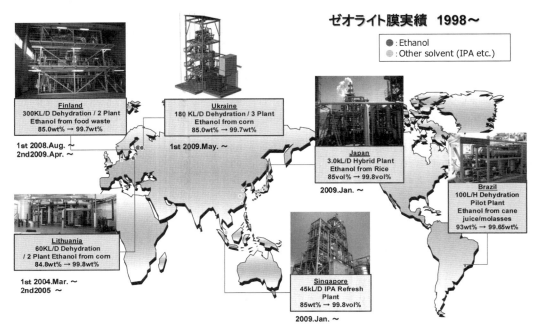

図1 ゼオライト膜モジュールの稼働例（三井造船㈱ACHEMA 2009）

において，1990年代のはじめに，ZSM-5ゼオライトとA型ゼオライト膜で高分子膜の分離性能を超えた実用性の可能性を示す優れた透過データが報告され，現在は省エネルギーな膜分離法でのバイオエタノール精製への適用が注目されて，図1の例に示すような大規模な膜モジュールとして稼働している。国内では3社がA型ゼオライト膜を上梓し，ヨーロッパやアジア（シンガポール）でも企業化がなされている。さらに，A型やT型のゼオライト以外にもFAU（X型とY型），MFI（ZSM-5やシリカライト），MOR，DDRやCHAなどのゼオライト膜の報告がなされている。

　ゼオライト膜は水熱合成法により支持体上に多結晶膜として製膜されている。図2に製膜手順を示す。製膜は原料のSi源とAl源溶液を均一混合したゲルを反応容器に仕込み，多孔質支持体を浸漬後，製膜を行う。ゼオライト膜の生成に影響する合成条件は，主に原料の選択，ゲルの調製条件や熟成条件，支持体の選択と種晶処理の有無，合成温度および合成時間などである。表1に示したように水選択透過性はA型ゼオライト膜が最も優れ，混合物の蒸気分離においても高い水選択透過性を示す。A型と比べて細孔が大きく，Si/Al比も大きいT型やX型およびY型ゼオライト膜の水選択透過性は劣る。耐酸性を有する水選択性ゼオライト膜としてモルデナイト膜や親水性のZSM-5膜がある。図3には多孔質ムライト上に製膜した一連のゼオライト膜の表面のSEM写真を示す。いずれもゼオライト結晶が支持体表面上に緻密に析出した多結晶体膜で，膜厚は数μm程度である。

第9章 バイオ燃料の精製・分離技術と課題

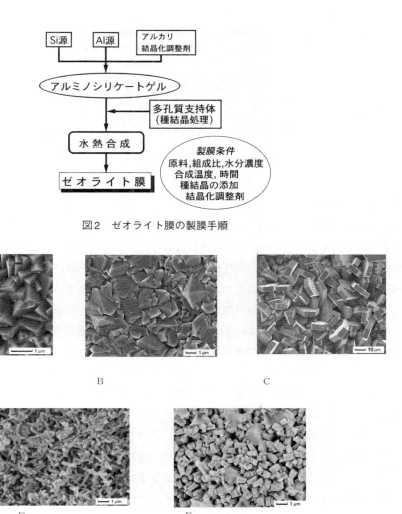

図2 ゼオライト膜の製膜手順

図3 ゼオライト膜（A：LTA，B：FAU（X），C：MFI，D：T，E：MOR）の表面SEM像

2.3 炭素膜

高分子を前駆体として数百度以上で熱処理することにより熱分解・炭化を経て作成する炭素多孔体はサブナノメートルの細孔を有しその細孔径分布が狭く，分子サイズの分離が可能であること，さらに高分子前駆体の優れた成形性を生かして平膜のほか中空糸状に製膜した自立膜や多孔質支持体上に製膜が可能であることなどから，ゼオライト膜に次ぐ新規な分離膜として実用化が検討されている[1, 9]。前駆体としてはポリアクリロニトリル，セルロース，ポリイミド，フェノール樹脂，フルフリルアルコール樹脂などが用いられている。最近の注目される前駆体としては，ポリ（イミド－シロキサン）共重合体やリグニン誘導体，スルホン酸基含有高分子などがある。後者のスルホン酸基含有のフェノール樹脂やポリイミドでは膜の多孔質化がより低温（スルホン

295

表3 焼成温度の異なる窒素中10分焼成リグノフェノールを
前駆体とする炭素膜の浸透気化分離結果
(供給液：水／エタノール (10/90wt%)，測定温度：75℃)

焼成温度 [℃]	透過液水組成 [wt%]	透過流束 [kg/(m^{2}h)]	分離係数
500	57.0	0.88	12
600	99.5	0.47	1800
700	99.5	0.41	2000

酸基の分解はTG-MS分析によれば450℃以下）で起こり，透過速度が向上する。スルホン化PPOでは炭素膜は高い柔軟性を持ち中空糸膜モジュールの作製が可能である[10]。

炭素膜は水／エタノール分離では水選択透過性を示す[11]。炭素材料は電気的に中性であるため，水のような極性の強い分子との相互作用は小さいが，相対圧が高い所では残存する親水性官能基を核として吸着が起こり，水のクラスターが出来ると説明されている。リグノフェノールを前駆体とする炭素膜の親水性官能基の割合をESCAにより測定した結果は，前駆体膜に比べて500℃〜800℃で焼成した炭素膜ではC-O，C=O，COOH等の親水性官能基がまだ3割程度残存していることがわかっており，膜の水蒸気吸脱着等温線も相対圧0.5付近で急激に水蒸気の吸着量が増加する。この炭素膜の水／エタノール (10/90 wt%) 系，測定温度75℃での浸透気化分離性能を表3に示す。分離係数は炭化により芳香環の縮合が進みミクロ細孔がより発達している高温焼成膜の方が高い値であった。

分離材料として炭素系多孔体（主に活性炭）は古くから用いられており，大きな表面積，電子授受能，耐薬品性といった特徴を有し，現在では吸着による分離・精製や触媒などで広い用途がある。さらに炭素材料はカーボンナノチューブやフラーレンなどで代表されるナノマテリアルとして従来材料にない高機能性材料として期待されており，分子ふるい膜素材としても興味ある材料である。

2.4 おわりに

21世紀の人類社会の"sustainable development"を支えるために，環境負荷低減技術や資源・エネルギーの高効率利用技術はその重要性がますます高まり，各産業分野において，省エネルギー・新エネルギーの双方においてきわめて高いレベルの技術革新が必要となっている。膜分離プロセスは，蒸留法や吸着法に比べて省エネルギーでリサイクルによる省資源化が可能な環境調和型のプロセスとして期待されているが，膜プロセスの実用化には，一に多種多様な目的物質に対応可能な優れた分離膜の開発，特に，従来の高分子膜では達成できない耐熱，耐溶剤性で高選択かつ高透過性の分離膜の開発が強く求められる。ナノオーダーの細孔をもつ無機膜では選択的な分子透過により，気体および有機蒸気分離系ならびに浸透気化分離で優れた分離性能が発現する（例えば表4）。さらに，膜は単なる選択透過の場を提供するのみならず，細孔の微小空間

第9章 バイオ燃料の精製・分離技術と課題

表4 無機膜による有機液体混合物の浸透気化分離（PV）と蒸気透過分離（VP）例

供給液（A/B） （A成分のwt%）	膜	分離 方法	測定 温度 [℃]	透過流束 [kg/m²h]	分離係数 (A/B)
メタノール／ベンゼン（10）	T型ゼオライト膜	PV	50	0.02	930
	Y型ゼオライト膜	PV	50	1.02	7000
メタノール／ベンゼン（50）	Y型ゼオライト膜	VP	100	2.42	10000
	炭素膜	PV	50	0.08	46
	炭素膜	VP	100	0.37	280
メタノール／MTBE（10）	ZSM-5ゼオライト膜	PV	50	0.02	3
	T型ゼオライト膜	PV	50	0.02	1900
	X型ゼオライト膜	PV	50	0.46	10000
	Y型ゼオライト膜	PV	50	1.70	5300
	Y型ゼオライト膜	VP	105	2.13	6400
エタノール／ETBE（10）	Y型ゼオライト膜	PV	60	1.4	2000
	X型ゼオライト膜	PV	60	0.5	900
ベンゼン／シクロヘキサン（50）	Y型ゼオライト膜	PV	75	0.014	22
	Y型ゼオライト膜	VP	100	0.023	28
	Y型ゼオライト膜	VP	150	0.30	190
	X型ゼオライト膜	VP	150	0.54	94
	炭素膜	PV	75	0.007	65
	炭素膜	VP	100	0.041	210

を反応場として，耐熱性が高い無機材料の特徴と併せてメンブレンリアクターとして利用することができる。特に触媒能を生かした化学反応プロセスとの複合化において今後のさらなる応用展開が期待される。従来の製造プロセスでは分離工程と反応工程が独立しているため低い熱効率，装置構成の煩雑さなどの問題点が潜在していた。反応と分離が同時に進行すれば新しい省エネルギーかつシンプルな反応・分離技術の創製につながるものと期待される[12]。

文　献

1) 日本膜学会編,"膜学実験法－人工膜編"日本膜学会, 2006
2) Baker R. W., Membrane Technology and Application, McGraw Hill, New York, USA（2000）
3) 三宅範一, 森上好雄, ケミカルエンジニヤリング, **42**, 538, 651（1997）
4) 中西俊介, 第23回ニューメンブレンテクロノジーシンポジウム講演予稿集, S-8-2-1（2006）
5) 喜多英敏, 化学工業, **53**, 704（2002）
6) H. Kita, "Materials Science of Membranes for Gas and Vapor Separation" Ed by Y.

Yampolskii, I. Pinnau, B.D. Freeman, Wiley, 2006, p.371
7) 特集 "無機多孔質薄膜の新展開", 膜, 30 (2005)
8) 特集 "先端の機能膜研究の展望", 膜, 34 (2009)
9) 文献6), pp.335-354
10) 喜多英敏, 田中一宏, 古賀智子, 高分子, **57**, 894 (2008)
11) 古賀智子, 喜多英敏, 化学工学, **71**, 825 (2007)
12) 喜多英敏, ゼオライト, **27**, 96 (2010)

バイオマスリファイナリー触媒技術の新展開《普及版》(B1205)

2011年 8月31日 初 版 第1刷発行
2017年 5月11日 普及版 第1刷発行

監　修　　市川　勝　　　　　　　　　　　　　　Printed in Japan
発行者　　辻　賢司
発行所　　株式会社シーエムシー出版
　　　　　東京都千代田区神田錦町 1-17-1
　　　　　電話 03(3293)7066
　　　　　大阪市中央区内平野町 1-3-12
　　　　　電話 06(4794)8234
　　　　　http://www.cmcbooks.co.jp/

〔印刷　あさひ高速印刷株式会社〕　　　　　　Ⓒ M. Ichikawa, 2017

落丁・乱丁本はお取替えいたします。

本書の内容の一部あるいは全部を無断で複写(コピー)することは，法律で認められた場合を除き，著作者および出版社の権利の侵害になります。

ISBN978-4-7813-1198-2　C3043　¥6000E